ALEX ATRAVÉS DO ESPELHO

A marca FSC® é a garantia de que a madeira utilizada na fabricação do papel deste livro provém de florestas que foram gerenciadas de maneira ambientalmente correta, socialmente justa e economicamente viável, além de outras fontes de origem controlada.

ALEX BELLOS

Alex através do espelho

Como a vida reflete os números e como os números refletem a vida

Ilustrações
The Surreal McCoy

Tradução
Paulo Geiger

Companhia Das Letras

Grafia atualizada segundo o Acordo Ortográfico da Língua Portuguesa de 1990, que entrou em vigor no Brasil em 2009.

Título original
Alex through the Looking-Glass: How Life Reflects Numbers and Numbers Reflect Life

Capa
Kiko Farkas e André Kavakama/ Máquina Estúdio

Revisão técnica
Marco Dimas Gubitoso

Índice remissivo
Luciano Marchiori

Preparação
Alexandre Boide

Revisão
Angela das Neves
Thaís Totino Richter

Dados Internacionais de Catalogação na Publicação (CIP)
(Câmara Brasileira do Livro, SP, Brasil)

Bellos, Alex
Alex através do espelho : como a vida reflete os números e como os números refletem a vida / Alex Bellos ; tradução Paulo Geiger ; ilustrações The Surreal McCoy. — 1ª ed. — São Paulo : Companhia das Letras, 2015.

Título original: Alex through the Looking-Glass : How Life Reflects Numbers and Numbers Reflect Life.
Bibliografia
ISBN 978-85-359-2567-8

1. Antropologia 2. Ciências sociais 3. Ensaios 4. Matemática 5. Matemática - Miscelânea I. The Surreal McCoy. II. Título.

15-01710 CDD-510

Índice para catálogo sistemático:
1. Matemática 510

[2015]
Todos os direitos desta edição reservados à
EDITORA SCHWARCZ S.A.
Rua Bandeira Paulista, 702, cj. 32
04532-002 — São Paulo — SP
Telefone: (11) 3707-3500
Fax: (11) 3707-3501
www.companhiadasletras.com.br
www.blogdacompanhia.com.br

Para Nat

Sumário

Introdução

A matemática é uma piada.

Não estou tentando ser engraçado.

Para "sacar" uma piada você precisa exatamente daquilo que precisa para "sacar" a matemática.

O processo mental é o mesmo.

Pense nisso. Piadas são histórias com um contexto e um desfecho-surpresa. Você as acompanha cuidadosamente até o arremate, que o recompensa com uma risada.

Uma peça matemática também é uma história com um contexto e um desfecho-surpresa. É um tipo diferente de história, claro, no qual os protagonistas são números, formas, símbolos e padrões. Costumamos chamar uma história matemática de "demonstração", e o arremate de "teorema".

Você vai acompanhando a demonstração até chegar ao desfecho. Uau! Você conseguiu! Os neurônios comemoram! Um arroubo de satisfação intelectual compensa a confusão inicial, e você sorri.

O "ha-ha!" no caso da piada e o "a-ha!" no caso da matemática descrevem a mesma experiência, e essa é uma das razões por que entender a matemática pode ser tão divertido e viciante.

Assim como os desfechos das piadas mais engraçadas, os melhores teoremas revelam algo pelo qual você não espera. Eles apresentam uma nova ideia, uma nova perspectiva. Com as piadas, você ri. Com a matemática, solta um suspiro de espanto. Foi precisamente esse elemento-surpresa que fez com que eu me apaixonasse pela matemática quando era criança. Nenhum outro assunto desafiou com tanta frequência minhas preconcepções.

O objetivo deste livro é surpreender você também. Aqui, embarco numa excursão pelos meus conceitos matemáticos favoritos e exploro a maneira como se fazem presentes em nossas vidas. Quero que você aprecie o que há de belo, útil e lúdico no pensamento lógico.

Meu livro anterior, *Alex no País dos Números*, foi um mergulho no mundo da abstração matemática. Desta vez eu mantenho mais os pés no chão: minha preocupação aqui é basicamente com o mundo real, refletido pelo espelho da matemática como uma ciência abstrata inspirada em nossas experiências físicas.

Primeiro, eu ponho humanos no divã. Quais são os sentimentos que temos para com os números, e o que os desencadeia? Depois ponho números no divã, individualmente e como grupo. Cada número tem seus aspectos próprios. No entanto, quando nos confrontamos com eles *en masse*, o que vemos é uma conduta fascinante: eles se comportam como uma multidão bem organizada.

Dependemos dos números para interpretar o mundo, e continuamos a nos valer disso desde que aprendemos a contar. Talvez a mais surpreendente característica da matemática seja o fato de ter sido, e continuar a ser, extremamente bem-sucedida em nos capacitar a compreender nosso entorno. A civilização progrediu até o ponto em que estamos hoje graças a descobertas de formas simples como círculos e triângulos, expressas de maneira gráfica a princípio, e posteriormente na linguagem das equações.

A matemática, eu me arriscaria a dizer, é a empreitada coletiva mais impressionante e longeva da história da humanidade. Nas próximas páginas, vou seguindo a luz da descoberta desde as pirâmides egípcias até o monte Everest, de Praga até Guangzhou, e de um vestíbulo vitoriano até um universo digital de criaturas autorreplicantes. Vamos conhecer intelectos desafiadores, de nomes célebres da Antiguidade a figuras bem menos conhecidas dos dias atuais. Nosso elenco inclui uma celebridade engravatada na Índia, um investigador particular com seu revólver nos Estados Unidos, o membro de uma sociedade secreta na França e um engenheiro de nave espacial que mora perto de meu apartamento em Londres.

Enquanto percorremos mundos físicos e abstratos, vamos analisar conceitos já bem conhecidos, como o de pi e de números negativos, e encontrar outros mais enigmáticos, que se tornarão nossos confidentes. Vamos nos maravilhar com as aplicações concretas de ideias matemáticas, inclusive algumas que se transformam de fato em estruturas de concreto.

Você não precisa ser um gênio da matemática para ler este livro. Ele é voltado para o leitor comum. Cada capítulo apresenta um novo conceito matemático, e não é necessário ter nenhum conhecimento prévio. Inevitavelmente, porém, alguns conceitos são mais complicados que outros. O nível de aprofundamento às vezes se aproxima daquilo que se estuda na universidade e, dependendo de sua proficiência matemática, pode haver momentos de certo atordoamento. Nesses casos, recomendo que você pule para o início do próximo capítulo, onde o nível é reajustado para o "elementar". Este material pode fazê-lo sentir-se um tanto desorientado, sobretudo se o assunto for novidade para você, mas a ideia é justamente essa. Quero que você veja a vida de um modo diferente. Às vezes chegar ao "a-ha!" leva tempo.

Se tudo isso está soando um pouco sério demais, não é. A ênfase na surpresa é o que faz da matemática a mais lúdica de todas as disciplinas intelectuais. Os números sempre foram usados como brinquedos, além de ferramentas.

A matemática não só ajuda a compreender melhor o mundo, ajuda também a curti-lo mais.

Alex Bellos
Janeiro de 2014

1. Todo número conta uma história

Jerry Newport pediu-me que escolhesse um número com quatro dígitos.

"2761", eu disse.

"Isso é 11 × 251", retrucou ele, e começou a recitar os números sem hesitar, num fluxo ininterrupto.

"2762. É 2 × 1381.

"2763. É 3 × 3 × 307.

"2764. É 2 × 2 × 691."

Jerry é um motorista de táxi aposentado de Tucson, no Arizona, portador da síndrome de Asperger. Tem um aspecto corado e olhos azuis pequenos, e sua grande testa é dividida ao meio por uma crista enviesada de cabelo louro escuro. Ele gosta de pássaros tanto quanto de números e estava vestindo um camisa vermelha florida com a figura de um papagaio. Estamos sentados na sala de estar da casa dele, na companhia de uma cacatua, uma pomba, três periquitos e dois periquitos-australianos, que prestavam atenção à nossa conversa e às vezes repetiam o que dizíamos.

Assim que Jerry vê um número grande, ele o divide em números primos, que são aqueles — 2, 3, 5, 7, 11... — só divisíveis por si mesmos e por 1.[1] Esse hábito fez com que seu antigo trabalho de dirigir táxis se tornasse particularmente agradável, já que sempre havia na placa do carro à frente um número para decompor. Quando morava em Santa Monica, onde os números das placas tinham quatro e cinco dígitos, com frequência visitava o estacionamento de quatro andares do shopping de seu bairro e só ia embora depois de ter processado cada uma das placas.

Em Tucson, no entanto, as placas dos carros contêm apenas três dígitos. Agora ele raramente olha para elas.

"Se o número tiver mais de quatro dígitos, começo a prestar atenção. Se tiver quatro dígitos ou menos, é galinha morta." Ele protestou: "É isso aí! Vamos lá! Mostre-me algo novo!".

A síndrome de Asperger é um distúrbio psicológico no qual a falta de traquejo social pode coexistir com habilidades extremas, como, no caso de Jerry, um talento extraordinário para aritmética mental. Em 2010, ele competiu na Copa do Mundo de Cálculo Mental na Alemanha, sem ter se preparado de nenhuma forma. Conquistou o título de Calculador Mais Versátil, sendo o único competidor a marcar a pontuação máxima numa categoria na qual, em dez minutos, dezenove números de cinco dígitos tinham de ser decompostos em seus fatores primos. Ninguém chegou sequer perto disso.

Jerry tem um sistema para decompor números grandes: ele fatora os números primos em ordem ascendente, dividindo por 2 se o número é par, por 3 se o número é divisível por 3, e por 5 se é divisível por 5, e assim por diante.

Ele elevou a voz num grito: "Oh, sim, estamos peneirando, *baby*!". Em seguida começou a mover o corpo, inquieto. "Estamos em cena. Jogue aqui esses números, galera, e vamos peneirar eles procês! É isso aí! Jerry e os peneiradores!"

"Eu tenho um par de peneiras", interrompeu sua mulher, Mary, que estava sentada no sofá perto de nós. Mary, uma musicista e ex-figurante da série *Jornada nas estrelas*, também tem a síndrome de Asperger, que é muito mais rara em mulheres do que em homens. Quase não se ouve falar de um matrimônio entre duas pessoas portadoras da síndrome, e seu romance não convencional se tornaria uma produção hollywoodiana em 2005, *Loucos de amor*.

Às vezes Jerry não consegue extrair nenhum fator primo de um número grande, o que significa que o próprio número é primo. Quando isso acontece, ele vibra: "Se é um número primo que eu nunca tinha encontrado, é o tipo de coisa que acontece quando você está procurando rochas e acha uma nova rocha. Como um diamante que você pode levar para casa e pôr na sua prateleira".

Fez uma pausa. "Um número primo novo", acrescentou, "é como ter um novo amigo."[2]

As palavras e os símbolos mais antigos usados para representar números remontam a cerca de 5 mil anos atrás na Suméria, região que corresponde ao atual Iraque. Os sumerianos não recorreram a analogias distantes quando deram nomes a esses novos conceitos. A palavra para 1, "ges", também significava "homem" ou "falo ereto". A palavra para 2, "min", também significava "mulher", numa expressão simbólica de que o homem era primário e a mulher era seu complemento, ou talvez descrevendo um pênis e um par de seios.[3]

Inicialmente os números serviam para finalidades práticas, como contar o rebanho e calcular impostos. Mas também revelavam modelos abstratos, o que os tornava objeto de profunda contemplação. Talvez a primeira descoberta matemática tenha sido que os números se dividiam em dois tipos, par e ímpar, que são aqueles que podem ser divididos perfeitamente pela metade, como 2, 4 e 6, e os que não podem, como 1, 3 e 5. O professor grego Pitágoras, que viveu no século VI a.C., reafirmou a associação sumeriana do 1 com o homem e do 2 com a mulher, chamando os números ímpares de masculinos e os pares de femininos. Resistência a se dividir por 2, ele argumentou, personificava força, e suscetibilidade de ser dividido por 2 era sinal de fraqueza. Ele deu mais uma justificativa aritmética: o ímpar era senhor do par, assim como o homem é senhor da mulher, porque, quando você soma um número ímpar a um número par, o resultado continua a ser ímpar.

Pitágoras é mais famoso por seu teorema sobre triângulos, ao qual chegaria mais tarde, mas sua crença quanto ao gênero dos números dominou o pensamento ocidental por mais de 2 mil anos. O cristianismo a abraçou em seu mito da criação: Deus criou Adão em primeiro lugar, e Eva em segundo. Um significa unidade, e dois é "o pecado que desvia do Bem Primordial".[4] Para a Igreja medieval números ímpares eram mais fortes, melhores, mais divinos e mais afortunados do que os pares, e na época de Shakespeare comumente adotavam-se crenças metafísicas sobre os números ímpares: "Dizem que os números ímpares são dotados de algo divino, ou por ocasião do nascimento, ou durante a vida ou na hora da morte", declara Falstaff em *As alegres comadres de Windsor*. Essas superstições ainda permanecem. Números místicos ainda tendem a ser ímpares, notadamente o "mágico" três, o "afortunado" sete e o "azarento" treze.

Shakespeare também é responsável por popularizar o significado atual da palavra inglesa "odd".[5] Em sua origem, o termo só tinha a acepção numérica de "ímpar". Foi utilizada em frases como *odd man out*, literalmente "o homem ímpar que fica de fora", ou seja, o membro não pareado de um grupo de três. Mas em *Trabalhos de amor perdidos* o farsesco espanhol dom Adriano de Armado é descrito como "seleto demais, janota demais, afetado demais, ímpar demais, por assim dizer". Desde então, deixar resto 1 depois de dividido por 2 tem a conotação de "peculiar", "estranho".[6]

É da natureza humana ter sensibilidade para padrões numéricos. Esses padrões provocam reações subjetivas, às vezes extremas, como as que vimos em Jerry Newport, mas, em termos mais abrangentes, também tendem a criar associações culturais profundas. A filosofia oriental baseia-se numa apreciação das dualidades na natureza, simbolizadas por yin e yang, literalmente "sombra" e "luz". Yin está associada à passividade, à feminilidade, à Lua, ao infortúnio e a números pares, e yang a seus opostos: agressividade, masculinidade, Sol, boa sorte e números ímpares. Mais uma vez, vemos uma conexão histórica entre sorte e número ímpar, algo forte sobretudo no Japão, onde, por exemplo, é costume presentear com três, cinco ou sete itens.[7] Nunca quatro ou seis. Quando se dá dinheiro de presente a recém-casados, preferem-se quantias de 30 mil, 50 mil e 100 mil ienes, embora 20 mil também seja aceitável, mas nesse caso a recomendação é "fazer ficar ímpar", dividindo a quantia em notas de 10 mil e 5 mil ienes. A estética de números ímpares também subjaz na clássica arte japonesa de arranjo floral, *ikebana*, que só utiliza números ímpares de itens, uma influência da crença budista de que a assimetria reflete a natureza. Uma refeição da alta gastronomia japonesa, *kaiseki*, é sempre composta de um número ímpar de pratos; as crianças recebem essa mensagem bem cedo, pois a celebração anual da boa saúde infantil é chamada de festival Sete-Cinco-Três, do qual só participam crianças com três, cinco e sete anos. O gosto dos japoneses por números ímpares é tão entranhado que, como escreveu o professor Yutaka Nishiyama, da Universidade de Economia de Osaka, quando o governo emitiu uma cédula de 2 mil ienes no ano 2000, ninguém jamais a utilizou.[8]

(Superstições numéricas são mais fortes nos países da Ásia Oriental do que no Ocidente. Esses países também têm melhor desempenho nos testes internacionais de conhecimentos matemáticos, numa indicação de que as fortes crenças místicas envolvendo números não impedem necessariamente a aquisição de habilidades aritméticas. As superstições, na verdade, podem estimular o respeito pelos números, além de mais intimidade e uma abordagem lúdica — assim como a matemática. A mais difundida crença asiática em relação a números baseia-se num jogo de palavras. Como as palavras para "quatro" em japonês, cantonês, mandarim e coreano — *shi, sei, si, sa*, respectivamente — têm o mesmo som das palavras nessas línguas para "morte", evita-se o número quatro tanto quanto possível. Os hotéis nessas regiões com frequência não têm o registro de um quarto andar, os aviões muitas vezes não têm uma fileira número quatro e as empresas em geral não costumam lançar linhas de produtos com um número quatro. A associação do quatro à morte é tão fortemente arraigada que se tornou uma profecia autorrealizada: registros nos Estados Unidos demonstram que há um surto de infartos letais entre americanos de origem japonesa e chinesa no dia quatro de cada mês.[9] O número oito, no entanto, é um número de sorte, porque a palavra "oito" em chinês tem a mesma pronúncia de "prosperidade". O dígito 8 aparece com um tamanho desproporcional nos preços de varejo anunciados em jornais chineses. Duas mortes equivalem a uma vida próspera.)

Na Índia também os números ímpares são tidos como mais auspiciosos. Haveria uma razão por que tanto no Oriente como no Ocidente as pessoas atribuem maior significado espiritual aos números ímpares do que aos pares? Isso pode estar relacionado com o fato de que nossos cérebros levam mais tempo processando números ímpares do que pares, fenômeno descoberto pelo psicólogo Terence Hines, da Universidade Pace, e o qual ele chamou de "efeito ímpar". Em um experimento, Hines projetou pares de dígitos numa tela. Ou os dígitos eram ambos ímpares, como 35, ou ambos pares, como 64, ou um par e outro ímpar, como 27. Ele disse aos participantes do experimento que apertassem o botão somente quando os dígitos fossem par-par ou ímpar-ímpar. Em média, eles demoraram 20% mais tempo para pressionar o botão quando ambos os dígitos eram ímpares, e também cometeram mais erros. No início, Hines não acreditou em seus resultados, pensando ter havido uma falha em seus procedimentos de teste, mas o fenômeno confirmou-se claramente na pesquisa subsequente.[10] Nós lidamos de forma diferente com os números ímpares não só por causa de crenças culturais antigas, mas também porque *pensamos* de outra maneira sobre eles. Eles literalmente instigam mais o pensamento.

Há uma chave linguística para o efeito ímpar, que é invisível para os falantes do inglês, o único dos principais idiomas europeus a ter palavras não relacionadas entre si para "par" e "ímpar" (*even* e *odd*). Em francês, alemão e russo, por exemplo, as palavras para "par" e "ímpar" têm uma estrutura que indica se tratar de "par" e "não par", respectivamente: *pair/ impair*, *gerade/ ungerade* e *chyotny/ nyechyotny*. A paridade é um conceito que precede o de imparidade. É um conceito mais simples, fácil de entender.

A lacuna cognitiva entre números ímpares e pares tem sido tema de outros estudos. James Wilkie e Galen Bodenhausen, da Universidade Northwestern, decidiram investigar se havia alguma base psicológica para a antiga crença de que os ímpares são masculinos e os pares são femininos. Eles mostraram aos participantes, aleatoriamente, determinados retratos de rostos de bebês, associando cada um deles a um número formado por três dígitos ímpar-ímpar-ímpar ou par-par-par, e pedindo aos participantes que adivinhassem o sexo dos bebês.[11] O experimento soa absurdo, e teria sido esquecido se não houvesse apresentado um resultado impactante: a escolha do número teve um efeito significativo. Os participantes se mostraram inclinados a dizer que um bebê associado a números ímpares era menino em 10% mais vezes do que quando era associado a números pares.[12] Wilkie e Bodenhausen concluíram que os pitagorianos, os cristãos medievais e os taoistas estavam certos. A antiga e transcultural crença de que números ímpares estão associados com masculinidade e pares com feminilidade poderia ser sustentada com os dados colhidos. "Pode realmente haver uma tendência humana universal de projetar conotações de gênero nos números", eles escreveram. No entanto, não foram capazes de explicar por que o ímpar é masculino e o par é feminino, e não o contrário.

A cultura, a língua e a psicologia desempenham um papel no modo como compreendemos os padrões matemáticos, o que vimos aqui em relação a números ímpares e brevemente veremos em outras questões referentes a números. Os números têm um significado matemático fixo — são entidades abstratas expressando quantidades e ordenação —, mas também contam outras histórias.

O influente teólogo alemão Hugo de São Vítor (1096-1141) forneceu um dos primeiros guias para números: dez representa "retidão na fé", nove, que vem antes de dez, "deficiência dentro da perfeição", e onze, que vem depois, "transgressão fora de medida".[13] Se Hugo fosse vivo hoje em dia, sem dúvida conseguiria um emprego lucrativo na Aliança Semiótica, uma das agências líderes mundiais em semiótica. Conheci seu fundador, Greg Rowland, em Londres. Com uma camiseta preta e branca sob o paletó, profundos vincos na testa e olhos penetrantes, parecia um elegante professor universitário, embora seu habitat não fosse a biblioteca, mas a sala do conselho executivo. Greg aconselha companhias multinacionais quanto aos simbolismos de suas marcas, o que envolve associações culturais com números. Entre seus clientes estão Unilever, Calvin Klein e KFC. O número onze, por exemplo, é um elemento essencial na mitologia corporativa do KFC: a especialidade da casa é o frango frito temperado com a receita original e secreta do coronel Sanders, que inclui onze ervas e especiarias. "É o caso mais notório de uso místico do onze na cultura comercial", afirmou Greg. O número representa transgressão, ele acrescentou, nesse caso um ingrediente extra, um além do ordinário. "O onze só avançou uma unidade além do dez. Reconheceu que existe uma ordem nas coisas, e agora está explorando a distância que vai além. O onze abre a porta do infinito, mas não vai muito longe. Ele é... a rebelião burguesa no que tem de mais finita!" Perguntei se coronel Sanders não era, então, diferente do roqueiro em *Spinal Tap*, que muda a graduação de volume sonoro de seu amplificador até chegar ao nível onze, para dar-lhe mais volume do que o dos amplificadores graduados até dez. Greg riu: "Sim! Mas eu acredito nisso de verdade! Acredito que onze é mais interessante do que dez!".

A unidade extra, no estilo do *Spinal Tap*, ele complementou, é um meme bastante comum. Exemplo clássico é o jeans Levi's 501. "Isso aumenta a expectativa, mas sem exagero. É aquele detalhe a mais, e é isso que a Levi's está sempre fazendo, ou sempre fez em seus dias de glória, acrescentando um botão extra aqui, ou uma nova costura ali. Na realidade era só um 1 a mais. Com isso a Levi's está dizendo que não é só 500, é uma unidade melhor do que isso, e isso é feito de um jeito que se fosse 502 — dois a mais — não funcionaria. Trata-se de elemento místico adicionado, que faz com que o produto deixe de ser definível e razoável como o número 500. É com os grandes decimais que isso funciona melhor: o filme *2001: Uma odisseia no espaço*, o *drum machine 101*, o Quarto 101. Não era Quarto 100 — quem ficaria apavorado com isso?"

Muito antes de a Levi's começar a vender seus jeans, o significado desse número extra já estava entranhado na cultura indiana. O *shagun* é a tradição segundo a qual é preciso sempre acrescentar uma rupia a mais aos valores redondos dos presentes em dinheiro, que costumam ser de quantias como 101, 501 ou 100 001 rupias. Em lojas de presentes de casamento, por exemplo, os envelopes vêm com uma moeda de uma rupia colada, para que ninguém se esqueça. Embora não haja uma explicação única para essa prática — alguns dizem que o número um é uma bênção, outros que representa o início de um novo ciclo —, aceita-se que o valor simbólico da unidade extra é tão importante quanto o valor monetário das notas que vêm dentro do envelope.

O que me leva a uma antiga história de família. No início do século XX, meu avô trabalhava numa nova receita de limonada gasosa. Ele a chamou de 4 Up. Os consumidores não gostaram, então ele passou alguns anos desenvolvendo-a um pouco mais. Seu lançamento seguinte, 5 Up, também não agradou. Após mais alguns anos ele lançou o 6 Up, e sabe o quê? Também foi um fracasso total. Vovô morreu, tragicamente, sem saber quão perto tinha chegado.

Sim, é uma velha anedota. Mas contém uma verdade. Nos negócios, como na religião, um bom número é fundamental. O número dez — "retidão na fé" — fortalece a confiança que se tem no creme antiacne Oxy 10. "Dez expressa equilíbrio, segurança, uma volta à normalidade. É o decimal absoluto", disse Greg. "Não há discussão com o dez, e é isso que se quer em determinadas coisas. Você não ia querer um Oxy 9, ou mesmo um Oxy 8. Certamente não ia querer Oxy 7, ou 11, ou 13, ou 15. Para um produto como

Oxy 10, você quer certezas." Perguntei-lhe se ele achava que o lubrificante multiuso WD-40 teria o mesmo sucesso com o nome WD-41. "WD-41 não seria confiável", ele insistiu. "WD-41 teria mais coisas dentro dele do que você ia querer. Teria uma partícula a mais, não?" Ele continuou, pensando alto em outras variantes: "WD-10 expressaria uma função binária. Ou faz alguma coisa ou não faz. Mas WD-400 ou 4000 — melhor não exagerar! WD-40 não está proclamando ser mais do que é. É um aperfeiçoamento simples, na medida". Segundo uma lenda da companhia, a marca deve seu nome ao químico Norm Larsen. Ele estava tentando inventar um líquido que evitasse a corrosão, daí o WD, de "*water displacement*" [remoção de água]. WD-40 foi sua quadragésima tentativa. É obviamente impossível prever como o produto se sairia caso Larsen chegasse à fórmula correta apenas em sua quadragésima primeira tentativa. E uma pesquisa acadêmica corrobora a avaliação semiótica de Greg: para produtos domésticos, números divisíveis são mais atraentes do que números indivisíveis.

Em 2011, Dan King, da Universidade Nacional de Cingapura, e Chris Janiszewski, da Universidade da Flórida, demonstraram que uma marca imaginária de xampu anticaspa era mais apreciada quando se chamava Zinc 24 do que quando se chamava Zinc 31.[14] Os participantes da pesquisa tinham uma preferência tão superior por Zinc 24 que estavam dispostos a pagar 10% a mais por ele. King e Janiszewski argumentaram que os clientes preferiam 24 porque estão mais familiarizados com o número desde os tempos de escola, quando as linhas da tabuada $3 \times 8 = 24$ e $4 \times 6 = 24$ são inculcadas nos alunos por repetição e hábito. Já o 31 é um número primo e não aparece em nenhuma tabuada. Os professores concluíram que a maior familiaridade com o 24 resulta no fato de processarmos esse número com mais fluência, o que nos transmite um sentimento de que gostamos mais dele. O fato de preferirmos 24 a 31, segundo eles, transfere-se para nossa preferência por Zinc 24 em detrimento de Zinc 31. Greg não ficou surpreso quando lhe falei dessa pesquisa, mas teve uma percepção mais cultural: "Zinc 24 combina com nossa sensação de que produtos com números pares nos trazem um senso de normalidade, uma noção de que as coisas estão como devem ser", disse ele. "Números ímpares dão certa margem para questionamentos emocionais, e é por isso que estão cercados por mais misticismo." E é por isso, de acordo com ele, que não o queremos em nosso cabelo.

Para reforçar sua hipótese de que a fluência dos processos aumenta a preferência por certas marcas, King e Janiszewski conceberam um experimento posterior, que incluía sutilmente o produto de uma multiplicação no anúncio de uma marca que continha um número. Primeiro definiram os produtos, Solus 36 e Solus 37, duas linhas fictícias da marca real de lentes de contato Solus, e então criaram quatro anúncios: um para Solus 36, um para Solus 37, e um para cada um desses, mas com o slogan *6 colors. 6 fits*, como ilustrado a seguir. Sem o slogan, os participantes preferiam Solus 36 a Solus 37, conforme esperado. Mas, quando incluída a mensagem, a popularidade de Solus 36 aumentava e a de Solus 37 diminuía ainda mais. King e Janiszewski concluíram que nossa familiaridade com 6, 6 e 36, a partir da operação de multiplicar da tabuada $6 \times 6 = 36$, aumenta a fluência de nosso processamento desses números, da mesma forma que a não familiaridade com 6, 6 e 37, que não têm relação aritmética, a diminui. O surto de prazer advindo de reconhecer subconscientemente uma simples multiplicação produz um bem-estar, segundo eles, e de maneira equivocada atribuímos essa excitação à satisfação com o produto. As empresas fariam bem, concluíram os pesquisadores, se incluíssem operações matemáticas ocultas em seus anúncios.

O principal argumento de King e Janiszewski é que sempre estamos atentos ao fato de um número ser ou não divisível, e isso influencia nosso comportamento. Somos todos um pouco como Jerry Newport, o motorista de táxi de Tucson, que não pode ver um número sem dividi-lo em fatores

Que embalagem de lentes de contato parece ser mais desejável?

primos. Portanto, o padrão aritmético ao qual somos mais sensíveis — uma vez que o tipo mais natural de divisão é por dois — é a diferença entre os pares e os ímpares.

Os números foram inventados para descrever quantidades precisas: três dentes, sete dias, doze bodes. Quando as quantidades são grandes, no entanto, não usamos os números de modo preciso. Fazemos uma aproximação usando um "número redondo" como marca da aproximação. É mais fácil e mais conveniente. Quando, por exemplo, eu digo que havia umas cem pessoas no mercado, não estou afirmando que havia *exatamente* cem pessoas lá. Estou fornecendo uma ordem de grandeza. E, quando digo que a idade do universo é 13,7 bilhões de anos, não estou me referindo *exatamente* ao número 13 700 000 000, posso estar acrescentando ou tirando algumas centenas de milhões de anos. Números muito grandes são entendidos de forma aproximada, e números pequenos, com exatidão, e esses dois sistemas não interagem com facilidade. É claro que não teria sentido nenhum dizer que no próximo ano o universo completará "13,7 bilhões e um" anos de idade. Ele continuará a ter 13,7 bilhões de anos durante o resto de nossas vidas.

Números redondos geralmente terminam com zero. Usa-se a palavra *redondo* por representar a conclusão de um ciclo inteiro de contagem, e não porque o zero é um círculo. Há dez dígitos em nosso sistema numérico, e portanto qualquer combinação de ciclos de contagem concluídos será sempre divisível por dez.

Como estamos acostumados a usar números redondos para expressar grandes quantidades, quando encontramos um número grande que não seja redondo — digamos, 754 156 293 — ele parece ser discrepante. Manoj Thomas, um psicólogo na Universidade Cornell, alega que nossa sensação de desconforto com números grandes e não redondos faz com que aos nossos olhos eles se tornem menores do que na verdade são: "Tendemos a pensar que números pequenos são mais precisos, e por isso, quando vemos um número grande e preciso, instintivamente presumimos que ele representa uma quantidade menor que a de fato representada".[15] O resultado, segundo ele, é que vamos pagar mais por um objeto dispendioso se o preço não for redondo. Em um dos experimentos de Thomas, os participantes olharam as fotos de várias casas, cada uma com seu preço, os quais estavam aleatoriamente marcados ou com um valor redondo, como 390 mil, ou com um pouco maior e mais preciso, como 391 534. Quando lhes perguntaram se consideravam a quantia alta ou baixa, na média eles julgaram que os valores exatos eram mais baixos do que os redondos, mesmo quando os preços exatos eram na realidade mais elevados. Thomas e seus colaboradores concluíram que, quaisquer que fossem as outras inferências que os participantes estavam fazendo quanto à razão pela qual aqueles preços pareciam certos — como a de que o vendedor tinha pensado com mais cuidado sobre o assunto, e assim o preço era mais justo —, eles ainda faziam o julgamento subconsciente de que os números não redondos eram menores do que os redondos. Uma dica para leitores que querem vender suas casas: se quiserem ganhar dinheiro, não ponham um preço terminado em zero.

Já falamos sobre as conotações culturais de acrescentar uma unidade a um número redondo. A prática de *subtrair* uma unidade de um número redondo também carrega em si uma potente mensagem.

Quando lemos um número, somos mais influenciados pelo dígito mais à esquerda do que pelo dígito mais à direita, pois essa é a ordem sequencial na qual o lemos e processamos. O número 799 parece ser significativamente menor que 800, porque vemos o primeiro como 7 e alguma coisa, e o segundo como 8 e alguma coisa, enquanto 798 parece ser muito parecido com 799. Desde o século XIX, os comerciantes têm tirado vantagem desse truque, preferindo mostrar um preço que termina em 9, para dar a impressão de que um produto custa menos. Levantamentos mostram que algo entre um terço e dois terços de todos os preços no varejo acaba com um 9.

Embora sejamos todos consumidores tarimbados, ainda nos deixamos enganar. Em 2008, pesquisadores da Universidade da Bretanha do Sul fizeram o monitoramento de uma pizzaria local, que servia cinco tipos de pizza a 8 euros cada. Quando uma das pizzas teve seu preço reduzido para 7,99, sua participação nas vendas subiu de um terço para metade do total.[16] Baixar o preço em um centavo, uma quantia insignificante em termos monetários, foi suficiente para influenciar drasticamente as decisões da clientela.

Nossa reação a preços que terminam em 9, contudo, está sujeita a influências mais complexas do que uma tendência para o dígito mais à esquerda. Um preço que termina em 9 é percebido como uma pechincha, mesmo quando não é.[17] Eric Anderson, da Universidade de Chicago, e Duncan Simester, do MIT, providenciaram para que o mesmo vestido fosse marcado com o preço de 34, 39 e 44 dólares em três catálogos de encomendas postais que em todos os demais itens eram idênticos. O vestido vendeu mais ao preço de 39 dólares do que ao preço, mais baixo, de 34. Resultados similares foram obtidos em outros estudos: o 9 no final é um sinal de que o item teve um desconto, e portanto constitui um bom negócio. Mas a associação do 9 com pechincha também pode fazer com que esse produto pareça ser ordinário, ou pode dar a impressão de que o vendedor está manipulando seu preço de algum modo. Um restaurante de primeira linha, por exemplo, nunca iria sonhar em atribuir a um prato principal o preço de, digamos, 22,99. Da mesma forma, a pessoa não iria confiar num terapeuta que cobrasse 59,99 por sessão. Os preços seriam 23 e 60, ambos números com aspecto mais elegante e mais honesto. Nossa reação ao número 9 é condicionada por uma mescla de fatores culturais e psicológicos. Os números não são imparciais e diretos; eles têm bagagem.

Os comerciantes têm outros motivos para usar preços que terminam com um 9 — ou, em casos parecidos, 8. Testes demonstram que preços terminados em 8 e 9 são muito mais difíceis de serem lembrados do que aqueles que terminam em 0 e 5, já que o cérebro leva mais tempo para armazená-los e processá-los. Se você não quiser que seu cliente se lembre de um preço, e possa fazer comparações com os de outras lojas, use um 8 ou 9 no final. Caso contrário, se quiser que seu cliente se lembre *sim* de um preço, talvez para reforçar a ideia de que é mais barato do que o do concorrente, ponha na etiqueta um número como 5, e não 4,98. Os comerciantes, na verdade, usam toda uma gama de truques psicológicos com números para reduzir a consciência em relação ao preço. Por exemplo, um levantamento da Universidade Cornell demonstrou que, num cardápio, deixando de fora o símbolo da moeda — de modo que o preço de um prato fosse listado como 20 e não como $20 —, um restaurante de Nova York aumentou o dispêndio médio

Filé de hadoque defumado, assado com salada quente de batata
e cebolas crocantes 7,50

Sopa cremosa de cogumelos com chantili trufado 5,50

Balotine quente de frango de Gloucestershire orgânico recheado
com cuscuz de ervas e fondue de alho-poró 8,20

Filé de hadoque defumado, assado com salada quente
de batata e cebolas crocantes £7,50

Sopa cremosa de cogumelos com chantili trufado £5,50

Balotine quente de frango de Gloucestershire orgânico recheado
com cuscuz de ervas e fondue de alho-poró................. £8,20

Cardápio bom, cardápio ruim.

por cliente em 8%.[18] O cifrão nos faz lembrar o sofrimento de ter de pagar. Outra estratégia inteligente é, no cardápio, mostrar os preços imediatamente após a descrição de cada prato, em vez de dispô-los numa coluna, pois isso torna fácil compará-los entre si. A intenção é estimular os clientes a pedir o que desejam comer, qualquer que seja o preço, em vez de ficar lembrando qual prato custa mais.[19]

No entanto, talvez o uso mais gritante da psicologia dos números no varejo seja a marcação de valores absurdos para criar uma referência de preço artificial. O carro de 100 mil em exposição no showroom e o par de sapatos de 10 mil na vitrine da loja não estão lá porque o gerente acha que vão vender, mas como chamarizes para fazer com que os igualmente caros automóveis de 50 mil e os sapatos de 500 pareçam baratos. Supermercados usam estratégias similares. Somos surpreendentemente suscetíveis à manipulação dos números em nossos processos de decisão, e não apenas quando estamos comprando. Num estudo, 52 juízes alemães — com uma média de mais de quinze anos de banca para cada um — leram a descrição da prisão de uma mulher flagrada furtando em lojas, e então cada um lança um par de dados preparados para dar 3 ou 9. Lançados os dados, pede-se ao juiz que declare se ia sentenciar a mulher a mais ou menos meses de prisão do que o número que saiu nos dados, e depois que especifique a sentença exata. Os juízes que tiraram 3 nos dados deram-lhe cinco meses em média, enquanto os juízes que tiraram 9 deram-lhe 8 meses.[20] Os magistrados eram profissionais com muita experiência, mas mesmo assim a mera sugestão de um número que não tinha a menor conexão com o caso influiu na duração da pena.

Se juízes alemães da maior seriedade podem ser induzidos por um irrelevante número aleatório, o que dizer de todos nós. Cada vez que lemos um número ele nos afeta, influenciando nosso comportamento de um modo do qual nem sempre temos consciência, e que nem sempre podemos controlar.

Outra reação aos números é a afeição. Depois de contar, calcular e quantificar com nossas ferramentas numéricas, é comum que se desenvolvam sentimentos por elas. Jerry Newport, por exemplo, ama alguns números como se fossem seus amigos. Eu não tinha percebido, no entanto, a profundidade de nosso amor coletivo pelos números até levar a efeito um experimento na internet, pedindo às pessoas que apontassem seus números favoritos e explicassem suas escolhas. Fiquei pasmado não somente com o nível do interesse — mais de 30 mil pessoas participaram nas primeiras semanas —, mas também com a variedade e a sentimentalidade que envolveu cada resposta: 2, porque o participante tinha dois piercings; 6, porque as melhores canções nos álbuns do participante estavam sempre na sexta faixa; 7,07 porque o participante sempre acordava às 7h07 da manhã e uma vez suas compras tinham somado 7,07 dólares, aferidos pela bela caixa do mercado de seu bairro; 17, porque era o número de minutos que o participante cozinhava seu arroz; 24 porque a participante dormia com a perna esquerda dobrada no formato de um 4, e seu namorado dormia a seu lado formando com o corpo um 2; 73, conhecido pelos fãs de *The Big Bang Theory* como o "Chuck Norris dos números", porque Sheldon Cooper, o protagonista da série, apontou que se trata do 21º número primo, e seu espelho, 37, é o 12º; 83, porque soa bem quando se exagera por meio dele, como em "Devo ter feito isso 83 vezes!"; 101, porque é o primeiro número da casa das centenas; 120, porque é divisível por 2, 3, 4, 5, 6, 8 e 10, o que provia ao participante números suficientes para contar para cima e para baixo tentando adormecer; 159, porque forma a diagonal num teclado de telefone; 18 912, porque sua cadência faz dele "o número com o som mais bonito do mundo"; e 142 857, o número fênix, porque seus seis primeiros múltiplos são bem organizados anagramas de si mesmo:

142857142857

142857 × 1 = 142857

142857 × 2 = 285714

142857 × 3 = 428571

142857 × 4 = 571428

142857 × 5 = 714285

142857 × 6 = 857142

142857 × 7 = 999999

"Ter um número favorito significa que você fica um pouco agitado quando está sentado na poltrona nº 53 num trem, ou constata que são 9h53", escreveu um dos participantes. "Não consigo imaginar uma razão para não ter um número favorito."[21]

Mesmo com a advertência de que o levantamento era voluntário e autosseletivo, mais com um caráter de diversão do que de uma pesquisa realizada com rigor acadêmico, os dados revelaram fascinantes padrões nas escolhas de números favoritos. Em primeiro lugar, é enorme a extensão do âmbito dos números escolhidos: 1123 números individuais, em 30 025 respostas. Houve votos para todos os números inteiros entre 1 e 100, e para 472 números entre 1 e 1000. O número mais baixo entre os que não tiveram nenhuma indicação foi 110. Seria então, com certeza, o número menos estimado do mundo?

Eis o quadro final:

POSIÇÃO	NÚMERO	PERCENTUAL
1	7	9,7%
2	3	7,5%
3	8	6,7%
4	4	5,6%
5	5	5,1%
6	13	5,0%
7	9	4,8%
8	6	3,4%
9	2	3,4%
10	11	2,9%
11	42	2,8%
12	17	2,7%
13	23	2,3%
14	12	2,2%
15	27	1,9%
16	22	1,5%
17	21	1,4 %
18	π	1,4%
19	14	1,3%
20	24	1,2%
21	1	1,2%
22	16	1,2%
23	10	1,2%
24	37	1,0%
25	0	1,0%
26	19	0,9%
27	18	0,8%
28	*e*	0,7%
29	28	0,7%
30	69	0,6%

Grosso modo, gostamos mais de números com um só dígito, e quanto maior é um número menos gostamos dele. O quadro também revela uma chocante indiferença em relação a números redondos. Os números de 2 a 9 estão todos entre os dez primeiros, mas o 10 está bem abaixo, em 23º lugar, o 20 está em quinquagésimo lugar e o 30, em 69º. O 10 é a pedra angular do sistema decimal, mas mesmo assim não é muito querido, possivelmente porque está sempre se prostituindo ao assumir a forma de uma aproximação.

Alguns números são escolhidos em virtude de suas propriedades numéricas, como o já citado número fênix, e também as constantes π e e, que olharemos melhor mais adiante neste livro. No entanto, em geral a escolha dos números é feita por razões pessoais, mais comumente por ser o dia de nosso aniversário. Mas a distinção entre um motivo numérico e um pessoal não tem um corte claramente definido, uma vez que há alguns números que raras vezes são escolhidos como favoritos, mesmo que a pessoa tenha nascido naquele dia. Por exemplo, se você nasceu no dia 10 há seis vezes menos probabilidade de que escolha 10 como seu número favorito do que haveria de escolher 7 se você tivesse nascido no dia 7. Se você nasceu no dia 30, há quarenta vezes menos probabilidade de escolher 30. Alguns números são mais propensos a se tornar favoritos do que outros. (Uma das razões de eu ter ficado tão curioso a respeito de números favoritos é que não tenho um, e não podia acreditar que tanta gente fosse tão apaixonada por eles. Agora atribuo minha falta de um número favorito ao fato de não ter nascido entre o dia 2 e o dia 9.)

A tendência histórica de os números ímpares atraírem maior atenção do que os pares reflete-se nesse levantamento. Entre as preferências por números entre 1 e 1000, a proporção dos que preferem ímpares a pares foi de 60/40. O quadro também mostra que a brincadeira de Douglas Adams, de que 42 é a resposta para a vida, o universo e tudo em geral, ainda é hilária, mais de três décadas após ele a ter mencionado pela primeira vez. (Sua brincadeira joga também com nossos sentimentos coletivos quanto aos números: 42 funciona nesse caso porque é inexpressivo. Não seria tão engraçado se ele tivesse escolhido, digamos, 41, que é ímpar e primo.) O aparecimento de 69 entre os escolhidos mostra que não se pode descartar o humor juvenil nas pesquisas pela internet.

Sete foi o primeiro lugar geral. Foi também a escolha unânime independentemente da idade, do sexo e da capacidade matemática do participante, o que não chega a constituir surpresa. Sete tem sido o número mais culturalmente festejado por toda a história de que temos notícia. As maravilhas do mundo, os pecados capitais, as idades do homem, os pilares da sabedoria, as noivas para os irmãos, os mares, samurais e anões, todos vêm em sete. Os zigurates da Babilônia foram construídos com sete andares, os egípcios mencionavam os sete salões do mundo do além, o deus do Sol védico tinha sete cavalos e os muçulmanos têm de circundar a Caaba sete vezes durante o Hajj. Mesmo atualmente, o ritmo fundamental de nossas vidas segue um ciclo de sete: o número de dias em uma semana.

A primeira coisa que os humanos contaram foi o tempo. Gravamos ranhuras em pedaços de pau e borramos manchas nas rochas para marcar a passagem dos dias. Nossos primeiros calendários tinham como referência fenômenos astronômicos como a lua nova, o que quer dizer que o número de dias em cada ciclo do calendário variava, sendo, no caso da lua nova, entre 29 e 30 dias, já que a duração exata de um ciclo lunar é de 29,53 dias. Em meados do primeiro milênio a.C., no entanto, os judeus introduziram um novo sistema. Eles decretaram que o *shabat*, o sábado, ocorria a cada sete dias, e isso valeria ad infinitum, independentemente das posições planetárias.[22] O ciclo contínuo de sete dias representou um significativo passo à frente para a humanidade. Ele nos emancipou de uma consistente submissão à natureza, estabelecendo uma regularidade numérica como fundamento da prática religiosa e da organização social, e desde então a semana de sete dias tornou-se a mais duradoura e ininterrupta tradição de calendário em funcionamento.

Mas por que *sete* dias na semana? Sete já era o mais místico dos números na época em que os judeus declararam que Deus levou seis dias para criar o mundo, e descansou no dia seguinte. Povos mais antigos também usavam períodos de sete dias em seus calendários, embora nunca repetidos num ciclo sem fim. A explicação mais comumente aceita para a predominância do 7 em contextos religiosos é a de que os antigos observavam sete corpos celestes: o Sol, a Lua, Vênus, Mercúrio, Marte, Júpiter e Saturno. De fato, os nomes em inglês para três dos dias da semana — *Sunday*, *Monday* e *Saturday* — vêm dos astros, embora tal associação remonte aos tempos helênicos, séculos depois de a semana de sete dias já estar sendo usada. É irônico que a semana judaica — primeiro sistema de calendário a desfazer a conexão entre as órbitas dos planetas e a contagem dos dias — acabou tendo seus sete dias nomeados segundo os corpos celestes. Talvez a conexão astrológica tenha tornado a semana mais resiliente a sistemas concorrentes. Alguns historiadores alegam que em sua origem os sete dias foram escolhidos por representarem aproximadamente um quarto do mês lunar de 29,53 dias. Mas, se a questão fosse a divisibilidade, um calendário mensal mais preciso teria cinco semanas de seis dias, ou seis semanas de cinco dias ou até mesmo três semanas de dez dias.

Os egípcios usavam o seguinte hieróglifo para o número 7, , a cabeça humana, o que sugere outra possível razão da importância simbólica do número.[23] Há sete orifícios na cabeça: duas orelhas, dois olhos, duas narinas e a boca. A fisiologia humana oferece outras explicações também. Seis dias poderiam ser o intervalo ideal de tempo para trabalhar antes de se tornar necessário um dia de descanso, ou sete poderia ser o número mais aproximado para o funcionamento de nossa memória: o número de coisas que uma pessoa comum pode manter ao mesmo tempo em sua cabeça é sete, com margem de tolerância de duas, para cima ou para baixo.

Nenhuma das razões mencionadas me convence, mesmo quando são felizes coincidências. Sete é especial não por causa de corpos celestes, órbitas ou orifícios, mas por causa da aritmética. Sete é um caso único entre os primeiros dez números, os que podemos contar usando os dedos. É o único que não pode ser multiplicado ou dividido de modo que o resultado continue dentro do grupo dos primeiros dez números. Quando se multiplica 1, 2, 3, 4 e 5 por 2, o resultado em todos os casos é menor ou igual a 10. Os números 6, 8 e 10 podem ser divididos por 2, e o resultado pertencerá ao grupo; 9 é divisível por 3. Só o número 7 permanece isolado: nem produz outro número dentro do grupo nem é produzido por outro. É claro que é percebido como um número especial. Ele é!

Psicólogos estudaram a singularidade do 7 durante décadas. Quando se pede a alguém que pense imediatamente num número, o mais provável é que pense no 7. Quando se pede que pense num número entre 1 e 20, a maioria vai pensar no 17.[24] É tal o impulso subconsciente para números terminados em 7 que nele se baseia um clássico truque, no qual o mágico pede a um voluntário que pense num número ímpar de dois dígitos entre 1 e 50, sendo os dígitos diferentes (ou seja, 13 é permitido, mas 11 não é), e ele corretamente vai adivinhar que a pessoa pensou no... o número está na nota de rodapé de uma página seguinte.[25] Dê um palpite antes de ir conferir.* Os psicólogos Michael Kubovy e Joseph Psotka alegam que, diante da instrução de gerar um dígito aleatório, os participantes eliminam números que parecem demasiadamente não espontâneos — números pares, os múltiplos de 3 e os números 0, 1 e 5, já que ocorrem ou no início ou no meio da sequência. Sete é a exceção, não par, não redondo e primo.

Um número favorito reflete singularidade, excepcionalidade. Para isso, a melhor escolha é o 7, o *outsider* por excelência.

Números expressam *quantidades*. Nas respostas à minha pesquisa na internet, no entanto, os participantes com frequência atribuíram a eles *qualidades*. Sobretudo cores. O número que mais comumente foi descrito como tendo sua própria cor foi 4 (52 votos), o qual a maioria (dezessete) disse que era azul. O 7 chegou perto (28 votos), o qual a maioria (nove) disse que era verde, e em terceiro lugar veio o 5 (27 votos), e desses a maioria (nove) disse que era vermelho. Enxergar uma cor num número é uma manifestação de sinestesia, uma condição na qual certos conceitos podem desencadear respostas incongruentes, supostamente como resultado de conexões atípicas feitas entre partes do cérebro.

Números também foram rotulados como "quente", "crocante", "desgostoso", "pacífico", "superconfiante", "suculento", "tranquilo" e "cru". Tomadas individualmente, essas descrições são absurdas, embora em conjunto formem um retrato de uma coerência surpreendente da personalidade dos números. Temos abaixo uma lista de números de 1 a 13, seguidos das palavras que os descrevem, tiradas das respostas da pesquisa.

1 Independente, forte, honesto, valente, direto, pioneiro, solitário

2 Cauteloso, sábio, bonito, frágil, aberto, compassivo, tranquilo, limpo, flexível

3 Dinâmico, caloroso, amigável, extrovertido, opulento, suave, relaxado, pretensioso

4 Descontraído, malandro, sólido, confiável, versátil, sensato, apresentável

5 Equilibrado, central, atraente, gordo, dominante mas nem tanto, feliz

6 Otimista, sexy, maleável, suave, forte, valente, autêntico, corajoso, humilde

7 Mágico, inalterável, inteligente, estranho, superconfiante, masculino

8 Suave, feminino, gentil, sensível, gordo, sólido, sensual, abraçável, capaz

9 Tranquilo, moderado, mortífero, assexuado, profissional, suave, magnânimo

10 Prático, lógico, ordeiro, animador, honesto, robusto, inocente, sóbrio

11 Dúbio, onomatopaico, nobre, sagaz, confortável, audaz, robusto, macio

12 Maleável, heroico, imperial, maciço, complacente, cordato

13 Desajeitado, transicional, criativo, honesto, enigmático, azarão

Você não precisa ser um roteirista de Hollywood para perceber que o senhor Um daria um grande herói romântico, e a senhorita Dois, uma clássica protagonista feminina. A lista não tem sentido nenhum, mas ainda assim ela faz sentido. A associação de 1 com as características masculinas e de 2 com as femininas também continua profundamente entranhada.

Como a pesquisa quanto ao número favorito era voluntária, estava fadada a atrair pessoas que já tinham claras ligações emocionais com números. Mas e todas as outras pessoas?

Tome o número 44.

Você gosta dele? Não gosta? É indiferente?

Dan King e Chris Janiszewski, os professores que já encontramos antes em nossa discussão sobre o xampu Zinc 24, levaram a efeito um experimento no qual todos os participantes respondiam se gostavam, não gostavam ou eram indiferentes em relação a cada um dos números de 1 a 100.[26]

As respostas demonstraram que a pergunta não tinha nada de ridícula. A popularidade dos números seguiu padrões muito claros, visíveis no "mapa térmico", no qual os números de 1 a 100 são representados por quadrados. (A linha de cima em cada grade contém os números de 1 a 10, a segunda, os números de 11 a 20 e assim por diante). Os números marcados com quadrados pretos

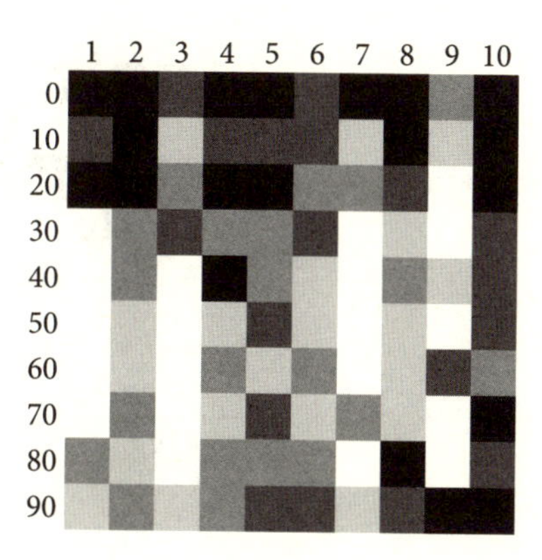

são os "mais estimados" (os vinte primeiros colocados), os quadrados brancos representam os "menos estimados" (os últimos vinte colocados) e os quadrados com tons de cinza são os números que ficaram entre os primeiros e os últimos.

O mapa térmico mostra notáveis segmentos de ordem. Há uma concentração de quadrados pretos no topo, mostrando que, em média, os números baixos são os mais estimados. A diagonal inclinada a partir da esquerda através do centro revela que são também atraentes os números de dois dígitos nos quais os dois dígitos são iguais. Gostamos de padrões definidos. O mais impactante, no entanto, é que as quatro colunas brancas expressam a impopularidade de números que terminam em 1, 3, 7 e 9. A opinião de King e Janiszewski, como mencionado, é de que números que representam respostas a problemas comuns de aritmética, assim como os que aparecem em quadros de horários, são os mais familiares, os mais fluentemente processados e por isso os mais estimados. Os números pares e os terminados em 5 são *sempre* divisíveis, mas os que terminam em 1, 3, 7 e 9 muitas vezes não são.

Num experimento semelhante, Marisca Milikowski, da Universidade de Amsterdam, pediu aos participantes que classificassem cada número entre 1 e 100 de acordo com três escalas: entre bom e mau, entre pesado e leve e entre nervoso e calmo. Mais uma vez, quando se projetam significados não matemáticos em números, as respostas são notavelmente coerentes.[27] Traduzi os resultados nos mapas térmicos apresentados na próxima página.

* A maioria das pessoas pensa em 37.

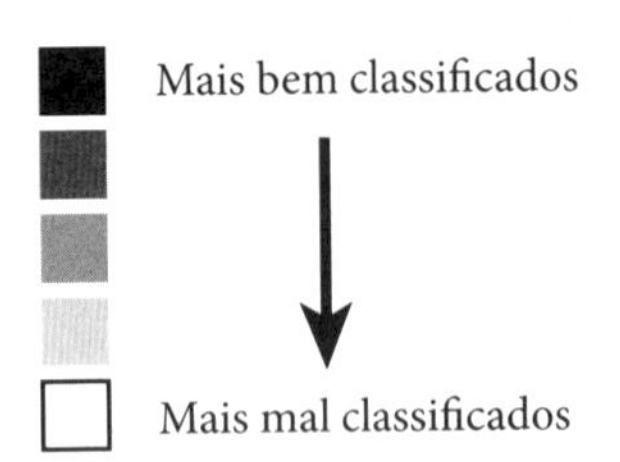

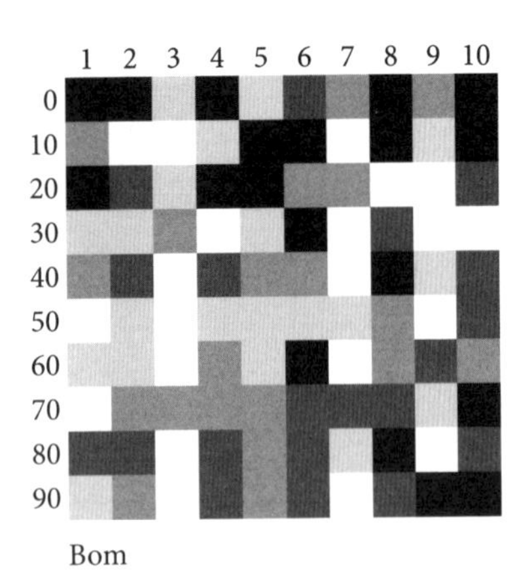

Bom

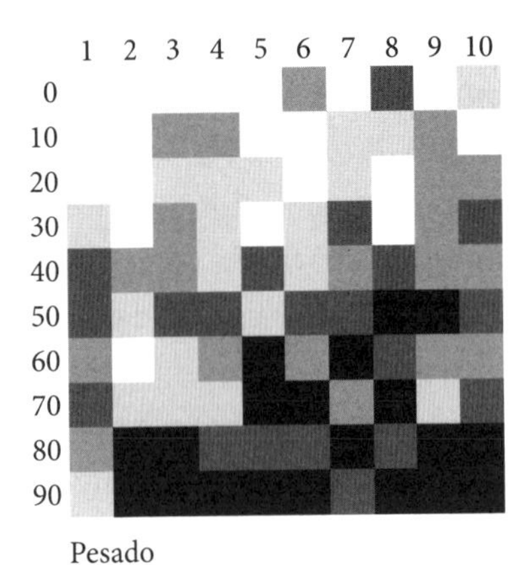

Pesado

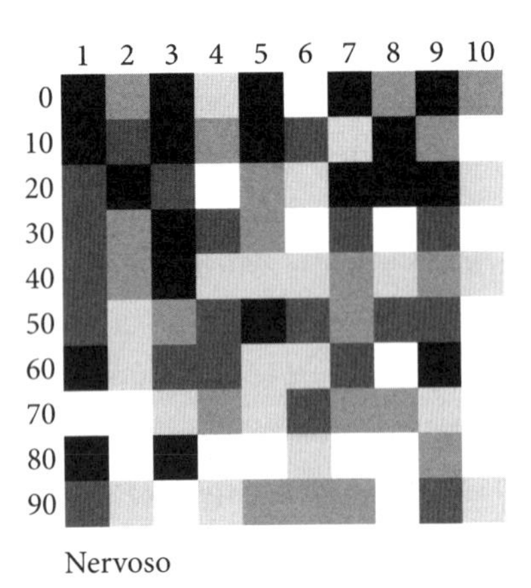

Nervoso

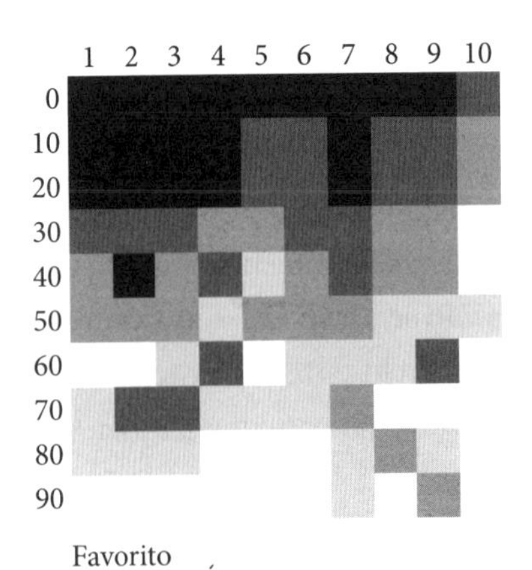

Favorito

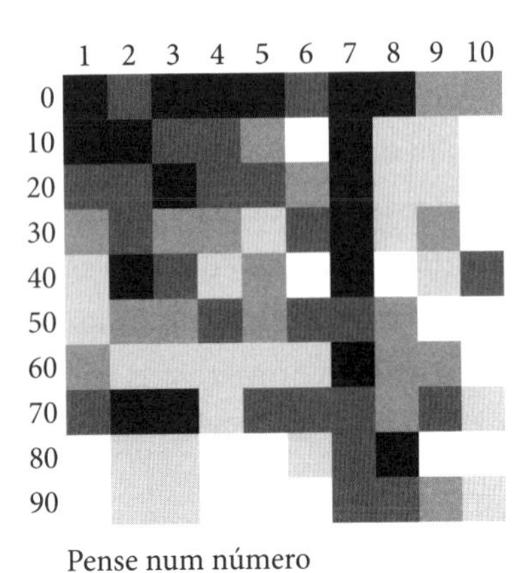

Pense num número

Os padrões são bem pronunciados. As colunas brancas na grade "Bom" mostram que números que terminam em 3, 7 e 9 são considerados os menos bons, o que talvez não surpreenda, uma vez que já vimos que são os de que menos gostamos. Na grade "Pesado", o preto mergulhou até o fundo, indicando que, quanto maior for um número, mais ele é tido como pesado. O modelo de "Nervoso" a princípio não se mostra muito claro, mas, examinando melhor, as colunas que terminam em números ímpares são em média mais escuras do que as que terminam com um número par. Ímpares são nervosos e pares são calmos. Consideramos fácil projetar significados não matemáticos nos números, e esses significados refletem as propriedades numéricas, entre as quais, mais claramente, o tamanho e a divisibilidade.

A grade do canto inferior esquerdo é um mapa térmico da classificação dos números a partir da pesquisa do número favorito, com os vinte favoritos em preto e assim por diante. A grade do canto inferior direito mostra os resultados de outra pesquisa que organizei na internet, na qual os participantes escolhem aleatoriamente um número entre 1 e 100. As vinte escolhas mais populares estão em preto. É interessante notar que esses dois mapas se parecem um com o outro: quando nos pedem para pensar sobre o número de que mais gostamos, e quando nos pedem para pensar no primeiro número que nos vem à cabeça, nossa tendência é escolher os mesmos candidatos. Contrariando toda a intuição, nossos números favoritos não são geralmente os números de que mais gostamos ou que consideramos os melhores. Gostar é muito diferente de *amar*.

Quando vi esses mapas pela primeira vez, instantaneamente pensei em Jerry Newport, o campeão mundial de cálculo mental e ex-taxista que visitei no Arizona. Jerry contou-me que, quando se vê frente a frente com um número de quatro ou cinco dígitos, ele espontaneamente o "peneira" em fatores primos. Em outras palavras, de início ele calcula se é possível dividi-lo por 2, depois por 3, depois por 5, 7, 11 e assim por diante numa ordem ascendente, objetivando decompor o número em seus únicos divisores primos.

Como vimos:

$2761 = 11 \times 251$
$2762 = 2 \times 1381$
$2763 = 3 \times 3 \times 307$

Os mapas térmicos me fizeram constatar que estamos peneirando números primos. A página a seguir mostra as grades originais com os números primos marcados. Elas parecem peneiras! Em "Estimados" e em "Bom", os primos se encaixam quase com perfeição nos espaços brancos, como se caíssem através dos buracos de uma rede de arame. Inversamente, a maioria dos primos que aparecem em "Nervoso", "Favorito" e "Pense num número" caem nos espaços pretos e cinza-escuros, como se essas grades fossem peneiras destinadas a retê-los. Os números primos são parte essencial de nossa paisagem interna de números, não só para conhecedores, como Jerry Newport, mas para todos os demais, inclusive nós.

Números saltam aos nossos olhos a cada momento do dia. Eles bradam a partir dos relógios, dos telefones, das páginas dos jornais, das telas de computadores, placas de rua, etiquetas de preço, paradas de ônibus, endereços, placas de automóveis, cartazes e livros. Estão sempre incitando nosso cérebro a um desempenho aritmético. E, quando olhamos de volta diretamente para eles, podemos divisar padrões incríveis.

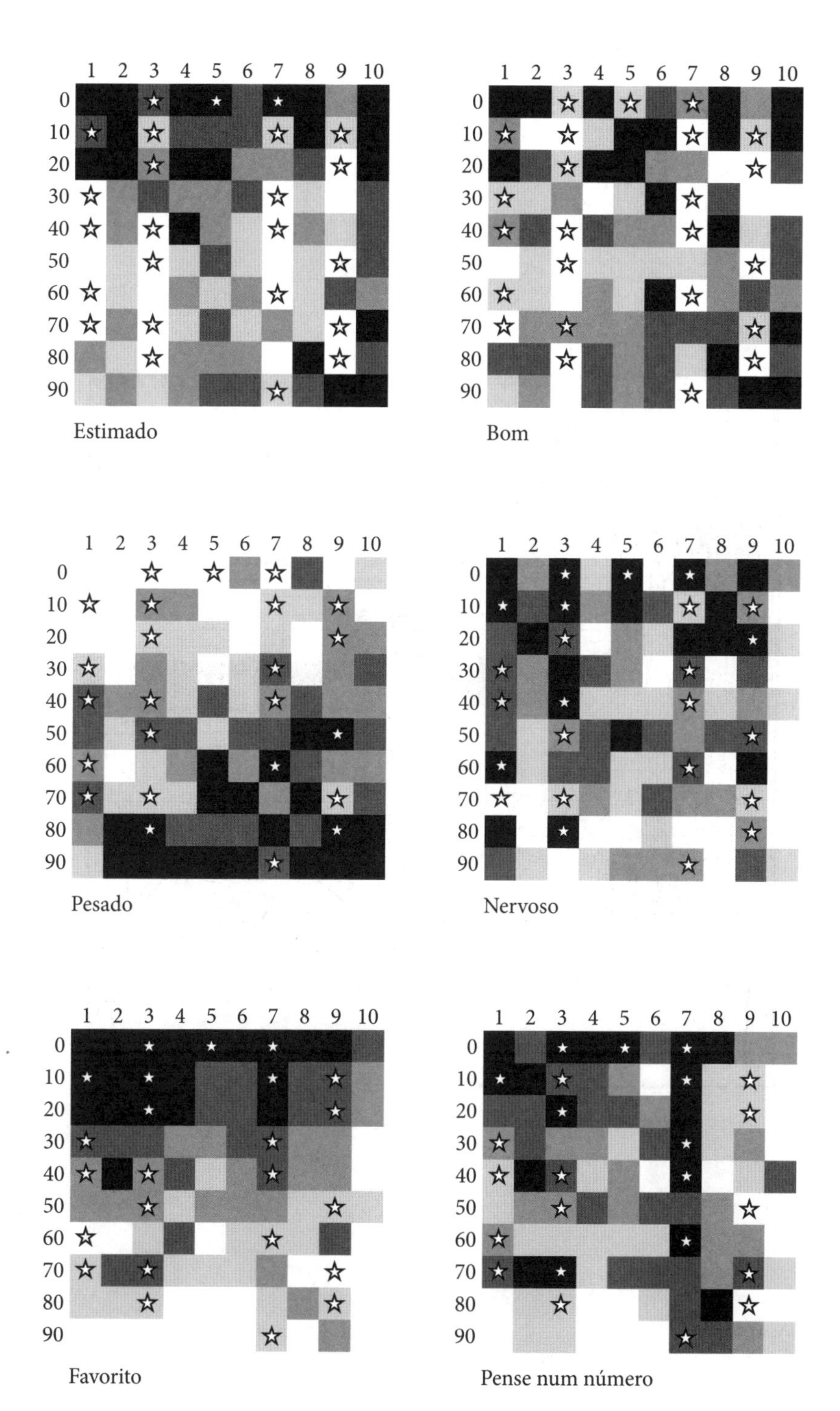

Mapas térmicos com números primos marcados com estrelas.

11:11
DAILY SCOOP
1-1
#1
1
NOV
11
INVESTIGADOR FINANCEIRO
Suite 1
111 Main St
LA 11111

2. A cauda longa da lei

Em 1085, Guilherme, o Conquistador ordenou que fosse feita uma pesquisa na Inglaterra. Queria saber quantas pessoas viviam em seu país, quem eram elas, quanto ganhavam, quanto valiam e — o mais importante — quanto pagavam de imposto. O rei enviou funcionários a todos os cantos de seu reino, onde suas exigências foram cumpridas tão meticulosamente que o *Anglo-Saxon Chronicle* trombeteou: "Nem um boi nem uma vaca nem um porco foi deixado sem registro".

Os resultados ficaram conhecidos como *Domesday Book*. É o primeiro compêndio britânico de estatística nacional, a primeira grande compilação de dados no mundo ocidental e um tesouro para historiadores, geógrafos, genealogistas e lexicógrafos. Curioso para ver se o livro continha segredos matemáticos, examinei a primeira seção, que cobre o condado de Kent.[1]

A primeira linha informa que a cidade de Dover rendia 18 libras, das quais duas partes iam para o rei Eduardo e a terceira parte para o conde de Goodwine. Os habitantes de Dover cederam ao rei vinte navios por quinze dias, com 21 homens cada um.

Como eu só estava interessado nos números, li o trecho acima como uma lista formada por 18, 2, 20, 15 e 21. Logo notei uma coisa. Olhe para o *primeiro dígito* dos números. Eles são 1, 2, 2, 1 e 2. Apenas 1 e 2. Os números mais baixos. Interessante? Possivelmente, sim. Ainda é apenas uma amostra, muito pequena para que se possam tirar quaisquer conclusões. Percorri o livro inteiro, destacando os primeiros dígitos de todo número que aparecia. A abundância de 1s e 2s continuou. Sim, 3s e 4s e os outros mostravam suas faces rebuscadas, porém de forma bem mais tímida. Era impressionante observar a recorrência muito maior dos números iniciados com dígitos baixos do que com dígitos altos.

Precisei contar 182 números até chegar ao primeiro que começava com um 9, que era um simples e único 9, a quantidade de um tipo de trabalhador rural de propriedade de Wulfstan filho de Wulfwine de Shepherdswell. Àquela altura eu tinha contado 53 números que começavam com 1, 22 que começavam com 2, dezoito que começavam com 3 e quinze que começavam com 4. Olhe para esses números outra vez. Um modelo muito evidente apareceu. Números que começam com 1 são mais comuns do que números que começam com 2, os quais são mais comuns do que números que começam com 3 e assim por diante, cada vez menos até o menos comum dos primeiros dígitos, o 9.

Dava para ver por que o 1 era tão popular. Os inspetores do Domesday foram de residência em residência, numerando os humanos, o gado e os bens em geral. Fazendas que tinham arado costumavam contar com apenas um. Inevitavelmente, o 1 ficou bem representado. Contudo isso não explica a queda, bastante consistente, na frequência à medida que o primeiro dígito ficava maior, em especial quando os números se referiam a coisas tão diferentes e em tão variadas quantidades, como os 40 mil arenques atribuídos a monges em Canterbury ou as 27 salinas em Milton Regis.

Talvez fosse coisa tipicamente medieval. Fechei o *Domesday Book* e avancei minha pesquisa em oitocentos anos.

Fui parar na Londres vitoriana. Em 12 de março de 1881, a primeira página do *The Times* anunciava que o dono de uma escuna de 25 toneladas solicitava um encontro com cavalheiros que o acompanhassem numa excursão pelos mares do sul; que o Lar Temporário para Cães Perdidos em Battersea perguntava se pessoas interessadas em adquirir filhotes poderiam visitar seus quinhentos a setecentos residentes caninos; e que Samuel Brandram pedia para anunciar seu recital de Shakespeare na terça-feira às 3 da tarde no número 33 da Old Bond Street, com reserva de assentos a 5 xelins.

Contei as frequências dos primeiros dígitos de todos os números que apareciam na primeira página. Novamente, os números que começavam com 1 eram os mais comuns, e os que começavam com 9, os menos comuns. A vida no século XIX era diferente da vida no século XI, no entanto, os primeiros dígitos de suas estatísticas sociais comportavam-se de modo quase idêntico.

Se você pegar um jornal hoje em dia, vai deparar com o mesmo fenômeno. Experimente! É um truque de salão muito simples e parte do instrumental de um mágico de bares. Conte os primeiros dígitos e você vai descobrir que eles sempre seguem uma escala descendente, com o 1, de longe, o mais abundante, o 2 em seguida, o 3 depois disso e então decaindo até o 9, o mais raro do pacote.

É assombroso. A maioria das pessoas não vai acreditar nisso, até você computar os dígitos. Instintivamente, não esperamos que números que aparecem em jornais sejam tão previsíveis, em especial porque são computados a partir de um processo aleatório e de fontes bastante abrangentes. Sejam os números de resultados esportivos, sejam os de preços de ações ou de estatísticas de mortes, eu lhe garanto que o primeiro dígito mais comum, no geral, será 1, e o menos comum será 9.

O resultado é supreendente porque, ao que tudo indica, faria muito mais sentido que todo número tivesse a mesma probabilidade de ocorrência de todos os demais. De fato, quando números são produzidos num processo aleatório — por exemplo, no caso de uma caixa com 999 bolas de pingue-pongue numeradas de 1 a 999 —, a probabilidade de escolher de maneira aleatória uma bola cujo número começa com um determinado dígito é exatamente de um nono, ou seja, 11%. Cada dígito tem exatamente a mesma probabilidade de qualquer outro de ser o primeiro da bola escolhida. No entanto, pode-se demonstrar, os primeiros dígitos nos jornais não se distribuem desse modo. Os primeiros dígitos dançam num ritmo distinto e assimétrico.

O primeiro a notar a curiosa profusão de números que começam com 1 foi o astrônomo americano nascido no Canadá Simon Newcomb. Em 1881, ele publicou uma breve nota no *American Journal of Mathematics*, afirmando que chegou a essa conclusão ao observar livros usados e desgastados de tábuas de logaritmos.[2] As primeiras páginas, com tábuas de números que começam com 1, estavam sempre mais desgastadas do que as últimas, com tábuas de números que começam com 9. O fenômeno não ocorria porque as pessoas estavam lendo as tábuas de logaritmos a partir do início e desistindo algumas páginas depois por falta de uma narrativa que as mantivesse interessadas. Era porque os números que começam com 1 apareciam com mais frequência nas consultas que precisavam fazer. Newcomb conjecturou que as frequências do primeiro dígito seguiam esta distribuição percentual:

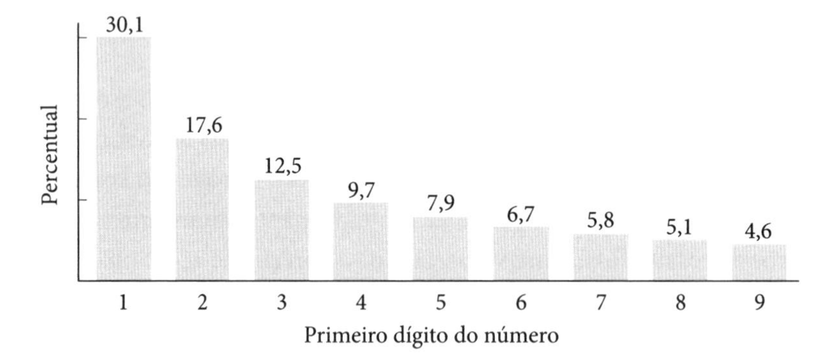

O número 1 aparece como primeiro dígito em 30,1% das vezes, o 2 aparece em 17,6% das vezes e o 3, em 12,5% das vezes. A queda nas frequências é tão drástica que o 1 tem quase sete vezes mais probabilidade de ocorrer do que o 9.

Os percentuais de Newcomb derivam dos logaritmos. A probabilidade de que um número comece com o dígito d, alega ele, é de $\log(d + 1) - \log d$. (Explico o que significa isso no Apêndice Um deste livro.) Ele não expôs uma prova rigorosa de sua conclusão — em vez disso, usou uma argumentação breve e informal, que apresentou como uma curiosidade.

Mais de meio século depois, em 1938, os padrões de desgaste em livros com tábuas de logaritmos levaram Frank Benford, um físico da Companhia Geral de Eletricidade de Nova York — aparentemente sem conhecer o trabalho de Newcomb —, a "redescobrir" o fenômeno do primeiro dígito. Benford, no entanto, foi além do livro com tábuas de logaritmos e descobriu uma abundância de 1 e uma escassez de 9 onde quer que olhasse. Ele marcou os primeiros dígitos de números em quadros das populações de cidades dos Estados Unidos, dos endereços das primeiras centenas de pessoas na lista do *American Men of Science*, dos pesos atômicos dos elementos, de quadros com as áreas de bacias fluviais e de estatísticas do beisebol. A maioria dos conjuntos de dados estava bem perto da distribuição esperada.[3] Era excitante ver os mesmos percentuais emergirem de situações tão diferentes. É claro que os percentuais não eram exatamente esses mencionados (o mundo real não é tão preciso assim), mas, quando considerados como um todo, os dados correspondiam aos valores previstos com apenas uma pequena margem de erro — menos de 1%. Hoje, já é aceito na física, nas finanças, na economia e na ciência da computação que, em dados colhidos de processos aleatórios de ocorrência natural, que abrangem diversos graus de magnitude, o primeiro dígito será o 1 em cerca de 30% das vezes, o 2 em cerca de 18% das vezes e assim por diante. Benford alegou que o fenômeno deve ser a evidência de uma lei universal, que nomeou como Lei dos Números Anômalos. Essa cunhagem não pegou. No entanto, o nome dele, sim. Agora ela é conhecida como lei de Benford.

A lei de Benford é um dos muitos e notáveis padrões numéricos no mundo que nos cerca. Vou mencionar alguns outros nas próximas páginas, mas, antes de chegarmos lá, temos algumas investigações a fazer.

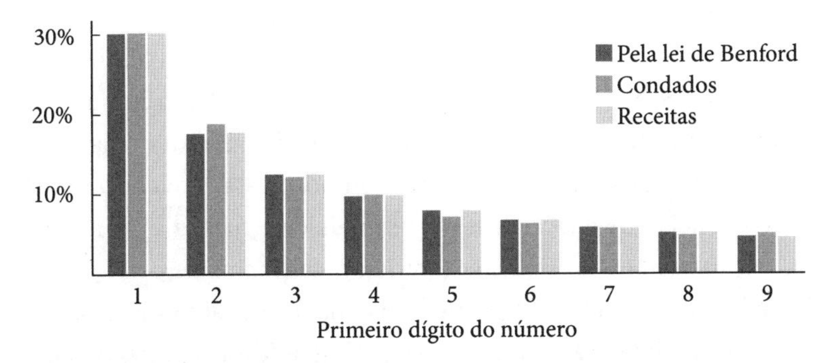

Diversos conjuntos de dados do mundo real seguem muito aproximadamente a lei de Benford, como os das populações de todos os 3221 condados dos Estados Unidos e as receitas totais trimestrais de 30 525 companhias públicas entre 1961 e 2011.[4]

Darrell D. Dorrell me lembrava um urso. Essa associação deve-se em parte ao fato de termos nos conhecido em Portland, capital do estado de Oregon, onde os ursos abundam, e em parte devido a seu físico atarracado e compacto, seu bigode eriçado e sua voz um tanto áspera. Além disso, havia também a natureza de seu trabalho como investigador financeiro. Darrell fareja dados corrompidos com os instintos predatórios de um urso-pardo procurando seu jantar. Você não ia querer que ele percorresse os seus livros contábeis se neles houvesse o mais sutil indício de infração. A CIA, o Departamento de Justiça e a Comissão de Títulos e Câmbios dos Estados Unidos já se valeram dos serviços de "contabilidade forense" de Darrell, o termo do ramo para a investigação de malversação financeira. Ele tem licença para portar armas de fogo em qualquer ocasião. "Todas as nossas portas aqui são trancadas por dentro", ele contou. "Nós incomodamos muita gente."

Quando Darrell ouviu falar da lei de Benford pela primeira vez, nos primeiros anos deste século, ele passou pelo mesmo processo de quem experimenta uma grande perda: surpresa, negação, raiva e depois aceitação. "Primeiro eu pensei: 'Por que nunca tinha ouvido falar disso antes?'. Depois pensei: 'Não pode ser verdade!'. E, assim que consegui compreender, tive a epifania: 'Poxa! É mais uma ferramenta que podemos usar'." Agora, uma das primeiras coisas que Darrell faz quando investiga uma fraude é checar os primeiros dígitos das contas bancárias e dos livros-razão da companhia. Dados financeiros que se distribuem em várias ordens de grandeza — isto é, nos quais há entradas de quantias expressas em unidades, dezenas, centenas e milhares de dólares — vão se apresentar de acordo com a lei de Benford. Caso contrário, pode haver uma explicação legítima, tal como aquisições recorrentes de um item com um valor, digamos, de quarenta dólares, o que faria com que o 4 saísse da curva-padrão, ou pode estar havendo malversação. A divergência em relação aos percentuais de Benford é uma bandeira vermelha, acenando que é preciso examinar o caso mais de perto.

Darrell apontou para uma primeira página de jornal numa moldura em sua parede, anunciando a condenação de Wesley Rhodes, um consultor financeiro que roubara milhões de dólares de investidores para comprar automóveis clássicos. "A lei de Benford nos ajudou a processá-lo", contou Darrell. Os relatórios que Rhodes enviava aos investidores não passaram pelo teste do primeiro dígito, indicando que havia algo errado. Examinando mais de perto, Darrell descobriu que Rhodes tinha falsificado os números. Darrell agora descreve a lei de Benford como "o DNA das investigações quantitativas. É a premissa básica de como funcionam nossos dígitos. E — conforme expliquei no tribunal diversas vezes — a beleza disso é que se trata de ciência. O que Benford criou não é uma teoria. É uma *lei*".

O método de verificar dígitos de acordo com a lei de Benford é cada vez mais usado para detectar manipulação de dados, não só em casos de fraude financeira, mas onde quer que seja razoável supor que possa ser aplicada. Scott de Marchi e James T. Hamilton, da Universidade Duke, escreveram em 2006 que dados de instalações industriais, informados por elas mesmas, acerca dos níveis de chumbo e emissões de ácido nítrico não se encaixavam na lei, o que sugeria que as fábricas não estavam relatando estimativas precisas dessas emissões.[5] Walter Mebane, um cientista político da Universidade de Michigan, usou a lei de Benford para alegar que a eleição presidencial de 2009 no Irã fora fraudada. Mebane analisou os resultados de urna por urna e constatou que os votos para o candidato conservador Mahmoud Ahmadinejad estavam altamente discrepantes da lei, ao contrário dos votos de seu adversário reformista, Mir Hossein Mousavi. "A interpretação mais simples", ele escreveu, "é que de alguma forma foram acrescentados artificialmente votos nos totais de Ahmadinejad, enquanto a contagem de Mousavi permaneceu intocada." Cientistas também usam a lei de Benford como uma ferramenta de diagnóstico. Durante um terremoto, as medidas dos picos e depressões das ondas de registro nos sismogramas acompanham a lei. Malcolm Sambridge, da Universidade Nacional Australiana, analisou dois sismogramas diferentes que registraram o terremoto de 2004 na Indonésia — um feito no Peru e outro na Austrália. O primeiro acompanhou a lei de Benford, mas o segundo, nem tanto. Daí ele deduziu que um distúrbio sísmico menor, perto de Canberra, devia ter interferido nos dados. O teste do primeiro dígito tinha revelado um terremoto que passara desapercebido.

Além de ser mais comum do que o 2 como primeiro dígito, o 1 também é mais comum na segunda, terceira, quarta e na verdade em *qualquer* posição num número. O gráfico a seguir apresenta os percentuais de Benford para o segundo dígito de um número, que agora inclui também o 0 como possibilidade. As diferenças não são tão pronunciadas quanto no caso dos primeiros dígitos, mas são suficientes para muitos usos diagnósticos, tais como a análise de dados financeiros e eleitorais. Quanto mais você se aprofunda num número, mais semelhantes ficam os percentuais. Realmente *existem* mais 1s do que outros números no mundo!

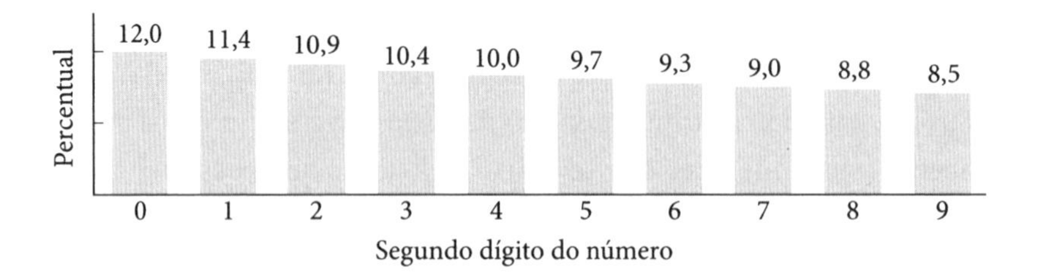

Darrell D. Dorrell é chamado com frequência ao tribunal para explicar por que a lei de Benford é verdadeira. Ele se posta diante de um grande bloco de papel e começa a contar a partir de 1, escrevendo os números enquanto os enuncia em voz alta. Ele se sente como um professor dando uma aula de matemática. "O juiz e o advogado da parte contrária ficam loucos com isso!", ele diz. Podemos fazer um exercício similar. Aí estão os números de 1 a 20:

1, 2, 3, 4, 5, 6, 7, 8, 9, 10, 11, 12, 13, 14, 15, 16, 17, 18, 19, 20

Mais de metade dos dígitos começa com 1, e todos os números entre 11 e 19. Continue contando. Onde quer que decidamos parar, sempre teremos passado pelo menos por tantos números que começam com 1 quanto pelos que começam com 2, pois, para chegar aos vinte, ou duzentos, ou 2 mil, na contagem necessariamente teremos passado pelos dez, pelos cento e pelos mil. Da mesma forma, há pelo menos tantos números que começam com 2 quanto com 3, e assim por diante em todo o percurso até os números que começam com 9. Esse argumento, embora nos dê uma percepção intuitiva da veracidade da lei e seja suficiente para um tribunal, não serve como prova no tribunal mais rigoroso da matemática.

Um dos aspectos mais marcantes da lei de Benford é que esse padrão independe das unidades de medida. Se um conjunto de dados financeiros segue a lei de Benford quando apresentado em libras, esses dados também vão segui-

-la quando todas as quantias são convertidas em dólares. Se um conjunto de dados geográficos medido em quilômetros está em conformidade com a lei de Benford, também estará se convertido em milhas. Essa propriedade — chamada de *invariância de escala* — é necessariamente verdadeira, já que números obtidos de jornais, contas de banco e atlas por todo o mundo apresentam a mesma distribuição de primeiros dígitos, quaisquer que sejam a unidade monetária e o sistema de medidas que estão sendo adotados.

Para converter um número de milhas em quilômetros, você o multiplica por 1,6, e para converter libras em dólares você também multiplica por um número fixo, que depende da taxa de câmbio vigente. O modo mais fácil de observar a invariância de escala da lei de Benford é considerar como os números se comportam quando multiplicados por dois. Quando um número que começa com 1 é multiplicado por 2, o resultado começa com 2 ou 3. (Por exemplo: 12 × 2 = 24, e 166 × 2 = 332). Quando um número que começa com 2 é multiplicado por 2, o resultado começa com 4 ou 5. (Por exemplo: 2,1 × 2 = 4,2 e 25 × 2 = 50). As primeiras duas linhas da tabela abaixo mostram a lista completa do que acontece com o primeiro dígito de um número quando ele é multiplicado por 2:

Primeiro dígito de *n*	1	2	3	4	5	6	7	8	9
Primeiro dígito de 2*n*	2 ou 3	4 ou 5	6 ou 7	8 ou 9	1	1	1	1	1
Percentual de Benford	30,1	17,6	12,5	9,7	7,9	6,7	5,8	5,1	4,6

Agora consideremos S um conjunto de números que seguem a lei de Benford, e multipliquemos cada número de S por 2, e chamemos nosso novo conjunto de T. A tabela nos mostra que os números que começam com 5 representam 7,9% de S, que os números que começam com 6 representam 6,7%, e que os números que começam com 7, 8 e 9 representam 5,8%, 5,1% e 4,6%. Em outras palavras, o percentual de números em S que começam ou com 5, ou 6, ou 7, ou 8, ou 9 representa no total 7,9% + 6,7% + 5,8% + 5,1% + 4,6% = 30,1%. Quando se multiplicam todos os números que começam com 5, 6, 7, 8 ou 9 por 2, o resultado sempre começa com 1, como mostra a tabela. Em outras palavras, 30,1% dos números em T começam com 1, que é exatamente o percentual de Benford!

Os números também estão em conformidade quando levamos em conta os demais dígitos. A multiplicação por 2 primeiro dilui e depois reconcentra a mescla de Benford perfeitamente, preservando a distribuição dos primeiros dígitos. Escolhi a multiplicação por 2 por ser o multiplicador mais fácil possível, mas poderia da mesma forma ter multiplicado por 3, por 1,6, por pi ou por qualquer outro número, e o padrão de Benford no conjunto teria permanecido. Em qualquer mudança de escala, a distribuição sempre se reconfigura, como se guiada por uma mão divina.

Por décadas, depois de Frank Benford a ter descoberto, sua lei foi considerada um subterfúgio de manipulação de dados, um truque de shows de mágica, mais numerologia do que matemática. Na década de 1990, no entanto, Ted Hill, um professor da Georgia Tech, dedicou-se a encontrar uma explicação para essa prevalência. Ele hoje vive em Los Osos, Califórnia, um pouco mais abaixo na costa do Pacífico que Darrell D. Dorrell. Ted é um ex-soldado que manteve sua aparência militar: cabeça raspada, um bigode branco; alto, de ombros largos e magro. Ele me levou a uma pequena cabana de madeira na extremidade de seu jardim, com vista para o oceano e dois parques nacionais. Uma fogueira de pequenas toras de madeira crepitava. Ele se referia à cabana como sua "dacha da matemática". É o epicentro global da pesquisa matemática da lei de Benford.

O primeiro grande resultado de Ted foi provar que, caso exista um padrão de primeiros dígitos observado em nível universal, então a lei de Benford é o único candidato possível. Ele chegou a essa conclusão demonstrando que o único padrão de primeiros dígitos que permanece o mesmo quando se muda a escala é o de Benford. Seu insight levou-o a inventar o seguinte jogo, que ele fez comigo: "Você escolhe um número. Eu escolho um número", ele disse. "Multiplicamos um pelo outro. Se o resultado começar com 1, 2 ou 3, eu ganho, mas se o resultado começar com 4, 5, 6, 7, 8 ou 9, você ganha."

O jogo parecia ter uma tendência a meu favor, pois eu tinha seis dígitos, comparados com os três dele. Mas Ted ganhou a maior parte das vezes em que escolhia seus números de acordo com os percentuais de Benford. Em outras palavras, se ele escolhia ao longo de várias rodadas um número que começa com 1 em cerca de 30,1% das vezes, se escolhia um número que começa com 2 em cerca de 17,6% das vezes, e assim por diante. Se Ted escolhia seus números dessa maneira, o número que eu escolhia não fazia diferença em relação a qual seria o primeiro dígito do resultado: em 30,1% das vezes o resultado começaria com 1, em 17,6% das vezes o resultado começaria com 2, e em 12,5% das vezes, com 3. A soma desses três percentuais é 60,2, ou seja, Ted ia ganhar o jogo em 60,2% das vezes. É um bom jogo para ganhar dinheiro: tendo só 1, 2 e 3 como dígitos-alvo você terá, de longe, melhores probabilidades do que com 4, 5, 6, 7, 8 e 9, embora possa parecer que não.

O jogo ajuda a explicar por que muitos conjuntos de dados que ocorrem naturalmente acompanham a lei de Benford. Digamos que Ted e eu joguemos cem vezes, e que seus números sejam (a_1, a_2, a_3, ... a_{100}), e meus números sejam (b_1, b_2, b_3, ... b_{100}). Sabemos que, se os números de Ted conformam-se à lei de Benford, então o conjunto de seus números multiplicados por meus números, ou seja, ($a_1 \times b_1$, $a_2 \times b_2$, $a_3 \times b_3$, ... $a_{100} \times b_{100}$), também se conforma à lei de Benford. Por consequência, se multiplicarmos esses números por outro conjunto de números gerados aleatoriamente (c_1, c_2, c_3, ... c_{100}) para obter um conjunto atualizado ($a_1 \times b_1 \times c_1$, $a_2 \times b_2 \times c_2$, $a_3 \times b_3 \times c_3$, ... $a_{100} \times b_{100} \times c_{100}$), este também se conformará à lei de Benford. A questão aqui é que, tantos quantos sejam os conjuntos de números que multiplicamos uns pelos outros dessa maneira, só um deles precisa estar de acordo com a lei de Benford para que o conjunto final das multiplicações também esteja. A lei de Benford, em outras palavras, é tão contaminadora que um único conjunto de fatores numa cadeia de multiplicações contaminará o resultado geral. Como muitos fenômenos — preços de ações, populações, comprimentos de rios e assim por diante — resultam de aumentos e diminuições causados por fatores independentes e aleatórios, torna-se menos surpreendente que esse gráfico meio desproporcional seja tão ubíquo.

O teorema mais celebrado de Ted declara que:

> Se se tomam amostras aleatórias de conjuntos de dados escolhidos aleatoriamente, então elas sempre convergirão para a lei de Benford quanto mais conjuntos e amostras se selecionem.

O teorema diz quando é de esperar que se manifeste a lei de Benford. "Se uma hipótese de amostras imparciais e aleatórias de distribuições aleatórias for razoável, então os dados devem seguir a lei de Benford bem de perto", segundo Ted. O resultado explica por que os jornais constituem tão boa ilustração da lei de Benford. Os números que aparecem nas notícias são efetivamente amostras aleatórias tomadas de conjuntos de dados aleatórios, tais como os preços das ações ou a temperatura climática ou as intenções de voto ou os números da loteria. Embora muitos desses conjuntos não sigam a lei de Benford, quanto mais conjuntos considerarmos e quanto mais amostras incluirmos, mais conformes à lei essas amostras serão. Se conduzirmos esse processo indefinidamente, a certeza de que as amostras combinadas seguirão a lei de Benford é de 100%.

Perguntei a Ted se seu teorema tinha uma explicação fácil e intuitiva. Ele sacudiu a cabeça. Demonstrou seu teorema usando a teoria ergódica, um campo avançado que mistura a teoria das probabilidades com física estatística, algo que só se aprende no nível da pós-graduação. Embora seja fácil de descrever, ele disse, não há uma demonstração simples. "Nem há uma ao alcance da vista. O desafio é encontrar uma derivação simples."

No entanto, o trabalho de Ted forneceu o fundamento matemático para o uso da lei de Benford em processos legais. E tornou-se depois o recurso infalível para os cientistas que queriam saber se era de esperar que a lei iria — ou não — se aplicar a seus dados. Uma dessas estranhas solicitações, ele disse, veio de um grupo cristão que descobrira que os percentuais de diferentes minerais no mar, e na crosta terrestre, seguiam todos a lei. Essa descoberta foi tão espantosa e tão surpreendente, eles afirmaram, que isso só podia ser obra de um criador inteligente. Ted concordaria em prestar testemunho em sua campanha para ensinar o criacionismo nas escolas do Texas?

Ted tinha se divertido observando a incidência da lei de Benford na matemática pura.

A série de dobros:

1, 2, 4, 8, 16, 32, 64, 128, 256, 512, 1024...

e a série de triplos:

1, 3, 9, 27, 81, 243, 729, 2187, 6561, 19683...

e até mesmo a série em que se alternam dobros e triplos:

1, 2, 6, 12, 36, 72, 216, 432, 1296, 2592, 7776, 15 552...

todas obedecem à lei de Benford.

Assim como a série de Fibonacci, na qual cada termo é o resultado da soma dos dois precedentes:

1, 1, 2, 3, 5, 8, 13, 21, 34, 55, 89, 144...

Isso equivale a dizer que, quanto mais termos se tomam, mais acuradamente as distribuições dos primeiros dígitos na série correspondem aos percentuais de Benford.

Ted também provou que qualquer série que começa com um número aleatório e segue a regra de "dobrar o número anterior e somar 1" obedece à lei de Benford. Assim como qualquer série que comece com um número aleatório e siga a regra de que o número seguinte é o quadrado do anterior. Mas descobriu algo surpreendente ao observar a sequência obtida quando se segue a regra de que todo número na série é igual ao "quadrado do anterior mais 1". Ele revela:

> A partir de quase todos os pontos de partida a série segue a regra de Benford. Mas existem alguns pontos em que não, e são muito difíceis de encontrar. Eu não imaginava que eles existissem. Eu pensei: "Não pode ser! Não pode ser!". Mas encontramos um. Esse número tem a espantosa propriedade de, se elevado ao quadrado e somado 1, o primeiro dígito do número obtido ser sempre 9. É espantoso. É uma falha no sistema.

O número é 9,94962308959395941218332124109326...

Na verdade, há um número infinito de falhas nas séries formadas com o quadrado do número anterior mais 1, mas estão espalhadas de maneira tão esparsa ao longo da linha de números que a possibilidade de escolher um deles ao acaso é exatamente zero. Muitos aspectos da lei de Benford, ele acrescentou, ainda estão para ser descobertos.

A lei de Benford é dos mais espetaculares exemplos de como um processo que envolve um grande número de fatores aleatórios desconhecidos pode gerar um padrão numérico muito simples. A cadeia precisa de eventos que faz com que o preço de uma ação se eleve ou caia, ou que a população de uma cidade cresça, pode ser desregrada ou complexa demais para ser compreendida por completo, embora seu resultado seja disciplinado e descomplicado. Podemos ou não ser capazes de predizer o preço futuro de qualquer ação específica, ou a população de qualquer cidade individualmente, mas podemos estar certos de que, no aspecto geral, ações e populações sempre seguirão a lei de Benford.

Livros também contêm padrões numéricos simples. Por exemplo, *Ulysses*, de James Joyce. Na década de 1940, pesquisadores da Universidade de Wisconsin levaram catorze meses na compilação de uma lista de todas as palavras usadas nele.[6] Eles datilografaram o livro inteiro em material gomado, recortaram cada palavra separadamente e as colaram em dezenas de milhares de folhas de papel. Depois classificaram as palavras em ordem de frequência. Os dados são de interesse não só para estudantes de letras, mas também para psicólogos que estudam associações de palavras, e para acadêmicos dissidentes, como George Kingsley Zipf, um professor de alemão em Harvard, que notou algo espantoso:

PALAVRA	CLASSIFICAÇÃO	FREQUÊNCIA
I	10	2653
say	100	265
bag	1000	26
orangefiery	10 000	2

A décima palavra em ordem de popularidade era quase exatamente dez vezes mais frequente que a centésima, quase exatamente cem vezes mais frequente que a milésima, e quase exatamente mil vezes mais frequente que a décima milésima. Joyce não escolhera suas palavras com tamanha precisão aritmética, mas o padrão saltava da página.[7]

Em termos matemáticos, as palavras em *Ulysses* obedeciam grosso modo à relação:

$$\text{frequência} \times \text{classificação} = 26\,500$$

Podemos expressar isso de outra maneira:

$$\text{frequência} = \frac{26500}{\text{classificação}}$$

Que é uma equação da forma

$$\text{frequência} = \frac{k}{\text{classificação}}, \text{ onde } k \text{ é uma constante.}$$

Isso equivale a dizer que a frequência é inversamente proporcional à classificação. Em outras palavras, se você multiplicar a classificação por um número arbitrário *n*, deverá dividir a frequência por *n*.

Depois de estudar outros textos, Zipf chegou à conclusão de que, para todos os livros em todas as línguas, a relação entre a frequência das palavras e a classificação é inversamente proporcional, mas com uma ligeira modificação:

$$\text{frequência} = \frac{k}{\text{classificação}^a}, \text{ onde } k \text{ e } a \text{ são constantes.}$$

Essa equação é conhecida como lei de Zipf. (Quando dois números são escritos na forma x^y, dizemos "*x* elevado a *y*", ou "*x* na potência *y*", e isso significa *x* multiplicado por si mesmo *y* vezes. Como sabemos desde a escola: $4^2 = 4 \times 4$, e $2^3 = 2 \times 2 \times 2$. O número *y*, no entanto, não tem de ser um número inteiro; assim, $2^{1,5}$ significa 2 multiplicado por si mesmo uma vez e meia, que é 2,83. Quanto mais perto *y* estiver de 1, mais perto x^y estará de *x*.)

Zipf descobriu que na expressão da lei de Zipf *a* está sempre muito perto de 1, independentemente do escritor ou do assunto, o que significa que a relação entre a frequência e a classificação é sempre muito próxima a uma proporção inversa. No caso de *Ulysses*, *a* é 1.

Considero a lei de Zipf muito estimulante. Ela revela não apenas que há um padrão matemático que comanda as escolhas de palavras, mas também que esse padrão é intrigantemente simples. Decidi verificar se essa lei também prevalece no caso da edição original deste livro, em inglês. Para contar a frequência das palavras utilizei um software de computador em vez de papel gomado, folhas de papel e tesouras. Pela tabela das frequências, pude ver que a frequência era de fato, grosso modo, inversamente proporcional à posição da classificação. A palavra que mais usei, "the", aparece dez vezes mais do que "was", a décima palavra mais comum. "The" aparece cerca de cem vezes mais do que "who", a centésima palavra mais comum, e mil vezes mais do que "spirals", a milésima.

Quando reúno os dados da relação classificação/frequência da edição em inglês deste livro num gráfico, ilustrado à esquerda, os pontos parecem estar junto dos eixos. Relações inversamente proporcionais sempre produzem esse tipo de curva em forma de L. A queda inicial é drástica, e logo se achata numa "cauda longa", enfatizando que umas poucas palavras são usadas em enormes quantidades, mas quase todas as demais são em geral pouco usadas. (Em todos os textos, qualquer que seja sua extensão, cerca de 50% das palavras são usadas somente uma vez. Neste livro, o índice é de 51%.)[8]

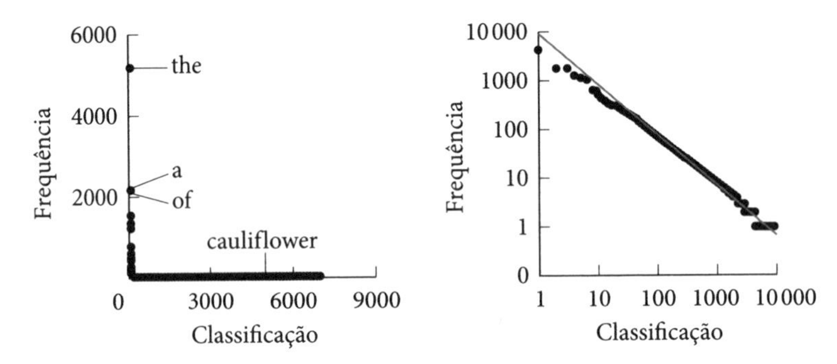

Distribuição de frequência das palavras no texto original de Alex através do espelho.

O gráfico acima à direita utiliza os mesmos dados, mas muda as dimensões. As distâncias entre 1 e 10, entre 10 e 100, e entre 100 e 1000 são agora iguais nos dois eixos, o que é conhecido como escala duplamente logarítmica, ou log-log. Ping! Como num passe de mágica, o cabo pendente transforma-se numa viga rígida. Apareceu uma ordem matemática. Os pontos agora estão belamente dispostos numa linha.

Uma linha reta numa escala log-log é uma prova de que os dados obedecem à lei de Zipf. (Explico isso no Apêndice Dois.) Uma linha reta é mais útil, em sentido matemático, do que uma longa curva para baixo, já que é mais fácil analisar suas propriedades. Por exemplo, uma linha reta tem um gradiente constante. Voltaremos ao conceito de gradiente mais adiante neste livro, mas por ora você só precisa saber que o gradiente é uma "medida de inclinação", a distância vertical coberta pela linha dividida pela distância horizontal coberta. Se desenharmos a linha que melhor reproduz a sequência de pontos e medirmos seu gradiente, o gradiente é a constante *a* na equação da lei de Zipf. Calculei o gradiente *a* para a linha acima. É ligeiramente maior do que 1, o que significa que, em comparação com James Joyce, uso mais minhas palavras mais frequentes e uso menos minhas palavras menos frequentes.

Examinando mais de perto, os pontos não estão exatamente sobre uma linha reta. Alguns deles divergem da linha que reproduz melhor a sequência de pontos, sobretudo os pontos que representam as cerca de vinte palavras de mais alta classificação quanto à frequência de uso. No geral, entretanto, os pontos se comportam de um modo notavelmente ordeiro. É assombroso como, para a imensa maioria das palavras neste livro, sua classificação determina de forma bastante precisa o número de vezes em que são empregadas, e vice-versa.

O professor Zipf descobriu a mesma relação inversamente proporcional em outro material, o Censo de 1940 dos Estados Unidos, embora dessa vez não estivesse contando a frequência das palavras, mas examinando as populações das maiores cidades do país.

DISTRITO METROPOLITANO	CLASSIFICAÇÃO	POPULAÇÃO
Nova York/NE Nova Jersey	1	12 milhões
Cleveland	10	1,2 milhão
Hamilton/Middletown	100	0,11 milhão

Novamente, o padrão é quase bom demais para ser verdadeiro. Nova York, a maior cidade, tem dez vezes a população de Cleveland, a décima maior cidade, e cem vezes a população de Hamilton, a centésima maior cidade. Ninguém instruiu os americanos a conferir dados ou a levar em conta a proporção em sua escolha de endereço. No entanto, ao decidir onde iriam viver, eles o fizeram segundo um padrão rigidamente regulado. Ainda o fazemos. A seguir estão ilustrados os dados da relação população/classificação para cidades americanas no Censo de 2000 e também para as cem maiores cidades do mundo, em escalas log-log. Como formigas disciplinadas, os pontos vão cair numa linha reta, o que significa que nesses casos se aplica a mesma equação geral mostrada anteriormente:

$$\text{população} = \frac{k}{\text{classificação}^a}, \text{ onde } k \text{ e } a \text{ são constantes.}$$

Mais uma vez, Zipf descobriu que, para cidades e países, a é muito próximo ou igual a 1. Para cidades americanas é 0,947 e, para o mundo, é 1,156. Para o censo de 1940, a é igual a 1.

Claro, há oscilações, especialmente para os maiores países e as maiores cidades. O segundo país mais populoso do mundo, a Índia, tem mais habitantes do que sugere a lei de Zipf. Mas a volatilidade na parte inicial da classificação é inevitável, pois há muito menos pontos que representam dados. É esperado que cidades e países se sobreponham uns aos outros quando suas populações mudam devido a fatores econômicos, sociais e ambientais. Quando ocorre tal mudança nos países de melhor classificação, os desvios da linha reta são mais visíveis. Todavia, essa dispersão inicial não chega a desfazer a acuidade do traçado na continuação da linha. O comportamento de palavras, cidades e países parece estar em conformidade com uma lei universal.

Descobrir os mesmos padrões matemáticos elementares em diferentes contextos representou para Zipf um despertar espiritual. "Estamos encontrando nos fenômenos cotidianos da vida uma unidade e um sentido de ordem e equilíbrio que só podem incutir fé na razoabilidade de um todo, cuja totalidade está além de nossa capacidade de compreensão", ele escreveu, e propôs um "princípio do menor esforço" como fundamento teórico para suas observações empíricas. Usamos muito umas poucas palavras porque

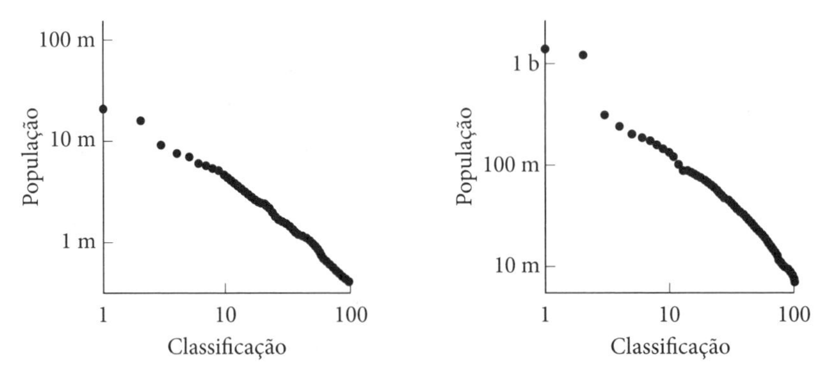

Distribuição de populações (em milhões e bilhão) das maiores cidades dos Estados Unidos em 2000 (à esq.) e das maiores cidades do mundo em 2013 (à dir.).

isso é mais fácil para nosso cérebro, e vivemos em grandes cidades porque é mais conveniente. Contudo, Zipf não conseguiu avançar e propor uma derivação matemática apropriada para sua lei, e após quase um século tampouco outros o fizeram. Bastante gente tentou e, embora alguns tivessem reivindicado sucesso restrito em algumas áreas, a razão por que essa lei é verdadeira ainda é um mistério. Com frequência os modelos matemáticos são criticados porque simplificam demais comportamentos complexos. No caso de Zipf, o contrário é que é verdadeiro: os modelos são impossivelmente difíceis, mas o padrão é tão fácil de entender que até uma criança pode compreendê-lo.

No início do século XX, o economista italiano Vilfredo Pareto afirmou que a distribuição de riqueza numa população está de acordo com a seguinte lei:

$$\text{riqueza de um indivíduo} = \frac{k}{\text{classificação}^{a}}, \text{ onde } k \text{ e } a \text{ são constantes.}$$

Instantaneamente reconhecemos a lei de Pareto como um equivalente matemático da lei de Zipf. Se todas as pessoas num país forem classificadas de acordo com suas riquezas, o gráfico de como a riqueza se distribui tem aparência idêntica ao gráfico de frequência de palavras neste livro, apresentado na página 56. No geral, a pessoa mais rica num país é bem mais rica do que a segunda mais rica, que é bem mais rica (mas com diferença menor do que no primeiro caso) do que a terceira mais rica, que é mais rica (mas com diferença menor) do que a quarta mais rica e assim por diante. Tomando como um todo, proporcionalmente, apenas uma pequena minoria da população é rica, e a maior parte das pessoas é pobre. Pareto fundamentou sua lei em dados de muitos países e no decorrer de muitas épocas, e numa grande medida ela ainda se aplica hoje em dia.

Relações inversamente proporcionais descrevem situações de extrema e chocante desigualdade. No caso da lei de Zipf, um pequeno percentual das palavras faz quase todo o trabalho. No caso da lei de Pareto, um pequeno percentual da população detém a maior parte da riqueza. Em 1906, Pareto escreveu que na Itália cerca de 20% da população possuía 80% das terras. Essa sua observação entrou na cultura popular como "o princípio de Pareto", ou "a lei dos 80/20": a regra de que 20% das causas produzem 80% dos efeitos, um mote sobre a iniquidade da vida. De acordo com Richard Koch, que escreveu um livro sobre isso, 20% dos trabalhadores empregados são responsáveis por 80% dos resultados, 20% dos clientes trazem 80% da receita, e conseguimos 80% de nossa felicidade durante 20% de nosso tempo.[9] A lei dos 80/20 é a "chave para o controle de nossas vidas", ele escreve, porque somente nos concentrando nos 20% vitais poderemos transcender as pressões do mundo moderno. O princípio de Pareto é memorável porque do ponto de vista aritmético é óbvio que $80 + 20 = 100$, mas essa obviedade é em grande parte irrelevante para o padrão matemático expressado, segundo o qual muitas coisas são, na prática, inversamente proporcionais uma à outra.

As leis de Zipf e de Pareto afirmam, ambas, que uma quantidade é inversamente proporcional a uma *potência* de outra quantidade.

Se as quantidades variáveis são x e y, o formato geral dessa declaração matemática é:

$$y = \frac{k}{x^a}, \text{ onde } k \text{ e } a \text{ são constantes.}$$

Equações com esse formato são chamadas de "leis de potência". Zipf e Pareto deram seus nomes às duas mais famosas, mas em anos recentes descobriram-se leis de potência em uma variedade extraordinária de contextos. Por exemplo, uma pesquisa sueca sobre hábitos sexuais descobriu que:

$$\text{percentual de homens com pelo menos } n \text{ parceiros sexuais durante o último ano} \approx \frac{k}{n^{2,31}}$$

O símbolo ≈ não é uma representação da moda sueca para bigodes. Significa "mais ou menos igual a", e é usado quando a equação é uma aproximação da equivalência exata. Cerca de um em cada mil homens suecos tem vinte parceiros sexuais num ano, mas a maioria tem apenas um. Se estendermos essa linha, a pesquisa sugere que cerca de um em 10 mil homens terá cerca de sessenta parceiros num ano.[10]

O que vale para o amor vale também para a guerra. Pesquisadores que estudaram a violência em zonas de conflito descobriram que:

$$\text{percentual de incidentes na guerra civil colombiana com número de mortos e feridos sendo no mínimo } n \approx \frac{k}{n^{2,5}}$$

Incidentes com muitos mortos e feridos são extremamente raros, comparados com inúmeros incidentes com apenas uma vítima.[11] Resultados similares foram demonstrados em outras guerras, e também entre guerras. Há apenas uns poucos conflitos nos quais milhões de pessoas morreram, e um pouco mais em que morreram centenas de milhares, mais ainda em que morreram dezenas de milhares, e assim por diante.

Durante sua vida, Charles Darwin enviou milhares de cartas, muitas das quais eram respostas a correspondências que tinha recebido.[12] Respondia à maioria delas em um dia, mas algumas levaram anos para receber uma resposta:

$$\text{probabilidade de que Charles Darwin responda à carta em } n \text{ dias} \approx \frac{k}{n^{1,5}}$$

Respondemos aos e-mails que recebemos segundo o mesmo padrão: à maioria, imediatamente, mas alguns ficam por uma eternidade no fundo de nossa caixa postal.

Acadêmicos japoneses examinaram o volume de vendas de livros entre 2005 e 2006. Descobriram que:

$$\text{percentual da venda total de livros na posição } n \text{ dos mais vendidos no Japão em 2005-6} \approx \frac{k}{n^{0,65}}$$

Em outras palavras, uns poucos livros são best-sellers, mas a maioria permanece não lida.[13] O modelo de negócios da indústria cinematográfica baseia-se neste padrão: uma minoria das obras se torna sucesso de bilheteria, e paga pela maioria, constituída de fiascos. Em ambos os casos, o declive do sucesso para o fracasso é matematicamente previsível.

As quatro equações apresentadas foram deduzidas da compilação dos dados experimentais nas escalas log-log, ilustradas a seguir, e da medição dos gradientes das linhas que representam melhor a sequência dos pontos. (A queda no fim dos dados referentes ao Japão explica-se pela capacidade limitada das livrarias.) Uma linha reta num gráfico log-log significa que se tem aí uma lei de potência, e o gradiente da linha é a constante *a* na equação da lei de potência. Deixei de fora os valores da constante *k* em cada equação porque, como é uma indicação da abrangência da amostra, e não do formato da curva, não nos interessa. Lembre-se de que, se os dados forem representados sobre escalas normais, vão criar o formato de um L, com uma queda inicial e uma cauda longa.

Meu propósito ao apresentar tantos exemplos é fazer com que você enxergue de maneira mais parecida com a visão de George Zipf, Vilfredo Pareto e Richard Koch. Quando consideramos, digamos, a estatura das pessoas que compõem uma população, existe uma estatura média. Os valores agrupam-se num valor médio, por exemplo, 1,75 metro para os homens britânicos. Mas, quando falamos de utilização de palavras, riqueza, parceiros sexuais, guerras, resposta a cartas recebidas, livros e filmes, não podemos tratar os valores médios do mesmo modo. Assim como não existe uma palavra com uma quantidade média de utilizações, ou uma

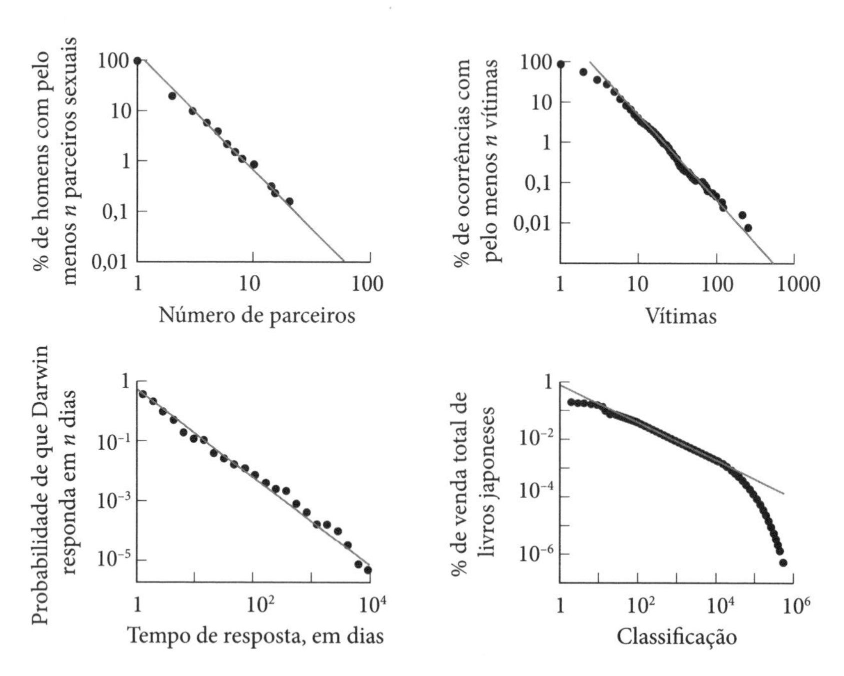

Dados sobre o comportamento de amantes suecos, de combatentes colombianos, de Charles Darwin e de compradores de livros japoneses revelam a lei de potência.

pessoa de riqueza média, não há um valor médio de venda previsível para um livro ou para o sucesso de determinado filme. Quando se trata de comportamento humano, vivemos num mundo com uma tendência para os extremos.

As leis de potência não só estão presentes em todas as ciências humanas, mas também abundam nas ciências físicas. A magnitude de um terremoto é grosso modo inversamente proporcional ao número de terremotos com aquela magnitude; o tamanho de uma cratera lunar é grosso modo inversamente proporcional ao número de crateras daquele tamanho, e, se você jogar uma batata congelada de encontro a uma parede, o tamanho de cada fragmento é inversamente proporcional ao número de fragmentos com aquele tamanho.[14] A prevalência das leis de potência na física explica por que muitos cientistas que as estudaram nos sistemas sociais começaram suas carreiras como físicos, como Albert-László Barabási, um eminente professor na Northeastern University, em Boston.

Atualmente o campo de Barabási são as redes, e em certas redes, como a internet, há uma teoria matemática aceita sobre o porquê da emergência das leis de potência. A popularidade dos sites, por exemplo, segue grosso modo uma lei de potência, como, digamos, a classificação dos usuários de Twitter por número de seguidores. "Que [as leis de potência] sejam tão genéricas, universais e inequívocas *ali* é muito espantoso", afirma Barabási. "Era de imaginar que deveria haver mais diversidade no mundo!"[15]

Imagine que a figura a seguir à esquerda é o modelo de uma rede. É composta de três nodos e dois links. Os nodos podem ser pessoas, ou sites, e os links podem ser qualquer tipo de conexão entre eles. Barabási afirma que as leis de potência surgem se a rede cresce com "adesão preferencial", ou seja, quando se introduz um novo nodo na rede, a probabilidade de um link do novo nodo para qualquer nodo já presente na rede é proporcional ao número de links que o nodo já tem. Em outras palavras, nodos bem conectados ficam ainda mais bem conectados. O rico fica mais rico. O nodo com mais links tem a maior probabilidade de ganhar novos links, e quanto mais links obtiver mais atraente há de se tornar.

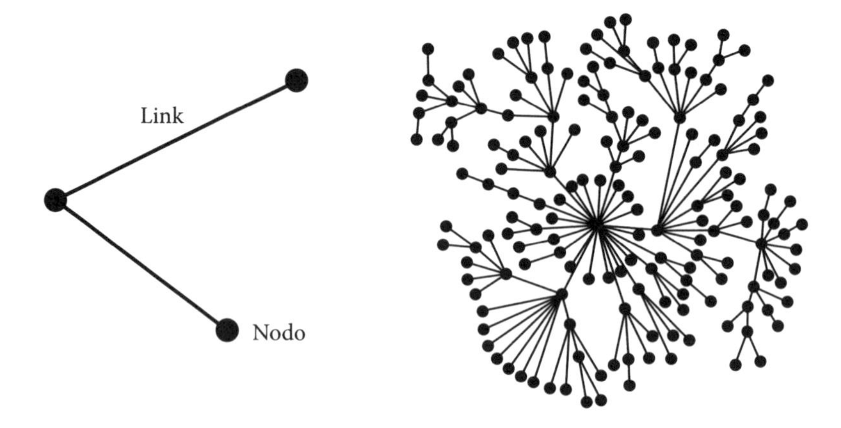

Se crescer com adesão preferencial, a rede pequena no fim se parecerá com a grande.

Caso se permitisse que a rede à esquerda crescesse por adesão preferencial, depois que algumas centenas de nodos fossem adicionados, ela acabaria parecida com a rede à direita. A maioria dos nodos tem apenas um link, e somente uns poucos nodos, os hubs, têm diversos links. Se os nodos forem classificados pelo número de links e os dados forem compilados num gráfico, você verá a familiar curva em forma de uma cauda longa. "Cada vez que se toma uma decisão quanto a um nodo [sobre que link fazer], uma lei de potência vai emergir", afirma Barabási. Se você acrescentou mais vários milhões de nodos por adesão preferencial, a rede começará a se parecer com um mapa de quem é seguidor de quem no Twitter, ou um modelo da www.

Uma razão para as redes de lei de potência serem tão comuns, acrescentou Barabási, é que são especialmente robustas. Se você eliminar um nodo aleatório, é bastante provável que elimine um nodo não importante, já que há bem mais nodos desse tipo do que hubs, e assim o efeito global sobre a rede será mínimo. No entanto, de maneira inversa, isso torna as redes de lei de potência muito vulneráveis se um hub for escolhido como alvo de um ataque. Se meu site cair, ninguém vai se incomodar a não ser eu, mas se o Google cair por cinco minutos será um pandemônio global.

Leis de potência são interessantes porque oferecem um modelo matemático surpreendentemente simples para todo um arranjo de fenômenos complexos. São atraentes também por serem facílimas de detectar. Como vimos, duas variáveis seguem uma lei de potência quando os pontos que representam os dados caem numa linha reta em escalas log-log.

Há pouco tempo, contudo, alguns cientistas sugeriram que, num exame mais minucioso, nem todas as leis de potência se comportam assim, pois às vezes os pontos caem em curvas que divergem ligeiramente de uma linha reta e que são descritas por diferentes equações. Trata-se de um debate importante, mas não para este livro. Um aspecto das leis de potência que não pode, no entanto, ser negado é o de que elas apresentam uma fascinante propriedade matemática.[16]

Consideremos a equação da lei de potência $y = \frac{1}{x^2}$. Quando traçamos essa equação entre 2 e 10 obtemos a curva à esquerda, e quando a plotamos entre 20 e 100 obtemos a curva à direita.

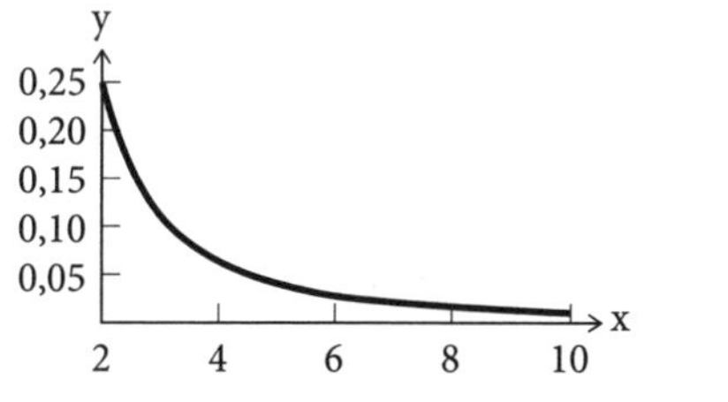

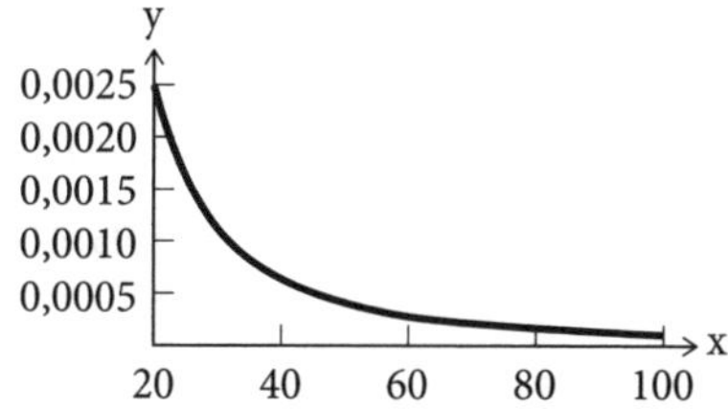

A curva $y = \frac{1}{x^2}$ *em duas escalas.*

Localizaram a diferença? As curvas são idênticas. De fato, quando traçamos a curva entre n e $5n$ para qualquer número n, a curva terá o mesmo aspecto dessas duas. Igualmente, a curva sempre terá o mesmo aspecto entre quaisquer dois números a e b quando a proporção a/b for fixa. Leis de potência apresentam tal padrão em todas as escalas, qualquer que seja a distância que você percorra na curva, descendo em sua cauda.

Por falar em caudas longas, Godzilla tem uma.

O monstro japonês, um tipo de dinossauro mutante, tinha supostamente uns cem metros de altura, o que é cerca de cinquenta vezes a estatura de um homem adulto alto. Imagine-se agora aumentar o tamanho de um homem de modo a ficar cinquenta vezes mais alto, mas mantendo seu formato. O homem aumentado seria cinquenta vezes mais largo e cinquenta vezes mais grosso, portanto $50 \times 50 \times 50 = 125\,000$ vezes mais pesado do que antes. A seção transversal de seus ossos, no entanto, só teria crescido $50 \times 50 = 2500$ vezes, o que significa que cada centímetro quadrado de seus ossos teria de suportar cinquenta vezes mais peso. Os ossos desse homem gigantesco se partiriam no momento em que tentasse andar. Godzilla teria um destino similar.

Está certo, nada é mais tedioso do que um espertinho balbuciando que um monstro fictício é uma criatura impossível. Mas o argumento explica também por que animais de tamanhos diferentes tendem a ter formatos diferentes. Quanto maior um animal, mais grossos seus ossos devem ser em relação à sua altura, observação registrada pela primeira vez por Galileu, em 1638.[17] Elefantes têm ossos mais grossos em proporção à sua altura do que os humanos, e os humanos têm ossos mais grossos em proporção à sua altura do que os cães, porque animais maiores precisam de ossos que suportem mais peso por área de seção transversal.

A observação de Galileu pode ser traduzida numa equação que relaciona área e volume. A afirmação de que a área de uma seção transversal de um objeto aumenta em proporção ao *quadrado* da altura, enquanto o volume aumenta proporcionalmente ao *cubo* da altura, pode ser reescrita em duas equações:

$$\text{área} = l\,(\text{altura})^2$$

e

$$\text{volume} = m\,(\text{altura})^3,$$

em que l e m são constantes.

Podemos eliminar a variável da altura para ter a equação

$$\text{área}^3 = \frac{l}{m}(\text{volume})^2$$

Que pode ser rearranjada para:

$$\text{área} = \frac{l}{m}(\text{volume})^{2/3}$$

Essa é uma equação do formato:

$$y = kx^a$$

em que x e y são variáveis, e k e a são constantes.

Esse tipo de equação também é chamado de lei de potência. Quando uma lei de potência assume esse formato, dizemos que y é *diretamente* proporcional a x^a, ao passo que, quando uma lei de potência é do formato já discutido, $y = \frac{k}{x^a}$, a variável y é *inversamente* proporcional a x^a.

O gráfico da equação da lei de potência $y = x^{2/3}$ está ilustrado a seguir. No gráfico à esquerda, onde as escalas são normais, a curva se achata quando sobe. Se pensarmos em y como área e x como volume, então isso demonstra que, à medida que o volume aumenta, a área também aumenta, mas não com tanta rapidez. Uma lei de potência diretamente proporcional produz uma linha reta numa plotagem log-log, ilustrada abaixo à direita, onde a inclinação tende para a direita.

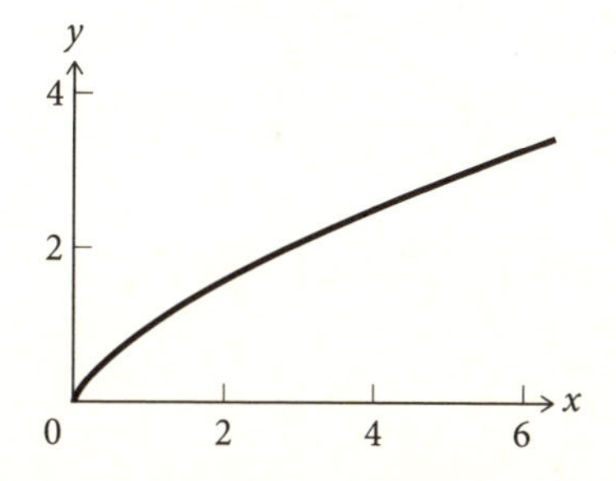

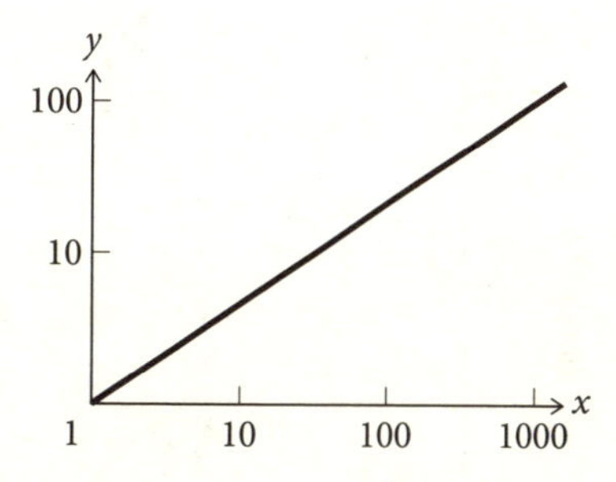

A curva $y = x^{2/3}$ em escalas logarítmicas padrão e dobrada.

A equação da lei de potência entre volume e área também é chamada de "lei de escala", porque demonstra o que acontece com uma dimensão mensurável de um objeto, neste caso a área da seção transversal, quando o objeto aumenta de tamanho.

Na década de 1930, o zoólogo suíço Max Kleiber pesou diversas espécies diferentes de mamíferos e também mediu suas taxas metabólicas, que são as taxas pelas quais os animais produzem energia quando em repouso.[18] Ao compilar os dados em um gráfico log-log, havia uma linha reta, da qual ele deduziu a seguinte lei de potência:

taxa metabólica $\approx$ 70 (massa)$^{3/4}$

Conhecida como lei de Kleiber, logo teve seu alcance estendido por biólogos a todos os animais de sangue quente, como ilustrado a seguir. A taxa metabólica não se eleva tão depressa quanto a massa, o que mostra que, quanto maiores são os animais, mais eficientes eles se tornam. Descobriram-se muitas outras leis de potência entre os animais: a duração da vida é diretamente proporcional à (massa)$^{1/4}$ e a frequência cardíaca é inversamente

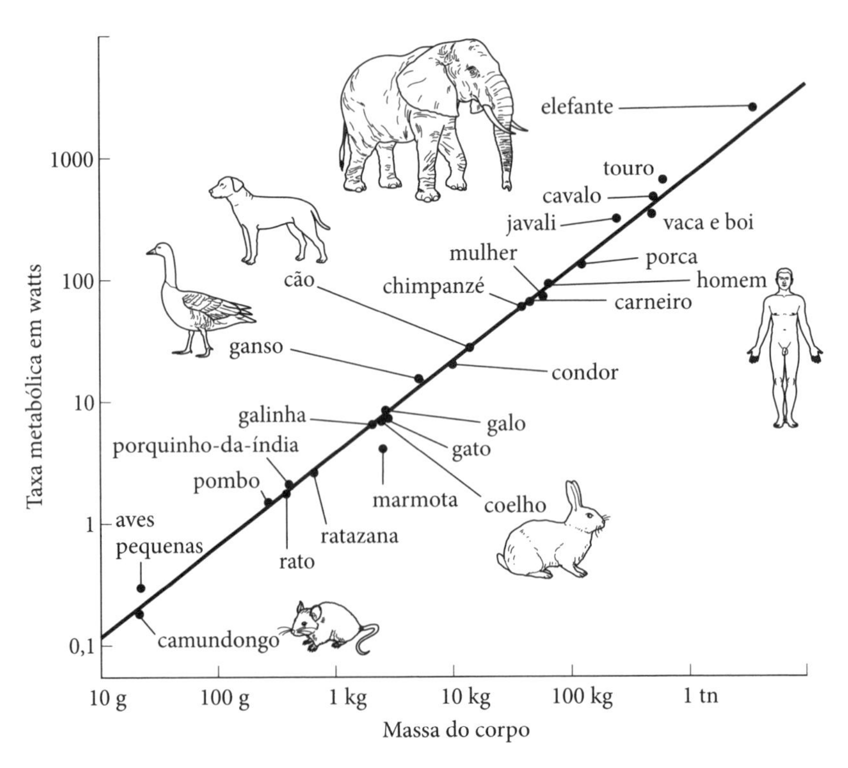

Lei de Kleiber.

proporcional à (massa)$^{1/4}$. Como o coeficiente da potência parece ser sempre um múltiplo de $\frac{1}{4}$, as leis de potência biológicas são chamadas de "leis de escala à potência de um quarto". Considerando a diversidade do reino animal — mamíferos variam de tamanho desde o musaranho etrusco, com cerca de um grama, até a baleia azul, que é 100 milhões de vezes mais pesada —, é notável pensar que conhecendo o tamanho de um animal seja possível predizer tanta coisa sobre ele.

O físico Geoffrey West, do Instituto Santa Fé, e os biólogos James Brown e Brian Enquist, da Universidade do Novo México, conceberam uma teoria matemática que explica a escala à potência de um quarto.[19] Em termos bem amplos, eles alegam que, caso um organismo seja visto como se fosse um mecanismo de transporte — o sangue viaja pela aorta, que se ramifica em artérias, que por sua vez se ramificam em vasos capilares —, então, quando se otimiza o sistema para que fique adequado a um espaço, o que se obtém é uma lei de potência. Os detalhes estão além do escopo deste livro, mas essa teoria é de interesse para nós pelo modo como influenciou o trabalho de West: o estudo de outro tipo de organismo, a cidade.

West e seus colegas descobriram que as cidades e os centros urbanos são baluartes da lei de escala de potência.[20] Depois de digerir vastas quantidades de dados econômicos e sociais, e de compilar muitos gráficos log-log, eles descobriram que nos Estados Unidos, por exemplo:

$$\text{número de inventores} \approx k\,(\text{tamanho da população})^{1,25}$$

$$\text{total de salários} \approx k\,(\text{tamanho da população})^{1,12}$$

$$\text{número de casos de aids} \approx k\,(\text{tamanho da população})^{1,23}$$

$$\text{número de crimes graves} \approx k\,(\text{tamanho da população})^{1,16}$$

Nessas equações a potência, ou expoente, é maior do que 1, o que significa que, quanto maior a cidade, há mais inventores, salários, casos de aids e crimes graves per capita. Tem-se mais de tudo isso em termos absolutos, mas também proporcionalmente. O expoente para todos esses indicadores urbanos é de cerca de 1,2, e é curioso em si mesmo que se agrupem em torno disso, do que resulta que, se o tamanho de uma cidade dobrar, é de esperar um aumento do número *per capita* de inventores, salários, casos de aids e crimes graves em cerca de 15%.

Para alguns indicadores, o expoente de escala é menor do que 1, o que significa que, à medida que a cidade cresce, tem-se menor:

$$\text{número de postos de combustível} \approx k\,(\text{tamanho da população})^{0,77}$$

$$\text{comprimento da rede elétrica} \approx k\,(\text{tamanho da população})^{0,83}$$

Se o tamanho da cidade dobra, pode-se esperar uma redução per capita de cerca de 15% no número de postos de combustível e no comprimento da rede elérica. Em outras palavras, as cidades demonstram ter economias de escala previsíveis, e isso vale para o mundo inteiro. "A evolução das cidades japonesas foi completamente independente da evolução das cidades europeias e americanas; no entanto, verificou-se a mesma escala [em cada país]", afirma West. "Isso sugere que existe uma mesma dinâmica universal em ação." West acredita que as leis de potência se manifestam em cidades pela mesma razão que, segundo ele, se manifestam em animais. A cidade também é uma rede de transporte. Assim como o sistema circulatório transporta sangue de um tubo espesso para tubos cada vez mais finos, a cidade distribui recursos em redes ramificadas de ruas, cabos e canos.

É por nossa própria decisão que escolhemos onde viver, e também como gastar nosso dinheiro e o que fazer com o tempo de que dispomos. No entanto, visto pelas lentes dos números, nosso comportamento coletivo é previsível, e obedece a leis matemáticas simples e compatíveis entre si. Nós nos distribuímos ao redor do globo terrestre de modo tal que em cada país cerca de 30% das cidades e centros urbanos têm uma população em que o número que expressa sua quantidade começa com um 1, o tamanho de uma cidade é inversamente proporcional à sua classificação entre as mais populosas, e todas as cidades são apenas diferentes versões umas das outras à vista da lei de escala de potência. O mundo pode ser complicado. Mas é simples também.

* * *

Números são ferramentas indispensáveis que nos ajudam a compreender nosso entorno. O mesmo vale para as formas geométricas. Foi graças ao estudo de uma forma em particular que teve início a matemática ocidental.

3. Triângulos *amorosos*

Rob Woodall é um caçador de *trigs*. Ele caça *trigs*, e ninguém caçou tantos quanto ele. *Trigs* são pilares de triangulação, colunetas de concreto que vão até a altura da cintura e que formam uma rede de pontos de referência usados por cartógrafos e agrimensores que cobre toda a Grã-Bretanha. Em geral ficam no topo de colinas, o prêmio ao fim de uma escalada. Foram construídos mais de 6500 *trigs* entre 1936 e 1962, dos quais cerca de 6200 ainda existem. Visitar, ou "caçar", tantos quanto possível é uma competição esportiva. Rob, que tem cinquenta anos, caçou 6155, quase o número total. Atualmente, estava mil à frente de seu concorrente mais próximo.[1]

Quando começou, Rob passava fins de semana inteiros nessas buscas, deixando sua casa em Peterborough na sexta-feira à noite e só voltando na manhã de segunda-feira. Os *trigs* estão separados por uma distância média de cerca de cinco quilômetros um do outro, e com seu esforço ele objetivava alcançar uma cota de cerca de cinquenta por fim de semana. Se tinha sorte, achava os pilares à beira da estrada, onde podia estacionar o carro, mas frequentemente estavam longe de estradas ou trilhas de caminhada, escondidos no meio de arbustos, sarças ou sebes espinhosas. Começou a viajar com uma tesoura de poda, para evitar chegar ao trabalho com as mãos sangrando.

Os pilares de triangulação são relíquias de nossa herança tecnológica, elementos arqueológicos de nossa paisagem, assim como as fortalezas medievais e as estradas romanas em linha reta. Rob gosta de "caçá-los" porque isso o leva a lugares atraentes e lhe dá uma sensação de aventura e conquista. Ele fez incursões noturnas através de campos de fazendas, uma vez caiu num cercado de avestruzes, e outra passou três anos negociando com certo proprietário rural até ter permissão para ver um pilar que ficava dentro de sua propriedade. Eu também gosto desses pilares. São santuários dedicados à grandiosidade do triângulo, a figura que mudou o mundo.

Os números apareceram há 8 mil anos, mas a matemática propriamente dita chegou ao Egito em cerca de 600 a.C.

Começou com uma demonstração pública. Tales, um pensador grego, mostrou como medir a altura da Grande Pirâmide de Gizé sem ter de subir nela. Primeiro ele cravou um bastão no chão, o qual, juntamente com sua sombra, criou dois lados de um triângulo, como mostra a ilustração a seguir. A pirâmide e sua sombra também criam um triângulo. A genialidade de Tales foi perceber que, mesmo tendo os dois triângulos dimensões muito diferentes, tinham o mesmo formato, porque os raios do sol são paralelos. Isso significava que ele podia usar a altura do triângulo menor para deduzir a altura do maior. Em termos modernos, ele entendeu que:

$$\frac{\text{altura do bastão}}{\text{comprimento da sombra do bastão}} = \frac{\text{altura da pirâmide}}{\text{distância do centro da base da pirâmide à extremidade da sombra}}$$

O bastão e sua sombra podem ser medidos sem dificuldades. A distância sobre o solo a partir da base da pirâmide não pode ser medida diretamente, já que a pirâmide está no caminho; Tales deve ter esperado que o sol estivesse perpendicular à pirâmide antes de fazer as medições, porque nesse momento a distância do centro da pirâmide até sua extremidade é igual à metade do comprimento da base.[2] Com três valores dessa equação estabelecidos, ele pôde calcular o faltante — a altura da pirâmide.

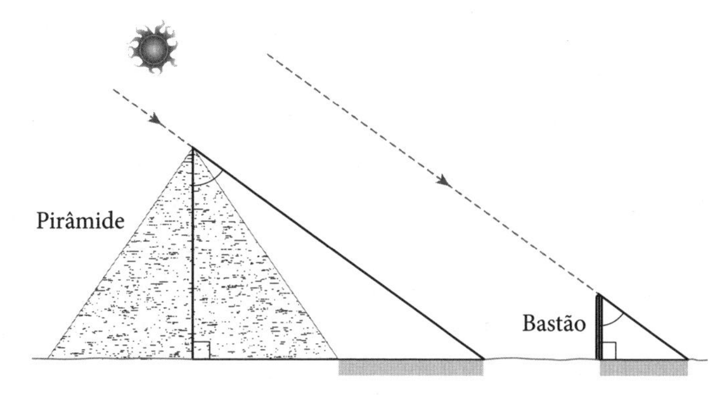

Os raios paralelos do sol criam dois triângulos semelhantes, um projetado pela pirâmide, o outro pelo bastão.

O feito de Tales foi um pequeno passo para a trigonometria, a ciência dos triângulos, e um passo gigantesco para a humanidade. Ao deduzir logicamente uma medida a partir das propriedades intrínsecas de uma figura, ele demonstrou um tipo de raciocínio diferente em relação aos egípcios, que exibiam notáveis talentos em atividades como a construção de pirâmides, mas cujo conhecimento de matemática era limitado a regras gerais e empíricas.[3] O cálculo de Tales envolvia um triângulo que era uma abstração da realidade, criado pelos raios do sol. Seu feito marcou o surgimento do pensamento racional grego, que geralmente é considerado o fundamento da matemática, da filosofia e da ciência ocidentais.

Tales foi também a primeira pessoa a nomear uma descoberta matemática específica: o teorema de Tales, segundo o qual o triângulo inscrito num semicírculo tem um ângulo reto.[4] Ele também empregou sua capacidade de dedução para prever o eclipse solar de 585 a.C., e anteviu que a colheita de olivas em sua cidade, Mileto, iria melhorar após alguns anos ruins. Ele comprou todas as prensas de azeite que pôde a preços irrisórios, e quando a reviravolta ocorreu ficou rico. Um século depois, o dramaturgo Aristófanes, que escrevia obras cômicas, zombou de Tales numa peça fazendo-o cair num fosso porque estava perdido em seus pensamentos, olhando para o céu. Tales é lembrado não só como o primeiro matemático e filósofo da história, mas também como o primeiro professor distraído.

A exibição de Tales em Gizé mostrou como o triângulo pode ser utilizado para medir a distância de um ponto próximo a um ponto longínquo, ao qual não se precisa chegar fisicamente. Triângulos seriam depois usados para medir distâncias muito maiores do que a altura de uma pirâmide, transformando assim as ciências da astronomia, da navegação e da cartografia. Em breve chegaremos lá. Às vezes, contudo, distâncias enormes puderam ser medidas simplesmente observando um bastão vertical num dia ensolarado. Três séculos após Tales usar sombras e lógica dedutiva para impressionar o faraó, Eratóstenes empregou a mesma técnica para fazer sua primeira estimativa realista do tamanho da Terra.

Eratóstenes viveu em Alexandria, capital do Egito helênico, onde tinha a incumbência de cuidar da biblioteca local, a maior em todo o império. Ao meio-dia do solstício de verão em Alexandria, ele calculou que o "ângulo da sombra" de um bastão vertical correspondia a cerca de um quinquagésimo de um círculo completo. Ele também sabia que em Siene, a cidade mais meridional do Egito, havia um famoso poço cujo fundo ficava completamente iluminado ao meio-dia do solstício de verão, o que significava que o sol não projetava lá nenhuma sombra. Desses dois fatos ele deduziu que a distância de Alexandria a Siene devia ser um quinquagésimo da circunferência da Terra.

Seu raciocínio desenvolveu-se da seguinte maneira. Primeiro, era sabido naquele tempo que o mundo era redondo — as pessoas viam as embarcações desaparecerem depois de transpor a linha do horizonte e já tinham visto a sombra curva da Terra sobre a Lua durante um eclipse lunar. Em segundo lugar, Eratóstenes sabia que Siene estava quase diretamente ao sul de Alexandria. A partir daí, ele pôde desenhar a ilustração a seguir à esquerda, que mostra uma seção cruzada da Terra no sentido norte-sul, cortando Alexandria e Siene ao meio-dia de um solstício de verão. Os raios de sol atravessam diretamente o poço em Siene na direção do centro da Terra e atingem o bastão em Alexandria com certo ângulo. Como o bastão está em posição perfeitamente vertical, também aponta para o centro da Terra, e daí podemos fazer a abstração geométrica mostrada à direita, onde as linhas paralelas representam os raios de sol e a linha que as cruza é a linha que vai do topo do bastão ao centro da Terra.

Um teorema básico da geometria grega afirma que ângulos "alternos" são iguais, ou seja, uma linha que atinge duas paralelas as cruza num mesmo

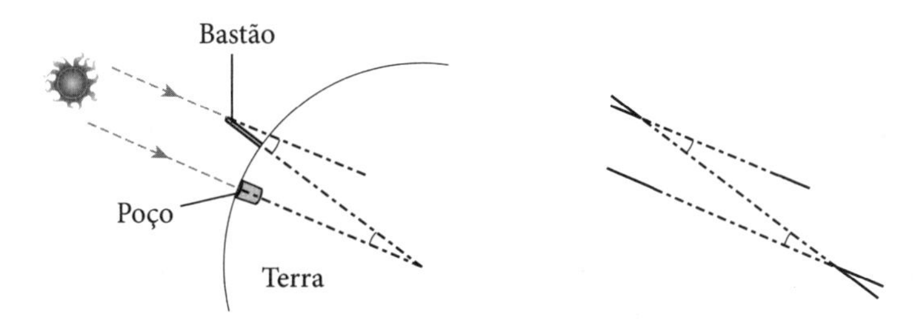

Ao meio-dia do solstício de verão, o sol não projeta sombra no interior do poço em Siene, mas projeta a sombra do bastão em Alexandria. O "ângulo da sombra" do bastão é igual ao ângulo entre as duas cidades no centro da Terra.

ângulo, e daí temos que o ângulo projetado pelo bastão é igual ao ângulo no centro da Terra. Eratóstenes mediu o ângulo projetado pelo bastão, que era um quinquagésimo de um círculo, e deduziu que o ângulo no centro da Terra era o mesmo. Daí que a distância entre Alexandria e Siene seria um quinquagésimo de toda a circunferência da Terra.

Assim, para estimar a circunferência da Terra, Eratóstenes precisava simplesmente multiplicar a distância entre Alexandria e Siene por cinquenta. Os gregos já tinham uma boa estimativa dessa distância, 5 mil estádios, calculada por *bematistas*, ou "andadores", cujo trabalho era caminhar durante dias contando suas passadas. (Eratóstenes, inventor da geografia, foi agraciado com três acasos geográficos, sem os quais teria sido impossível fazer suas medições: que os egípcios tivessem chegado tão ao sul até Siene, sobre o trópico de Câncer, a latitude mais setentrional em que o sol não projeta sombra pelo menos uma vez no ano; que Siene estivesse de fato bem ao sul de Alexandria; e que o terreno entre ambas propiciasse que o caminho entre elas fosse reto como o voo de um pássaro.) Cada estádio era estimado em cerca de 166 metros, numa unidade de medida moderna. A circunferência da Terra era, portanto, de 166 × 5000 × 50, o que resulta em aproximadamente 41 500 quilômetros, apenas 1500 quilômetros — cerca de 4% — a mais do que a medida correta. O resultado obtido por Eratóstenes permaneceu intocado durante quase mil anos.

Siene é hoje conhecida como Assuã, e tem até mesmo um poço que se pode visitar, embora o calor brutal do meio-dia no solstício de verão faça com que seja improvável que se torne uma atração turística.

* * *

Na época de Eratóstenes, os matemáticos gregos expandiram as ideias de Tales sobre triângulos num *corpus* bem grande de teoremas e demonstrações sobre triângulos. A primazia do triângulo no pensamento grego deveu-se ao fato de que todas as figuras formadas por linhas retas — quadrados, pentágonos e assim por diante — podem ser divididas em triângulos, e pode-se chegar aproximadamente a figuras com linhas não retas, como círculos, elipses e parábolas, por meio de triângulos.

Como todos os triângulos podem ser divididos em triângulos retângulos — que são aqueles que contêm um ângulo reto, ou quadrante —, os gregos os prezavam acima de quaisquer outros. As ilustrações abaixo à esquerda mostram como dividir um triângulo em dois triângulos retângulos. Aprendemos sobre os triângulos retângulos desde muito cedo na aula de matemática, a começar pelo termo "hipotenusa", o lado oposto ao ângulo reto, e logo em seguida o teorema de Pitágoras, ilustrado abaixo à direita, segundo o qual:

> Nos triângulos retângulos, o quadrado da hipotenusa é igual à soma dos quadrados dos outros dois lados.[5]

O teorema de Pitágoras é o mais conhecido da matemática por vários motivos, sendo o principal deles o fato de o triângulo retângulo ser a unidade irredutível da geometria plana.

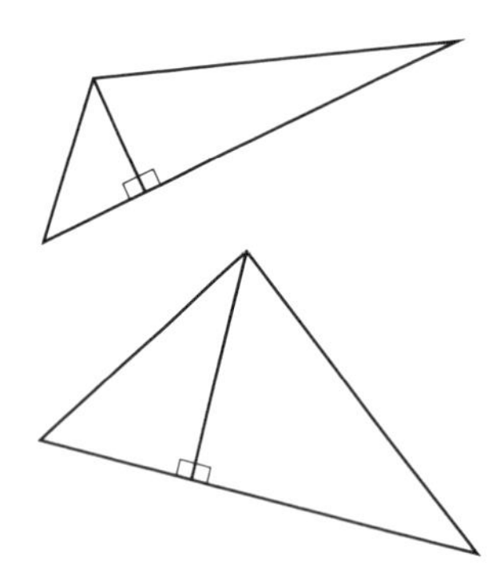

Triângulos retângulos.

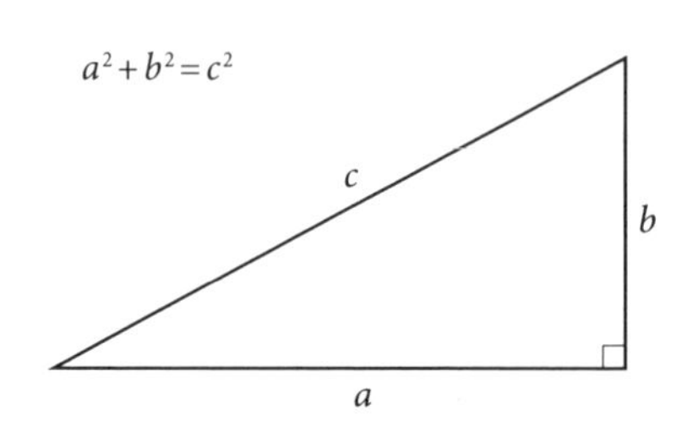

Teorema de Pitágoras.

Quando o sol projeta a sombra de um bastão, cria-se um triângulo retângulo, como vimos acima no caso de Tales. Mas quando o sol se movimenta cruzando o céu, uma mudança no ângulo não provoca uma mudança proporcional no comprimento da sombra. Quando o ângulo aumenta a uma taxa constante, como na ilustração abaixo, o comprimento da sombra aumenta a taxas que se tornam cada vez maiores, motivo pelo qual ao fim do dia vemos sombras enormes rastejando pelo chão. Os astrônomos, além dos construtores de relógios de sol, estavam especialmente interessados em compreender como a mudança do ângulo da sombra agia na mudança do comprimento da sombra. Os gregos, no entanto, não estavam bem equipados para responder a essa questão, porque, apesar de toda a sua perícia em geometria, dispunham de um sistema numérico terrivelmente canhestro. Para propiciar um avanço em seus conhecimentos sobre o triângulo, os gregos precisavam de um modo melhor de escrever frações.

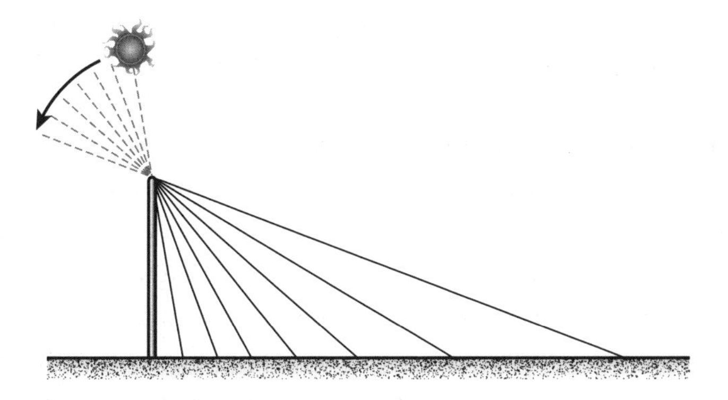

Variações iguais no ângulo de incidência causam variações desiguais no comprimento da sombra.

A notação numérica grega descendia da notação egípcia, que podia ser de dois tipos.[6] Quando escreviam gravando em madeira ou pedra, os egípcios usavam hieróglifos. Cada potência de dez, de 1 a 1 milhão, tinha seu símbolo próprio: um traço vertical para 1, um U invertido para 10, uma espiral para 100, uma flor de lótus em seu caule para 1000, um dedo erguido e ligeiramente inclinado para 10 000, um girino para 100 000 e um homem ajoelhado erguendo a cabeça ao céu para 1 000 000.[7] Um número era representado mediante a repetição desses símbolos, portanto 3 141 592 era:

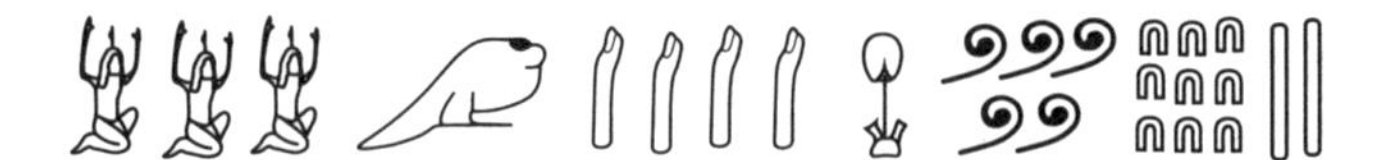

Ao escrever em papiro, eles usavam uma escrita "hierática" menos elaborada, mais adequada para pena e tinta. Eles introduziram signos especiais para representar dígitos e múltiplos de dez, portanto, em vez de escrever monotonamente, por exemplo, sete traços para 7, usavam um símbolo único, . Essa mudança de numerais escritos com signos repetidos para numerais com signos próprios foi um avanço importante.

As frações, em hieróglifos, eram ilustradas com uma boca, , acima do número, para representar seu inverso, assim como usamos um 1 acima da linha numa fração, de modo que $\frac{1}{3}$ era e $\frac{1}{10}$ era . Frações na escrita hierática usavam um ponto acima do número, portanto $\frac{1}{7}$ era . Os egípcios praticamente se restringiam a frações unitárias, que hoje são as frações com um 1 acima da linha. Assim, a fração $\frac{2}{5}$ era trabalhosamente quebrada em $\frac{1}{3} + \frac{1}{15}$, e $\frac{2}{101}$ era $\frac{1}{101} + \frac{1}{202} + \frac{1}{303} + \frac{1}{606}$. Esses valores de somas de frações unitárias usados pelos egípcios sinalizam para nosso próprio sistema de frações decimais, no qual, por exemplo, 0,234 representa $\frac{2}{10} + \frac{3}{100} + \frac{4}{1000}$, embora o sistema deles não fosse tão eficiente e versátil como o nosso.[8]

No tempo de Euclides, os gregos usavam um sistema numérico derivado da escrita hierática egípcia: 27 números distintos eram representados por 27 símbolos distintos, as letras do seu alfabeto. O número 444 era escrito υμδ, porque υ era 400, μ era 40 e δ era 4.[9] Os gregos muitas vezes descreviam frações de maneira retórica, como, por exemplo, "onze partes em oitenta e três" ou como frações comuns, com notação equivalente à nossa $\frac{11}{83}$, embora ainda mantivessem a obsessão do cálculo com frações unitárias. Os sistemas egípcio e grego eram inadequados à astronomia, que requer minúsculas subdivisões de ângulos para rastrear os movimentos dos planetas, já que frações comuns são tão difíceis de manipular.

Na Mesopotâmia, contudo, usava-se uma notação muito mais flexível. Os babilônios utilizavam um sistema numérico posicional, no qual o valor de símbolo numérico depende da posição que ocupa no número. Nosso sistema moderno é um sistema de valor da posição decimal: o número 123, por exemplo, quer dizer que o 3 está na coluna das unidades, o 2 na coluna das dezenas e o 1 na coluna das centenas. A grande vantagem de um sistema posicional é que as frações também podem ser expressas utilizando a posição dos símbolos numéricos. Em nossa notação, chamamos esse tipo de fração de "decimal". O número 0,56 significa que 5 está na coluna dos décimos e 6, na coluna dos centésimos.

Os babilônios usavam um sistema posicional "sexagesimal", ou seja, eles contavam em "sessentenas" em vez de em dezenas: o número escrito como "123" quer dizer que 3 está na coluna das unidades, 2 na coluna dos sessenta e 1 na coluna dos (60 × 60) = 3600. (Os numerais babilônios eram feitos da combinação de dois símbolos, uma cunha vertical 𒁹 e uma horizontal 𒌋. Por que eles escolheram sessenta como base numérica, não se sabe, embora possa ter sido porque sessenta é o menor número divisível por 1, 2, 3, 4, 5 e 6, o que poderia facilitar algumas operações matemáticas. Os babilônios estenderam seu sistema às frações. Eles não tinham uma marca "sexagesimal", como nossa vírgula decimal, portanto o valor das colunas tinha de ser deduzido do contexto. O número "123", poderia, dessa forma, expressar 1 na coluna das unidades, 2 na coluna dos sessentésimos e 3 na coluna de $\frac{1}{3600}$. Frações posicionais são imensamente superiores a frações comuns, como sabemos de nossa experiência com frações decimais. Requerem menos símbolos para serem escritas e são mais simples de serem usadas em cálculos. Os babilônios eram capazes de calcular $\sqrt{2}$ com uma aproximação de três posições sexagesimais, ou seja, uma diferença de cerca de 0,000008 em relação a seu valor verdadeiro, um resultado espantoso para a época. A facilidade com que podiam subdividir ângulos ajudou sua astronomia a se tornar a mais avançada de seu tempo.

Os babilônios dividiam o círculo em 360 graus. Essa divisão pode ter sido influenciada pelo zodíaco, que se dividia em doze signos e 36 decanatos, ou pelo fato de 360 ser, aproximadamente, o número de dias do ano. Nos tempos mais recentes, alegou-se que 360 foi escolhido porque o círculo divide-se naturalmente em seis triângulos, nos quais cada lado é igual ao raio do círculo, como ilustrado a seguir, e cada um desses ângulos se divide em sessenta, como se exige para formar frações sexagesimais. Sem dúvida, todas essas razões se complementam umas às outras, e o sistema babilônio provou ser notavelmente duradouro.

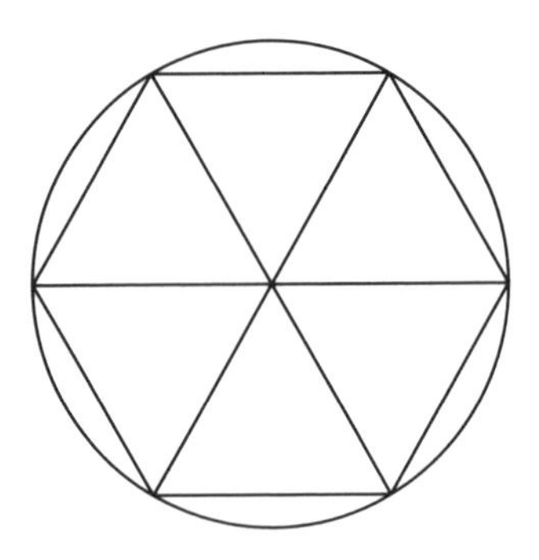

No século II a.C. os gregos se apropriaram das frações babilônias, que têm sido usadas desde então. Tradicionalmente, o grau era dividido em sessenta partes menores, ou *pars minuta prima*, que então foram divididas, cada uma delas, em sessenta partes menores, ou *pars minuta secunda*. Da tradução dessas expressões latinas temos as palavras "minuto" e "segundo", nossas unidades de tempo, que são as mais proeminentes relíquias modernas da prática antiga de contar em grupos de sessenta.

Tendo finalmente à disposição um sistema numérico apropriado, o astrônomo grego Hiparco embarcou no projeto de mapear a relação entre os ângulos e os lados de um triângulo. Ele fez isso considerando a "corda", termo para uma linha entre dois pontos de uma circunferência, assim chamada porque parece a corda retesada de um arco. Cada corda forma um triângulo com o centro do círculo, como ilustrado abaixo.

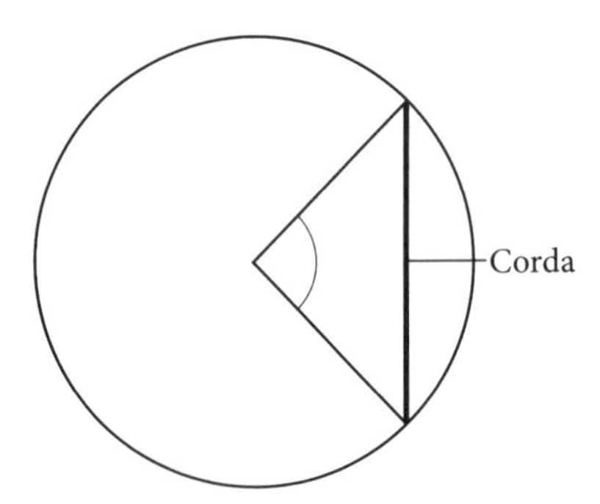

Se o tamanho do círculo é fixo, para cada ângulo no centro a corda que dele resulta tem um comprimento diferente. Hiparco compilou uma tabela de ângulos múltiplos de 7,5 graus, juntamente com os comprimentos das cordas a eles correspondentes. No século II d.C., Ptolomeu expandiu essa ideia e compilou uma tabela de cordas de um círculo com um raio de sessenta unidades, listando ângulos de meio em meio grau, de 0 a 180 graus, juntamente com o comprimento de cada corda, com três posições sexagesimais. As tabelas de cordas de Hiparco e de Ptolomeu foram de valor inestimável para os astrônomos ocidentais, que calculavam distâncias considerando a Terra e os corpos celestes como vértices de triângulos interplanetários. O triângulo foi o primeiro telescópio da humanidade, trazendo pela primeira vez locações extraterrestres para o âmbito do mensurável.

A astronomia floresceu na Índia antiga em meados do primeiro milênio d.C., pela mesma razão por que havia prosperado na Babilônia. Os indianos tinham um excelente sistema numérico, o que lhes permitia representar números muito grandes e muito pequenos com eficiência. Os astrônomos indianos também se valiam de tabelas de comprimento de triângulos. No entanto, em vez de usar cordas, compilaram tabelas com "meias-cordas". A meia-corda, ilustrada abaixo à esquerda, é também o lado de um triângulo retângulo no qual a hipotenusa é o raio do círculo, e o outro lado é a mediatriz perpendicular à corda. Meia-corda é um conceito mais conveniente para cálculos, uma vez que, como vimos antes, todos os triângulos podem ser reduzidos a triângulos retângulos. O sistema numérico indiano baseado em valor de posição, com sua eficácia na medição de comprimentos de triângulos, estendeu-se ao mundo árabe, e posteriormente chegou à Europa. Os símbolos numéricos que

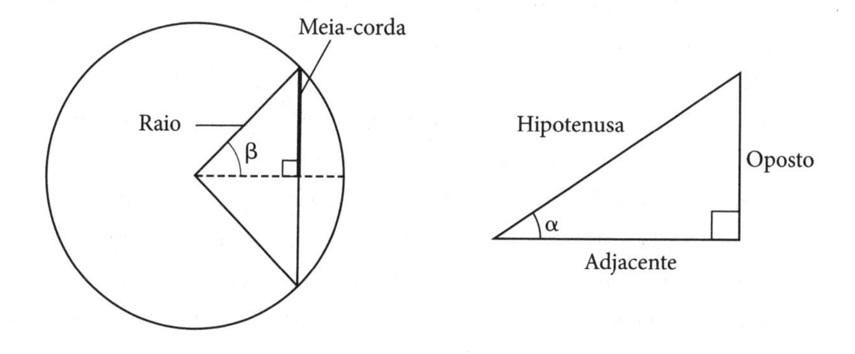

usamos hoje — os dígitos de 0 a 9 — originaram-se no sistema indiano, assim como a preferência da matemática moderna por meias-cordas.

No século VI a.C., Tales já tinha compreendido a mais importante propriedade dos triângulos, que sustenta tudo o mais que sabemos sobre eles: se os ângulos são iguais, as proporções entre os lados é a mesma.

Avancemos rapidamente 2 mil anos, e os matemáticos inventam três novos conceitos baseados nessa propriedade:

SOH-CAH-TOA!

Para os que esqueceram esse grito de guerra escolar:

$$\text{Seno} = \frac{\text{Oposto}}{\text{Hipotenusa}} \qquad \text{Cosseno} = \frac{\text{Adjacente}}{\text{Hipotenusa}} \qquad \text{Tangente} = \frac{\text{Oposto}}{\text{Adjacente}}$$

O seno, o cosseno e a tangente são chamados de "razões trigonométricas", e se aplicam a triângulos retângulos, como o que está ilustrado na página anterior à direita. Essas definições significam que o seno do ângulo α é o comprimento do lado oposto ao ângulo dividido pelo comprimento da hipotenusa; o cosseno de α é o comprimento do lado adjacente dividido pelo comprimento da hipotenusa; e a tangente de α é o comprimento do lado oposto dividido pelo comprimento do lado adjacente.

Se eu ampliasse o triângulo retângulo da ilustração a qualquer tamanho que eu quisesse, as proporções entre os lados continuariam as mesmas, o que significa que seno, cosseno e tangente de α, que escrevemos "sen α ", "cos α", e "tan α", são sempre constantes. As razões trigonométricas são como códigos ID para identificar com precisão os formatos dos triângulos retângulos: a forma é definida pelos ângulos internos e, como os ângulos são fixos, o seno, o cosseno e a tangente também são.

A conexão entre o seno e a meia-corda fica clara ao olharmos ambas as ilustrações da página anterior. O seno de β é $\frac{\text{oposto}}{\text{hipotenusa}}$, o que equivale a $\frac{\text{meia-corda}}{\text{hipotenusa}}$. Se o raio é 1, o seno de β *é* a meia-corda.

A etimologia da palavra "seno" se explica por sua passagem pela Índia. Em sânscrito, a meia-corda era *jya-ardha*, ou "corda-meia". Os árabes transliteraram isso como *jiba*, um termo que não significa nada, mas que soa um pouco como *jaib*, que quer dizer "busto", e que eles passaram a usar. Versões latinas de textos árabes traduziram *jaib* como *sinus*, a dobra da toga em cima do busto de uma mulher. *Sinus* resultou em "seno".

Eis uma pequena tábua trigonométrica. Ângulos "limpos" ou "redondos" nem sempre têm razões trigonométricas "limpas" ou "redondas". Entre 0º e 90º, o seno varia de 0 a 1, o cosseno de 1 a 0, e a tangente de 0 a infinito. Durante os séculos XV e XVI foram compiladas as primeiras tábuas trigonométricas, utilizando técnicas geométricas e aritméticas e preparando a cena para a idade de ouro do triângulo.

sen 1º = 0,0175	cos 1º = 0,9998	tan 1º = 0,0175
sen 10º = 0,1736	cos 10º = 0,9848	tan 10º = 0,1763
sen 30º = 0,5000	cos 30º = 0,8660	tan 30º = 0,5774
sen 45º = 0,7071	cos 45º = 0,7071	tan 45º = 1,0000
sen 60º = 0,8660	cos 60º = 0,5000	tan 60º = 1,7321
sen 90º = 1,0000	cos 90º = 0,0000	tan 90º = ∞

Com toda a tralha técnica fora do caminho, podemos começar a usar nossa nova ferramenta. Se queremos medir, por exemplo, a altura de uma árvore, podemos transformar isso num problema que envolve triângulos retângulos, como na ilustração na página 86.

Se P é um ponto no solo de onde se avista o topo da árvore, e α é o ângulo da linha visual, então:

$$\tan \alpha = \frac{\text{altura da árvore}}{\text{distância do ponto de vista à árvore}} = \frac{h}{d}$$

O que podemos redispor como:

$$h = d \times \tan \alpha$$

O que costuma ser anotado como:

$$h = d \tan \alpha$$

Um topógrafo da época do Renascimento teria sido capaz de medir α com um transferidor e um visor, e uma vez tendo α ele consultaria suas tá-

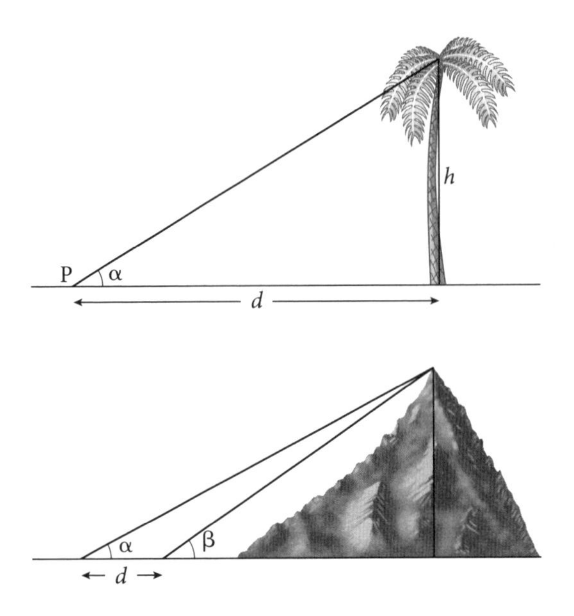

buas trigonométricas para encontrar tan α. Poderia medir d com uma fita métrica ou um pedaço de corda. *Voilà*: uma maneira de medir a altura de uma árvore sem sair do chão.

Para medir a altura de uma montanha, temos de fazer um desenho que inclua dois triângulos, acima ilustrados, uma vez que é impossível postar-se na base do triângulo diretamente embaixo do topo da montanha. O topógrafo resolve esse problema observando o topo da montanha de dois pontos diferentes, que estão na mesma linha do topo com os ângulos α e β. Ele, ou ela, mede também a distância d entre esses pontos. A altura da montanha pode ser calculada dos valores de tan α, tan β e d. (Mostro isso no Apêndice Três.)

As razões entre grandezas nos triângulos transformaram campos como a navegação e a guerra, uma vez que permitiram que se medissem distâncias entre objetos aos quais não se pode chegar sem se afogar ou levar um tiro. Também permitiram que o erudito árabe Al-Biruni obliterasse o registro de Eratóstenes para a circunferência da Terra. No século XI d.C., Al-Biruni estava numa fortaleza na Cordilheira do Sal, no Punjab, quando deparou com as características geográficas perfeitas para medir a altura de uma montanha: um pico elevado sobranceiro a um platô bem plano. Seria imperdoável não medir a altura do cume usando a trigonometria, e ele fez isso. Mas, em vez de empacotar suas coisas e seguir adiante, Al-Biruni subiu depois até o topo e mediu o ângulo entre sua vista horizontal e o horizonte, e marcou θ como na ilustração abaixo. Em seguida uniu o ponto no horizonte e o ponto no topo da montanha ao centro da Terra, para formar um triângulo retângulo, do qual ele deduziu que o raio da Terra é igual à altura da montanha multiplicada por $\frac{\cos\theta}{1-\cos\theta}$. (A demonstração também está no Apêndice Três.) Segundo seus cálculos, a Terra tem um raio de 6335 quilômetros, o que lhe dá uma circunferência de 39 800 quilômetros, o que é apenas 0,5% menos do que o valor correto, e quase dez vezes mais preciso do que fora a estimativa de Eratóstenes.

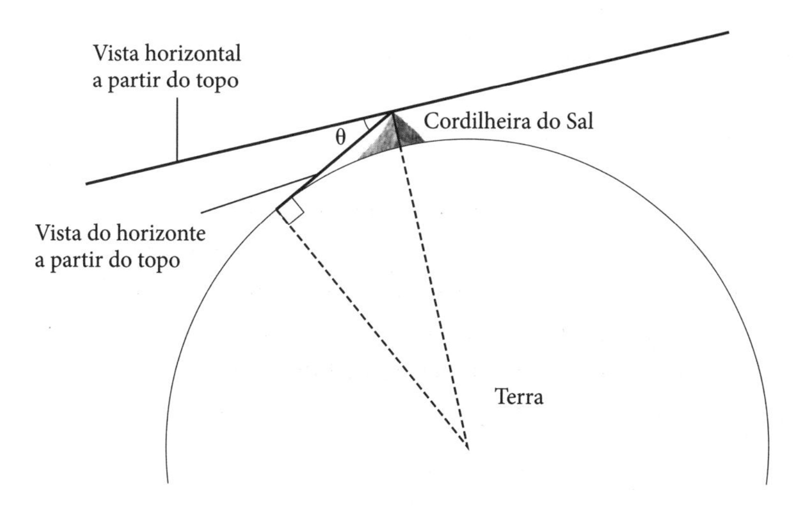

Medição do raio da Terra por Al-Biruni.

As razões nos triângulos foram fatores decisivos de mudança para arquitetos, astrônomos, cientistas, navegadores e soldados. Mais, também levaram a novos aspectos abstratos da matemática, lançando uma nova perspectiva para clássicos da geometria, como o teorema de Pitágoras. Refresque sua memória do teorema com a ilustração na página 78. O teorema estabelece que:

> $a^2 + b^2 = c^2$, em que c é a hipotenusa e a e b são os outros dois lados, os catetos.

Se dissermos que α é o ângulo entre b e c, então

$$\text{sen}\,\alpha = \frac{a}{c} \qquad \cos\alpha = \frac{b}{c}$$

Em outras palavras, $a = c$ sen α, e $b = c \cos \alpha$, que podemos substituir na equação de Pitágoras:

$$(c\,\text{sen}\,\alpha)^2 + (c\cos\alpha)^2 = c^2$$

que pode expandir-se para:

$$c^2\,(\text{sen}\,\alpha)^2 + c^2\,(\cos\alpha)^2 = c^2$$

que pode reduzir-se para:

$$(\text{sen}\,\alpha)^2 + (\cos\alpha)^2 = 1$$

Excelente! Temos aqui uma fórmula concisa que nos mostra como calcular o seno a partir do cosseno e vice-versa, sem precisar sequer pensar em desenhar um triângulo. É a mais simples das assim chamadas "identidades trigonométricas", equações que envolvem combinações de razões trigonométricas. Credita-se ao matemático árabe Ibn Yunnus, contemporâneo de Al-Biruni, a introdução do seguinte:

$$\cos\alpha \times \cos\beta = \frac{\cos(\alpha + \beta) + \cos(\alpha - \beta)}{2}$$

Essa fórmula foi uma sensação, embora tivesse levado quinhentos anos para que os matemáticos compreendessem por quê. A equação provê uma maneira de transformar a multiplicação, uma operação aritmética difícil, em adição, que é muito mais simples.

Imagine que queiramos multiplicar 0,2897 por 0,3165.

Ambos os números estão entre 0 e 1, e por isso pode-se dizer que existem ângulos com esses números como seus cossenos. Consultemos nossa tábua trigonométrica para encontrá-los. São:

$$\cos 73{,}160^\circ = 0{,}2897$$
$$\cos 71{,}548^\circ = 0{,}3165$$

Assim, podemos escrever:

$$0{,}2897 \times 0{,}3165 = \cos 73{,}160° \times \cos 71{,}548°$$

E a igualdade acima nos diz que essa multiplicação é igual a:

$$\frac{\cos(73{,}160 + 71{,}548)° + \cos(73{,}160 - 71{,}548)°}{2}$$

$$= \frac{\cos 144{,}708° + \cos 1{,}612°}{2}$$

Consultando as tabelas:

$$\frac{\cos 144{,}708° + \cos 1{,}612°}{2} = \frac{0{,}8162 + 0{,}9996}{2}$$

$$= \frac{0{,}1834}{2}$$

$$= 0{,}0917$$

que é a resposta desejada de nossa multiplicação, 0,2897 × 0,3165. A resposta é extremamente precisa. Faça a operação em sua calculadora e obterá também 0,0917, quando arredondadas as casas decimais.

O procedimento pode parecer um modo complicado de fazer uma multiplicação, mas no final do século XVI era de longe o método mais fácil. Em vez de ir escrevendo uma longa multiplicação, o que é trabalhoso e leva tempo, só é preciso consultar o livro com as tabelas, somar dois números, subtrair dois números, dividir por dois e olhar no livro novamente. Esse método é chamado de "prostaférese", do grego para soma e subtração, *prosthesis* e *aphaeresis*.

Inspirado na prostaférese, o escocês John Napier procurou um método ainda melhor de transformar a multiplicação em soma. Isso levou, em 1614, à sua descoberta do logaritmo. Em vez de multiplicar dois números, era possível somar seus logaritmos. Os logaritmos de Napier simplificaram ainda mais o processo de multiplicação, e a prostaférese ficou obsoleta. Mas, ainda por algumas décadas de glória, o triângulo — a quintessência da geometria — teve um duplo papel como arma secreta da aritmética.

* * *

Triângulos são úteis quando usados de forma individual, mas são especialmente dinâmicos quando jogam em equipe. Se você desenhar uma rede de triângulos, como ilustrado a seguir, e medir todos os seus ângulos, só vai precisar medir uma linha na rede para calcular os comprimentos de todas as outras. Suponha que a única linha da qual sabemos o comprimento seja a mais grossa, que tem o comprimento *l*. Uma identidade trigonométrica chamada regra do seno fornece uma fórmula para chegar aos demais comprimentos: $\frac{l \operatorname{sen} \beta}{\operatorname{sen} \alpha}$, e $\frac{l \operatorname{sen} \gamma}{\operatorname{sen} \alpha}$, em que α é o ângulo oposto à linha grossa, e β e γ são os outros ângulos. Cada novo comprimento pode ser utilizado para calcular dois novos comprimentos, e assim por diante até que todos os comprimentos na rede sejam conhecidos. O método funciona para todos os formatos de triângulo, não apenas os retângulos.

Em 1533, a matemática holandesa Gemma Frisius percebeu que essa técnica, a triangulação, era feita sob medida para a cartografia, uma vez que ângulos são muito mais fáceis de medir do que grandes distâncias ao longo das terras.[10] Sua ideia foi escolher pontos proeminentes numa paisagem, de modo que de cada ponto fosse possível ver ao menos dois outros, e transformá-los numa rede de triângulos. Os ângulos entre os pontos são medidos com o uso de um teodolito, que é essencialmente um transferidor circular

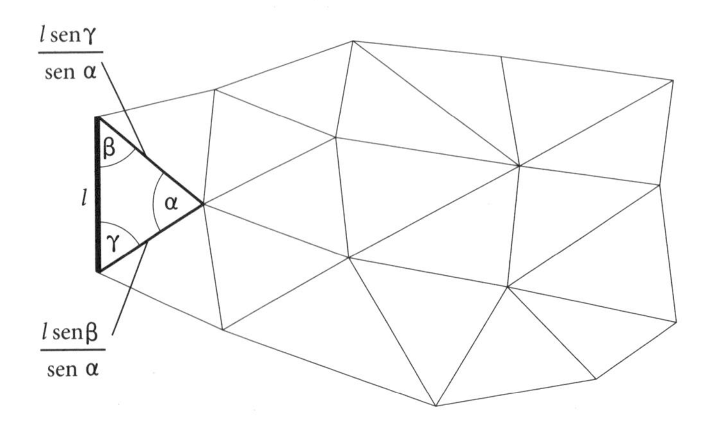

Triangulações.

sobre um suporte. Da medida de uma única distância numa rede, a linha-base, é possível, portanto, deduzir todas as outras distâncias, usando as tábuas trigonométricas, e a partir daí traçar um mapa preciso.

Em 1668, a França foi o primeiro país a realizar uma triangulação nacional. O mais difícil e singular desafio em qualquer triangulação é medir a linha-base. O abade Jean Picard utilizou um trecho retilíneo de onze quilômetros de estrada nos arredores de Paris, entre um moinho em Villejuif e um pavilhão em Juvigny, que mediu meticulosamente com varas de madeira. Dirigiu-se depois para o norte, usando marcadores como torres de relógio e topos de colinas como pontos para seus triângulos, medindo apenas os ângulos entre eles. Quando Picard chegou ao oceano Atlântico, descobriu que o litoral francês ficava significativamente mais a leste do que se pensava antes. "Seu trabalho custou-me uma grande parte de meu reino!", rosnou o rei Luís XIV. A triangulação de Picard continuou por mais um século após sua morte, até a França ficar coberta por quatrocentos triângulos. O decantado mapa da nação que daí se originou era mais detalhado do que qualquer outro feito antes, com quase a mesma escala dos mapas amarelos da Michelin hoje disponíneis para turistas hoje disponíveis.

Os franceses tinham um *amour fou*, um amor louco, por triângulos. Em 1735, Luís XV enviou duas equipes de trianguladores à outra extremidade da Terra para resolver uma premente questão científica. A Terra não é uma esfera perfeita. Debatia-se com veemência se ela era achatada nos polos, como uma toranja, ou achatada na linha do equador, como um limão, e isso era motivo de disputa entre os britânicos, que defendiam a primeira hipótese, e os franceses, que discordavam. Os franceses perceberam que poderiam deduzir o formato correto comparando a distância correspondente a um grau de latitude perto do polo norte e outro próximo à linha do equador. Se a Terra fosse uma esfera perfeita, a distância correspondente a um grau de latitude seria a mesma em todo lugar — a 360ª parte da circunferência terrestre. Os franceses enviaram uma expedição para a Lapônia norte e outra para o que hoje é o Equador, na América do Sul. A latitude era calculada em relação à posição das estrelas, no sentido norte na Lapônia e no sentido sul no Equador. Na extremidade de cada triangulação, eles usavam outra vez as estrelas para determinar a latitude. Depois de combater tempestades de neve e mosquitos na Escandinávia, e o mal-estar causado pela altitude nos Andes, as equipes descobriram que o arco era mais comprido na Lapônia. Os britânicos tinham razão ao escolher sua fruta: o mundo era realmente uma gigantesca *pamplemousse*.

Os franceses usavam o triângulo como um cavalo de batalha para seus avanços sociais e científicos. Para a Grã-Bretanha, por outro lado, era um instrumento do império. O Grande Levantamento Trigonométrico da Índia, que durou o século XIX inteiro, foi o maior empreendimento científico da época. Em vidas perdidas e dinheiro gasto, diz-se que superou muitas guerras contemporâneas da Índia. Partindo da extremidade sul, o levantamento avançou para o norte através da floresta, do planalto do Decã e das planícies do norte, antes de chegar ao Himalaia, sob o comando do coronel George Everest (pronuncia-se IVE-rest).[11]

Durante triangulações, são medidos tanto os ângulos horizontais como os verticais. A rede de triângulos é tridimensional, permitindo que topógrafos possam calcular tanto alturas como distâncias. No Himalaia, era do maior interesse conhecer as altitudes dos picos. Naquela época, Chimborazo, no Equador, medida pela triangulação francesa um século antes, era considerada a montanha mais alta do mundo. O Himalaia era conhecido por sua cobertura de neve e imponência, mas alegações de que seus picos eram mais altos do que os Andes eram descartadas como mais uma história fantasiosa do país dos encantadores de serpentes e dos truques com cordas. Essa perspectiva mudou quando o levantamento chegou a uma cordilheira de picos vertiginosos, e o mais alto deles nem sequer tinha um nome conhecido. Foi depois chamado de monte Everest, em homenagem ao coronel. É a montanha mais alta do mundo, cujo nome continuou, para sempre, a ser pronunciado de forma errada.

A primeira triangulação nacional britânica teve lugar entre 1783 e 1853. (O lugar no qual fica uma extremidade de sua linha-base é hoje um estacionamento no aeroporto de Heathrow, onde existe um pequeno monumento. Linhas-base e aeroportos gostam de terreno plano.) Um segundo projeto, o da "retriangulação", começou em 1935 e durou até 1962. A entidade encarregada, a Ordnance Survey, construiu mais de 6 mil *trigs*, pilares de concreto, nos vértices de cada um dos triângulos, o que proporcionou a base para um sistema reticulado que ainda é usado nos mapas oficiais.

A retriangulação ficou obsoleta quase de imediato. A necessidade de triangulações nacionais fundamentava-se na ideia de que os ângulos eram

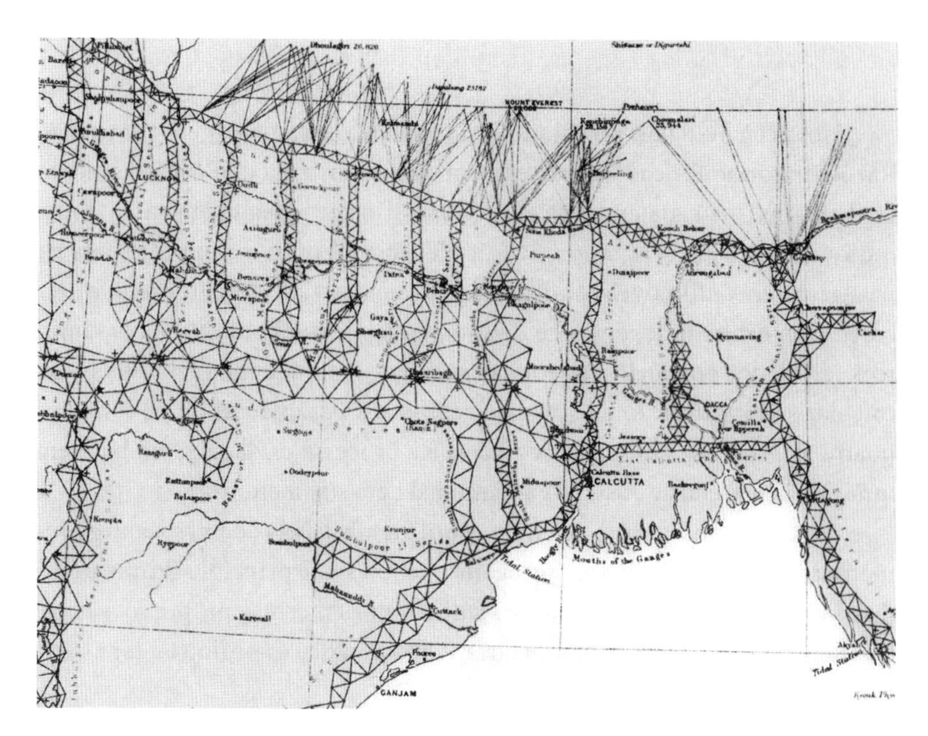

Seção nordeste do Grande Levantamento Trigonométrico da Índia, incluindo Kolkata (antes chamada Calcutá) e o Himalaia.

significativamente mais fáceis de medir do que as distâncias no terreno. Mas, na década de 1960, uma nova tecnologia permitiu a medição acurada de longas distâncias. Posicionando um transmissor de laser num ponto e um receptor em outro, o laser percorre a distância entre os dois na velocidade da luz. A distância da origem ao alvo é igual ao tempo transcorrido multiplicado pela velocidade da luz. Quando os topógrafos passaram a usar lasers, não precisavam mais de triângulos.

Os 6200 *trigs* remanescentes na Grã-Bretanha são hoje lugares de peregrinação, não só para "caçadores" de *trigs*, como Rob Woodall, mas para andarilhos de todas as denominações. A simplicidade geométrica dos pilares — obeliscos em forma de pirâmide com o topo achatado — lhes confere um encanto místico e atemporal que, depois da ação desgastante do tempo, faz você se perguntar se não foram os druidas que os colocaram lá, e não geógrafos.

* * *

Novas tecnologias, no entanto, continuam a se respaldar em triângulos. Razões trigonométricas são parte integrante do Sistema de Posicionamento Global (GPS, na sigla em inglês), a infraestrutura baseada em satélite que indica de forma precisa a localização de smartphones e computadores de navegação em automóveis, onde quer que estejam. Cada satélite na rede percorre uma órbita independente determinada por um conjunto de parâmetros calculados por meio de senos e cossenos. Para que meu telefone possa calcular sua localização, ele precisa receber os parâmetros de pelo menos quatro satélites. Quando isso acontece, ele processa os dados com base em uma tabela de senos e cossenos armazenada em sua memória.

Durante 2 mil anos os cientistas utilizaram tabelas de razões trigonométricas. Hoje em dia nós as carregamos no bolso. O princípio de que triângulos com os mesmos ângulos têm lados com as mesmas proporções entre eles foi usado na primeira demonstração matemática e continua a ser essencial na era da informação.

4. Cabeças de cone

Tomemos um triângulo retângulo e façamos um upgrade, girando-o em torno de um dos lados que formam seu ângulo reto. O objeto tridimensional assim produzido é um cone, um sólido com uma base circular e uma ponta aguda no topo. O formato não é prático: não se pode fazê-lo rolar como uma esfera, ou empilhá-lo como um cubo, embora historicamente o cone tenha encontrado um nicho de uso como acessório para a cabeça. Cultivadores de arroz vietnamitas, feiticeiros e alunos relapsos de castigo, todos usam chapéus pontudos. Até os gregos antigos usavam o *pilos*, um chapéu cônico feito de feltro ou de couro. Sua inclinação para os cones, no entanto, era mais uma questão de intelecto do que de vestuário, pois o cone é um tesouro da matemática.

Corte o cone com uma faca e você vai produzir uma dessas quatro formas curvas distintas: ou um círculo, ou uma elipse, ou uma parábola ou uma hipérbole. Essas curvas — conhecidas como "seções cônicas" — dependem do ângulo da lâmina. Um corte horizontal que atravessa o cone paralelamente ao círculo da base cria um círculo; um corte não horizontal que também o atravessa cria uma elipse; um corte paralelo à hipotenusa do triângulo que gerou o cone cria uma parábola, e todos os cortes verticais profundos geram uma hipérbole, como ilustrado a seguir. A análise das seções cônicas

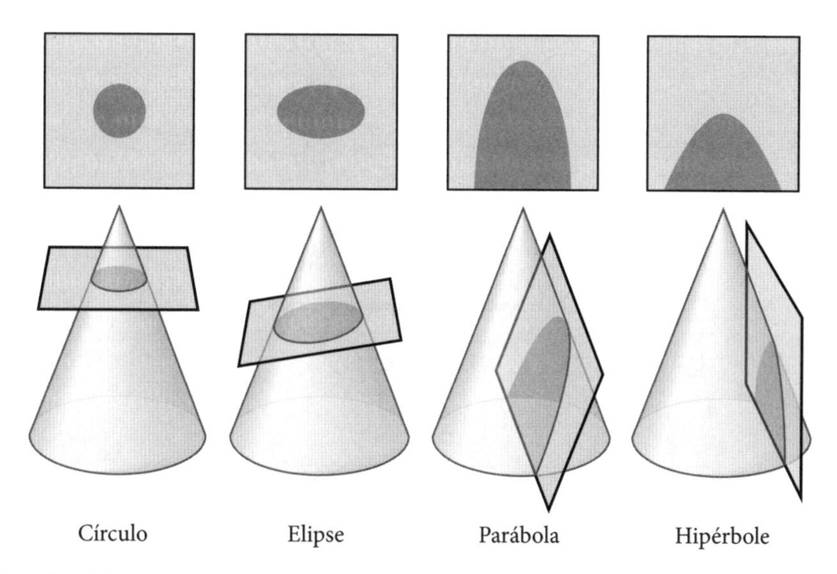

As seções cônicas.

foi um grande avanço da geometria grega e é um exemplo espetacular de um assunto estudado por seu interesse intrínseco que, milênios depois, constatou-se ter aplicações das mais momentosas. O humilde cone encerrava as respostas a questões fundamentais sobre o universo.

A circunferência é uma figura familiar, o lugar geométrico em que todos os pontos são equidistantes de um centro. Prenda com um barbante um lápis a uma tachinha e ele vai desenhar uma circunferência se o girar em torno da tachinha com o barbante bem esticado. Agora faça uma laçada de fio entre duas tachinhas, como ilustrado a seguir. O percurso de um lápis que vai circundando os pinos enquanto mantém o fio esticado desenha uma elipse. Todas as circunferências têm o mesmo formato, o que significa que, ao se tomar qualquer circunferência, pode-se encolhê-la ou expandi-la para que fique idêntica a qualquer outra. Elipses, por outro lado, podem ter muitos formatos, dependendo da posição relativa das tachinhas, cujos pontos são os "focos" da elipse. Quanto mais perto estão os focos um do outro, mais a elipse vai parecer uma circunferência. Se os focos se encontram num ponto só, a elipse *é* uma circunferência. Os mate-

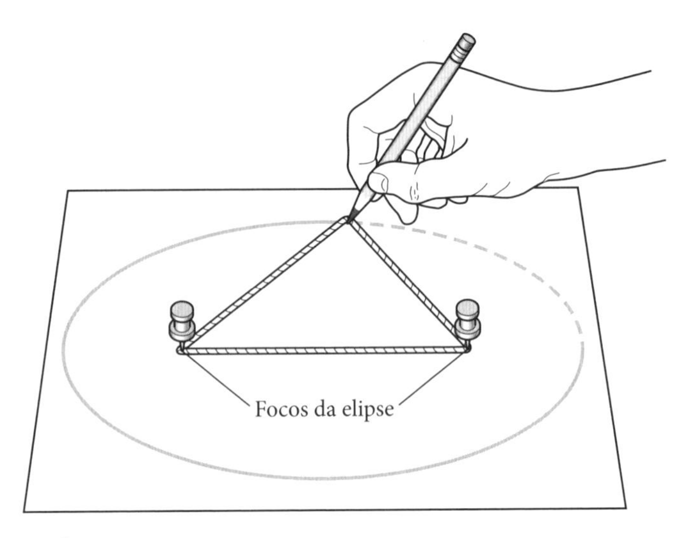

Desenhando uma elipse.

máticos, na verdade, relegaram a circunferência a um caso particular de elipse, que ocorre quando os focos coincidem.

Quando olhamos para uma circunferência de um certo ângulo, vemos uma elipse. Rodas, moedas, relógios, argolas, anéis e discos sempre parecem ser elipses, a menos que os observemos bem de cima, perpendicularmente, o que raras vezes acontece. Da mesma forma, toda elipse pode ser olhada de um ângulo tal que pareça ser um círculo. (Pegue este livro e o afaste para ver a circunferência se formar a partir das elipses destas páginas.)

A elipse tem uma propriedade geométrica de interesse histórico para os praticantes de esportes de salão. Se uma mesa de bilhar tivesse o formato de uma elipse, uma bola atirada de tabela de um ponto focal sempre vai, depois do ricochete, passar pelo outro ponto focal, qualquer que seja a direção em que foi atirada.[1] Essa característica tão interessante é consequência da seguinte propriedade: a linha reta de um foco a um ponto da elipse faz com a curva o mesmo ângulo que faz a linha desse ponto até o outro foco, como mostra a ilustração a seguir, à esquerda. Quando você faz uma bola ricochetear, o ângulo de incidência é igual ao de reflexão, como sabe muito bem quem quer que tenha passado giz num taco, e assim uma tacada a partir de um foco sempre ricocheteia na direção do outro.

No início da década de 1960, Art P. Frigo Jr., um estudante de ensino médio de Connecticut, construiu uma mesa de bilhar elíptica depois de

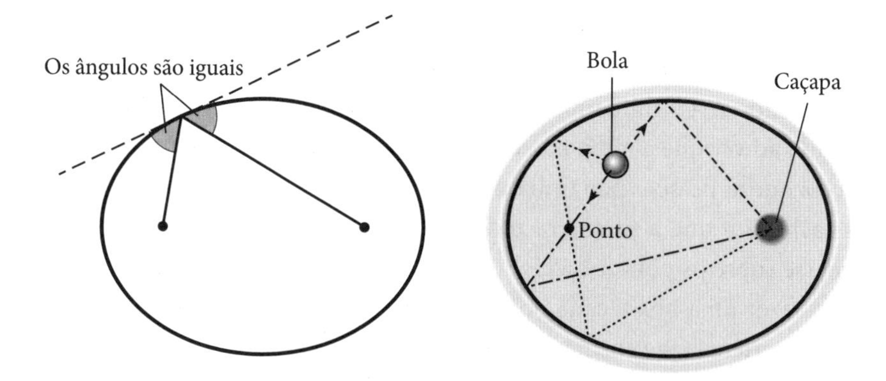

Linhas que vão da curva aos focos formam o mesmo ângulo, o que oferece aos jogadores de bilhar três traçados indiretos para encaçapar uma bola.

estudar as seções cônicas no clube de matemática de sua escola. A mesa de Art tinha um ponto preto num dos focos, uma caçapa no outro e nenhuma outra caçapa nas laterais. Se havia apenas uma bola na mesa, como ilustrado acima à direita, havia três maneiras de encaçapá-la sem mirar direto na caçapa: mirar diretamente no ponto preto, para que nesse caso a bola passasse pelo ponto, batesse na tabela, ricocheteasse e caísse na caçapa; ou no ponto preto mas na direção oposta, caso em que a bola também iria ricochetear para dentro da caçapa; e na direção oposta à da caçapa, para que a bola ricocheteasse uma vez, passasse pelo ponto preto e ricocheteasse mais uma vez antes de atingir o alvo. A mesa era uma máquina de encaçapar! Art sugeriu que um jogo de "eliptibilhar" começasse com uma bola branca e seis vermelhas na mesa. Esse formato heterodoxo abriu novos e fascinantes padrões de jogo.

Art construiu seu protótipo na escola e levou-o consigo quando se matriculou no Union College, em Schenectady. A mesa fez tanto sucesso na casa de sua fraternidade que foi parar no noticiário da TV. Ele depois a patenteou, e uma companhia de abrangência nacional ofereceu-lhe um acordo. "Eles receberam encomendas para 80 mil mesas. Eu tinha 21 anos e pensei 'vou ficar milionário'!", contou ele. A companhia contratou Paul Newman, que tinha acabado de estrelar *Desafio à corrupção*, para a campanha publicitária. Mas houve dificuldades. Levou quase um ano para as mesas chegarem ao mercado, e quando chegaram a madeira empenava facilmente. Foi feita uma versão mais robusta, que exigia o depósito de uma moeda para funcionar, distribuída em centenas de bares nas grandes cidades. Mas também não pegou.

Quando Art visitou um desses lugares para observar os jogadores, ficou chocado ao ver que a mesa não estava sendo usada. "Fiquei sentido quando percebi que as pessoas não tinham compreendido o jogo", disse ele. "As pessoas achavam que a mesa era redonda só para ser diferente. Se você não soubesse sobre os pontos focais, a bola não ia entrar. As pessoas não conseguiam fazer uma boa tacada porque não percebiam isso." Mas Art garante que a experiência lhe ensinara a forma como *não* lançar um produto, e mais tarde ele se tornou um empresário bem-sucedido do segmento de diamantes e esfregões. Art vive atualmente na Flórida e importa azeite de oliva.

A relação matemática entre os focos de uma elipse pode não ter conseguido incendiar a cultura americana de jogos de bar, mas teve uma notável aplicação na indústria da iluminação. Assim como uma bola de bilhar atirada de um foco ricocheteia para o outro, se uma fonte de luz é colocada no foco de uma elipse feita de material reflexivo, todos os raios de luz também serão refletidos para o outro foco. Quando se gira uma elipse em torno de seu eixo maior, obtém-se uma figura tridimensional chamada elipsoide. Ponha uma lâmpada num dos focos de uma cápsula em forma de elipsoide com a superfície interna revestida de material espelhado e você terá o principal componente de um holofote de palco. Não há meio melhor de criar um raio de luz preciso. A luz proveniente da lâmpada é refletida através do segundo foco, formando um raio luminoso concentrado que é então refratado através de uma lente. As aplicações ópticas das seções cônicas explicam a origem do termo "foco": é a palavra latina para "lugar de fogo", ou "lareira". Em alemão a etimologia fica mais clara: "foco" é *Brennpunkt*, ou "ponto de ardência".

Edificações com tetos elipsoidais têm propriedades notáveis porque um som gerado em um dos focos vai se refletir de todos os pontos do teto para o outro foco. O gigantesco domo do Tabernáculo Mórmon em Salt Lake City, por exemplo, foi construído deliberadamente com o formato de um meio elipsoide.[2] Se se deixar cair um prego no púlpito, que fica situado em um dos focos, isso será ouvido com nitidez no outro foco, a pouco mais de cinquenta metros de distância.

A matemática grega antiga perdurou por quase mil anos, desde Tales, em cerca de 600 a.C., até Pappus, a última de suas figuras significativas, por volta de 300 d.C.[3] Três homens estiveram sentados à mesa principal: Euclides, Arquimedes e Apolônio, a santíssima trindade dos matemáticos clássicos. Todos viveram no século III a.C. Vamos tratar de Euclides e Arquimedes mais adiante. Apolônio, o mais moço, estudou e ensinou em Alexandria e viveu também em Pérgamo, na Turquia, sede da segunda maior biblioteca do império grego. Apolônio é atualmente o menos celebrado dos três gigantes gregos, embora em seu tempo fosse conhecido como *Megas Geometris*, O Grande Geômetra. De seus muitos livros, apenas um sobrevive: *Cônicas*, um tratado sobre cones.

Em *Cônicas*, Apolônio demonstrou como um corte feito através de um cone produz os três tipos de seção e propôs os nomes para eles. A elipse vem do grego *leipein*, "deixar de fora", a parábola vem de *para*, "igual a", e a hipérbole vem de *hyper*, "mais que". (O sufixo *bola* significa "atirado de encontro a".)[4] Os nomes escolhidos por Apolônio se baseavam nas propriedades das áreas dessas curvas, o que é um tanto complicado para explicar aqui, mas podemos compreendê-los por analogia com o ângulo de corte, conforme ilustrado na página 97. Quando o ângulo de corte é menor que o da face, a seção é uma parábola e, quando é maior, é uma hipérbole. *Cônicas* contém 387 proposições, e não é um texto fácil, em parte porque Apolônio usa uma notação complicada, hoje obsoleta. Ainda assim, é uma realização imensamente significativa, considerada o ponto culminante da geometria grega. Ao investigar de maneira tão minuciosa as propriedades do cone, ele lançou o fundamento técnico para grandes avanços científicos de dois milênios a partir de então.

Apolônio declarou em *Cônicas*, em tom altivo, que ali estava um assunto que merecia ser estudado unicamente por prazer, embora também funcionasse em aplicações reais da matemática. Os primeiros observadores de astros tinham notado que os planetas não se moviam em linhas retas — eles vagueavam através dos céus, muitas vezes formando laços, na direção inversa. (A palavra "planeta" vem do grego *planetes*, "andarilho".) Platão tinha declarado que os planetas movem-se em círculos perfeitos, a figura mais simples e mais elegante, com base em sua certeza de que o mundo era construído com simplicidade e elegância geométricas, muito embora os dados sugerissem outra coisa. Sua proclamação lançou um desafio aos pensadores, para que explicassem os sinuosos movimentos celestiais por meio de algum tipo de combinação de movimentos circulares. Apolônio aceitou o desafio, concebendo um sistema que se tornou o modelo-padrão durante quase 2 mil anos.

A solução apoloniana para o movimento planetário fixa a Terra no centro do cosmo. Cada planeta está girando num pequeno círculo, chamado epiciclo, o qual ao mesmo tempo está girando num círculo maior, chamado deferente, que tem a Terra como centro, conforme ilustrado a seguir. O percurso orbital, que lembra uma toalhinha redonda rendada, parece desenhado por um espirógrafo, o brinquedo em que uma pequena engrenagem com uma caneta vai girando em torno de uma engrenagem maior. A órbita de um planeta que gira num epiciclo sobre um deferente tem momentos em que forma laços, o que explica por que ocasionalmente se tem a impressão de que planetas movem-se para trás. O sistema de Apolônio é condizente com os dados, com apenas alguns pequenos erros, que podem ser melhorados introduzindo-se um epiciclo extra no arranjo. Isso quer dizer que o planeta estaria submetido a três movimentos circulares: movendo-se em círculo, círculo esse que por sua vez gira num segundo círculo, que gira num terceiro círculo em torno da Terra.

No *Almagesto*, escrito no século II d.C., o astrônomo grego Ptolomeu descreveu um sistema de epiciclos sobre deferente que foi universalmente aceito como o modelo para o cosmo até Copérnico, no século XVI. Ninguém

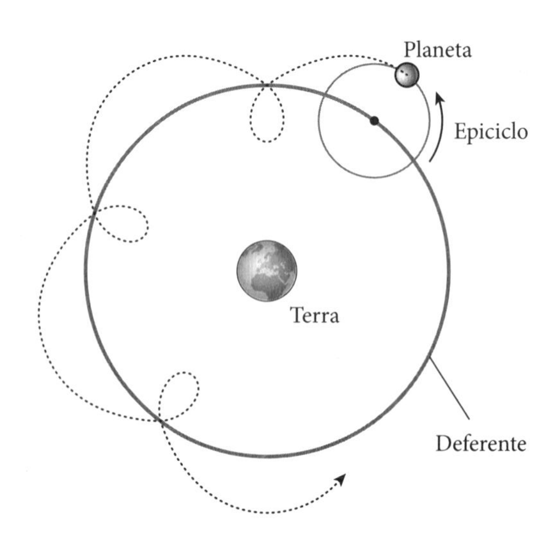

desafiou o programa ptolemaico, nem mesmo quando aprimoramentos nos métodos de medição exigiram o acréscimo de mais e mais epiciclos ao modelo. Em sua versão final, 39 ciclos e epiciclos explicavam os percursos de cinco planetas, do Sol e da Lua.[5] O sonho de Platão de uma elegância geométrica tinha se tornado uma desnorteante confusão, e o sistema foi criticado até mesmo pela Igreja como um desenho pouco inteligente. "Se o Senhor Todo-Poderoso tivesse me consultado antes de se envolver na Criação, eu lhe recomendaria algo mais simples", resmungou no século XIII o rei Alfonso X de Castela, também conhecido como *El Sabio*.

Hoje sabemos que Apolônio estava errado. Há um modelo mais simples para as órbitas planetárias. Chegaremos a isso um pouco adiante. Hoje, a expressão depreciativa "epiciclos sobre epiciclos" é usada para descrever um método científico ruim, a infindável tentativa de refinar uma teoria errada na esperança de que depois ela possa funcionar. O sistema de epiciclos, contudo, sustentou-se por tanto tempo porque cumpriu sua tarefa incrivelmente bem. De modo geral, uma teoria é abandonada quando se demonstra ser falsa. A teoria dos epiciclos, no entanto, nunca foi declarada falsa, porque não pode ser. De maneira notável, ciclos e epiciclos podem ser usados para descrever qualquer órbita fechada e contínua.[6] A ideia de Apolônio foi tão boa que ninguém precisou olhar em nenhuma outra direção.

Em 2005, os argentinos Christián Carman e Ramiro Serra decidiram descrever uma órbita descomunalmente complicada e descobriram o epiciclo que a produzia.[7] Escolheram uma imagem de Homer Simpson porque ele não se parece em nada com uma órbita e porque — dã! — é Homer Simpson. O megarrabisco apresentado a seguir representa o modelo da órbita homeriana. O círculo grande é o deferente, e o emaranhado de círculos menores contém 9999 epiciclos de vários tamanhos. O planeta está girando em torno do 9999º epiciclo, que está girando em torno do 9998º e assim por diante, até o primeiro epiciclo, que está girando em torno do deferente. No momento em que o planeta tiver completado uma revolução do deferente — quando terá completado duas em torno do primeiro epiciclo, três em torno do segundo e assim por diante, inclusive 10 mil revoluções em torno do 9999º epiciclo —, ele terá percorrido o caminho da figura no desenho. Carman e Serra ficaram "realmente empolgados e satisfeitos" quando fizeram isso funcionar. Platão também teria apreciado a poesia que há em Homer.

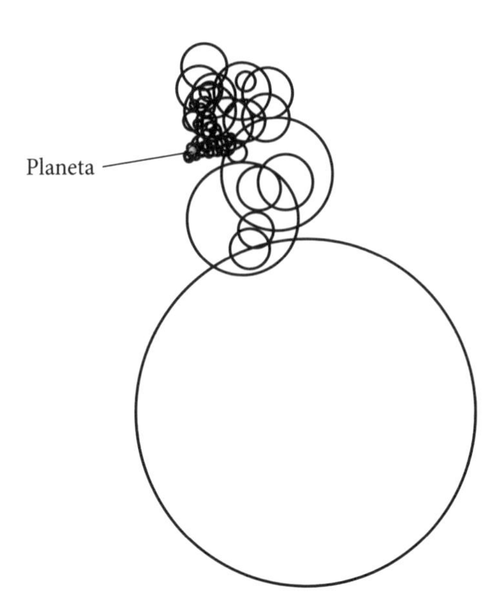

Parece Marge, mas é Homer: o percurso de um planeta cuja órbita é uma combinação desses 10 mil círculos é um retrato do paterfamilias *dos Simpsons.*

Às 4h37 do dia 16 de maio de 1571, na pequena cidade alemã de Weil der Stadt, Johannes Kepler foi concebido. Ele nasceu 224 dias, nove horas e 53 minutos depois, às 14h30 de 27 de dezembro. Conhecemos esses detalhes graças a um mapa astral que Kepler fez de si mesmo quando tinha 26 anos, no qual também revela que quase morreu de varíola, que suas mãos ficaram seriamente comprometidas, que enfrentava sofrimento contínuo por doenças de pele e que, aos 21 anos, perdeu sua virgindade "com a maior dificuldade possível, experimentando dores agudas na bexiga". Podem-se daí inferir os traços que definiram sua vida: hipocondria, introspecção, obsessão com os astros e amor aos números.[8]

Na época em que fez esse mapa astral, Kepler tinha publicado seu primeiro livro, *O mistério do cosmo*, no qual apresentava um modelo do sistema planetário baseado na revolucionária teoria de Nicolau Copérnico, proposta meio século antes, segundo a qual os planetas giravam em torno do Sol. Embora Copérnico tivesse abandonado o geocentrismo, ele ainda acreditava que os planetas moviam-se em epiciclos. Kepler reforçou essa concepção com um modelo no qual as órbitas de cada planeta encaixavam-se numa superestrutura de objetos geométricos, os sólidos platônicos — que são o cubo, o tetraedro, o octaedro, o icosaedro e o dodecaedro —, cada um de tamanho diferente, mas com o Sol no centro. O modelo estava errado, claro, mas *Mistério* serviu para firmar o nome de Kepler nos círculos eruditos e, quando o celebrado astrônomo dinamarquês Tycho Brahe foi construir um novo observatório nas cercanias de Praga, nomeou o jovem e ambicioso alemão como seu assistente.

Brahe era um aristocrata extravagante. Usava uma prótese de nariz feita de ouro e prata, depois que um primo decepara o original num duelo motivado por uma fórmula matemática. Ele também tinha um alce de estimação, que caiu morto depois de beber cerveja demais num jantar. No entanto, o dinamarquês era muito mais cuidadoso quando se tratava de seus dados astronômicos, tidos na Europa como os mais precisos e abrangentes já compilados. Ele encarregou Kepler de tentar compreender a órbita de Marte, o planeta cuja órbita mais se desviava do formato circular. O trabalho foi árduo e laborioso, envolvendo a criação de possíveis órbitas, o cálculo de posições previsíveis e a comparação com dados já observados. "Se esse método tão enfadonho lhe parece odioso", explicou Kepler depois, "deveria, mais propriamente, causar-lhe compaixão por mim, porque eu o repeti pelo menos setenta vezes."

Enquanto estava "em guerra com Marte", Kepler fez uma pausa para inventar a óptica moderna. Seu livro *A parte óptica da astronomia* inclui uma parte sobre espelhos em forma de seções cônicas: a elipse, a parábola e a hipérbole. Na verdade, foi aí que Kepler introduziu o termo "foco" para marcar o "ponto ardente" dos raios de luz refletidos. Quando voltou a Marte, exasperado por não ter conseguido descobrir um sistema de movimentos circulares combinados que correspondesse aos dados, Kepler por fim decidiu descartar a teoria dos epiciclos. Não estava muito otimista: "Eu tinha limpado as cavalariças do rei Áugias, a astronomia de ciclos e espirais", ele se lamentava, "e deixei atrás de mim apenas um único carrinho de estrume". Durante um ano, Kepler tentou com uma órbita no formato de um ovo, uma oval com um lado mais achatado e outro mais pontudo, apesar de considerar esse formato repugnante, nem um pouco simétrico ou harmônico. Em seus cálculos, no entanto, tinha usado uma elipse como uma aproximação dessa oval — um ponto de apoio geométrico que lhe era familiar devido a seu trabalho com seções cônicas na óptica. E então veio o estalo — o ponto de apoio podia se sustentar por si mesmo. "*O me ridiculum!* Como sou ridículo!", exclamou, "não há outra forma para uma órbita de planeta que não a perfeita elipse."

Originalmente, Kepler havia descartado a elipse como o formato correto da órbita de Marte por considerar a ideia simples demais para que os cientistas do passado tivessem deixado passar. E também porque seu conhecimento de que uma elipse tinha dois focos parecia contradizer a noção da unicidade do Sol, que teria de ser o único centro do sistema, e não um entre dois pontos arbitrários. Ele se deu conta então de que o Sol *está* em um dos focos e sua influência é que governa a velocidade orbital. (Não há nada no outro foco.) O planeta em sua órbita elíptica move-se mais rapidamente quando está mais perto do Sol, mas abarca áreas iguais em tempos iguais, como ilustrado a seguir. O filósofo Norwood Russell Hanson escreveu que a descoberta de Kepler foi o mais ousado exercício de imaginação já exigido na história da ciência. "Nem mesmo os abalos conceituais [do século XX] exigiram tal ruptura com o passado."[9] O modelo de epiciclos de Apolônio fora definitivamente suplantado pela elipse, uma curva à qual o próprio Grande Geômetra tinha dado o nome e cujas propriedades ele conhecia melhor do que ninguém.

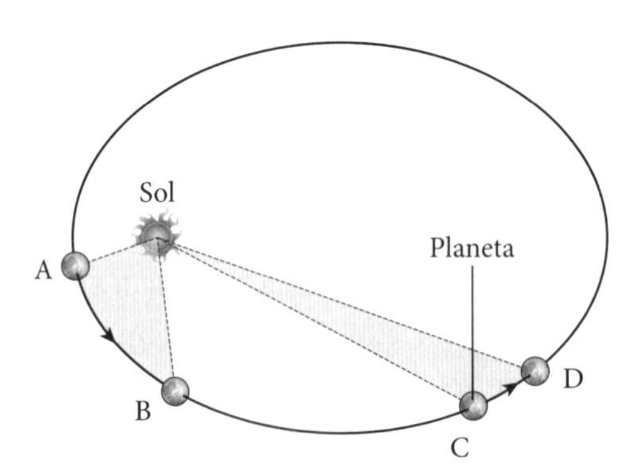

Percorrer a distância de A a B leva o mesmo tempo que a distância de C a D, uma vez que as áreas sombreadas são iguais. Portanto, um planeta move-se mais lentamente quando está afastado do Sol.

Em 1610, Kepler recebeu uma mensagem de Galileu Galilei, o eminente astrônomo que vivia além dos Alpes, na Itália:

smaismrmilmepoetale v m i b u n e n u g t t a v i r a s

Galileu tinha notícias animadoras demais para guardar para si mesmo, mas valiosas demais para serem passadas a qualquer outra pessoa, a não ser que isso beneficiasse suas próprias pesquisas. Ele as anunciou num anagrama, que estabelecia a prioridade da descoberta, mantinha os detalhes em segredo e evitava um comprometimento maior, caso estivesse errado.

Essa adivinha deixou Kepler louco, e ele tentou decifrá-la rearranjando as letras desarticuladas de modo que fizessem sentido: "*Salve umbistineum geminatum Martia proles*", ou "Salve, gêmeo ardente, prole de Marte", embora isso envolvesse uma não muito rigorosa latinização da palavra alemã "umbeistehen". Kepler ficou convencido de que seu rival descobrira que Marte tinha duas luas. Galileu decifrou mais tarde o anagrama como "*Altissimus planetam tergeminum observavi*", ou "Observei que o planeta mais distante tem um formato triplo". A descoberta afinal nada tinha a ver com Marte, mas com Saturno: o planeta apresentava uma saliência em cada lado, que hoje sabemos serem constituídas por seus anéis. No entanto, notavelmente, Kepler estava certo! Marte tem mesmo duas luas, Fobos e Deimos, que foram descobertas mais de dois séculos depois.

Mais tarde Galileu provocou Kepler com um segundo anagrama, mas dessa vez a mensagem fazia sentido. Era deliberadamente instigante: "*Haec immatura a me iam frustra leguntur — oy*", ou "Agora estou juntando comigo estas coisas imaturas, oy!". Kepler, de novo, encontrou uma solução que fazia sentido — "*Macula rufa in Jove est gyratur mathem etc*", ou "Existe uma mancha vermelha em Júpiter que gira matematicamente", e uma vez mais estava errado. O que Galileu estava de fato comunicando era "*Cynthiae figuras aemulatur Mater Amorum*", ou "A mãe de amor [Vênus] imita as figuras de Cynthia [a Lua]", querendo dizer que Vênus tinha fases, assim como a Lua. Mas a tradução equivocada de Kepler fora de novo profética. Cinquenta anos depois, os astrônomos verificaram que Júpiter realmente exibia um borrão sanguíneo, uma gigantesca tempestade conhecida como A Grande Mancha Vermelha.

Galileu e Kepler mudaram a imagem dos cientistas, de eruditos passivos para heróis descobridores. Com um só universo lá fora, eles queriam o crédito de tê-lo mapeado primeiro. Muitos outros depois de Galileu, inclusive Robert Hooke, Cristiaan Huygens e Isaac Newton, usaram o anagrama indecifrável como dispositivo para proteger sua propriedade intelectual, até que no século XVIII a publicação num periódico especializado tornou-se o método-padrão para anunciar o mais recente avanço científico.

Galileu aceitou a teoria de Copérnico de que a Terra orbita o Sol, embora recusasse a hipótese de Kepler de que as órbitas planetárias eram elipses.[10] No entanto, ele fez significativos progressos ao estudar o movimento de outros tipos de objetos esféricos. No verão de 1592, ainda um jovem professor de matemática, ele visitou seu amigo e patrono, o marquês Guidobaldo del Monte, em seu castelo nas proximidades de Urbino. O trabalho do marquês como inspetor das fortificações da Toscana significava que ele tinha especial interesse na trajetória das balas de canhão. Será que elas voavam em linha reta e depois descaíam em linha reta também, como conjecturava tradicionalmente a mecânica aristoteliana, ou faziam algum tipo de curva antes de chegar a seu destino?

Para descobrir, realizaram uma experiência tão simples que foi difícil acreditar não ter sido feita antes. Pegaram uma pequena bola de metal coberta de tinta e a lançaram diagonalmente num plano inclinado. O rastro que deixou atrás de si fazia um arco simétrico. Galileu constatou que os objetos se elevam exatamente como descaem; a trajetória de subida espelha a trajetória da queda, o que levou à conclusão de que o movimento pode ser separado em dois componentes, um vertical e um horizontal. Um objeto em voo sempre estará sujeito a um movimento vertical, que o puxa para baixo, e um movimento independente horizontal, que o puxa para frente. Galileu mais tarde realizou outros experimentos com balas entintadas e demonstrou que se um projétil é disparado horizontalmente de uma mesa:

i. o deslocamento horizontal é proporcional ao tempo decorrido. Assim, se um corpo viaja 1 unidade em um segundo, irá viajar 2 unidades em dois segundos, 3 unidades em três segundos e assim por diante;

ii. o deslocamento vertical é proporcional ao quadrado do tempo decorrido. Assim, se um corpo descai 1 unidade em um segundo, ele descairá 4 unidades em 2 segundos, 9 unidades em três segundos e assim por diante.

Do conhecimento que tinha de Apolônio e das seções cônicas, Galileu deduziu que a trajetória de uma bola lançada horizontalmente de uma mesa, como ilustrado a seguir, à esquerda, era uma parábola.[11] Quando um projétil é lançado num certo ângulo, como uma bola de basquete, ilustrada a seguir, à direita, a trajetória também é uma parábola, mas ela deve primeiro se elevar numa perna da parábola para depois cair na outra. A parábola é a assinatura de um objeto que se move livremente sob a ação da gravidade — o jato de uma fonte, o voo de uma flecha ou a curva que faz uma bola chutada para o ar. O romancista Thomas Pynchon descreveu o arco de fumaça parabólico deixado por um míssil alemão V2 como *O arco-íris da gravidade*, título de sua obra-prima, uma metáfora da ascensão e queda das culturas.

Durante quase 2 mil anos as seções cônicas foram consideradas o pináculo do pensamento matemático grego, deliciosamente curvilíneas mas sem aplicações práticas. Descobriu-se, ao mesmo tempo, que duas de suas aplicações haviam estado escondidas à plena vista. Os planetas viajam em elipses, e os projéteis viajam em parábolas. No final do século XVII, Isaac Newton demonstrou como ambos os resultados seguiam suas leis do movimento e da gravitação universal. Galileu e Kepler tinham estudado o mesmo problema em escalas diferentes. (Em termos estritos, uma pedra atirada ao ar está na verdade

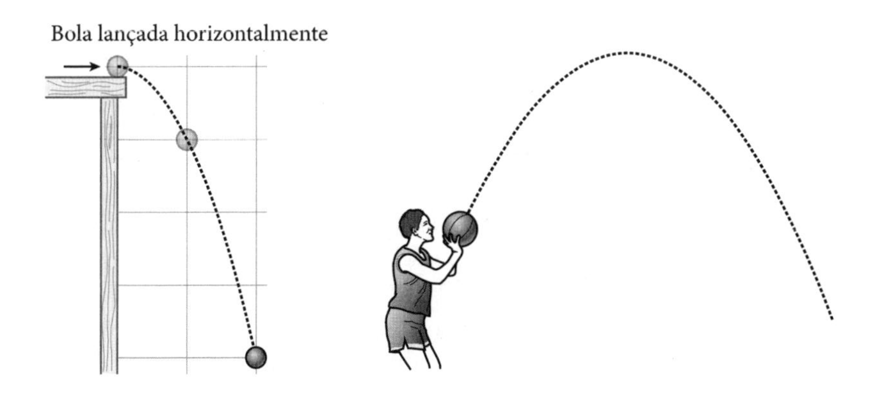

começando uma órbita elíptica da Terra, que ela completaria se a massa da Terra estivesse concentrada em seu centro. No entanto, a partir da perspectiva do atirador, podemos assumir que as pedras são atiradas em parábolas.)

Um fato importante e surpreendente sobre a parábola é que todas têm o mesmo formato. Qualquer parábola pode ser reduzida ou aumentada de modo a ficar idêntica a qualquer outra, assim como qualquer circunferência pode ser reproduzida em outra escala e ser idêntica a qualquer outra. Isso é consequência de nossa definição original das seções cônicas, explicada na página 96, de que cada ângulo de corte produz uma determinada forma. Para produzir o círculo e a parábola, só um ângulo é possível: horizontal para a circunferência, paralelo à inclinação do cone para a parábola. A elipse e a hipérbole podem ser produzidas a partir de muitos ângulos, por isso podem vir em muitos formatos diferentes.

A parábola pode ser definida de duas outras maneiras: como o lugar geométrico de todos os pontos que são equidistantes de um ponto fixo e de uma linha fixa, conhecidos respectivamente como foco e diretriz, ilustrados a seguir, à esquerda. E como a curva que reflete todos os raios de luz proveniente do foco em linhas paralelas, como ilustrado abaixo à direita.

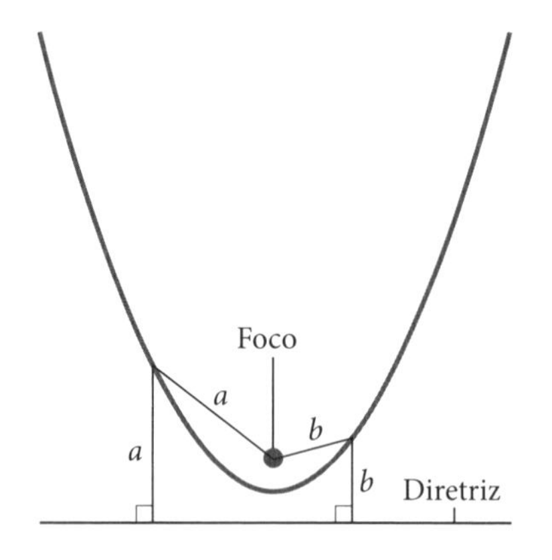

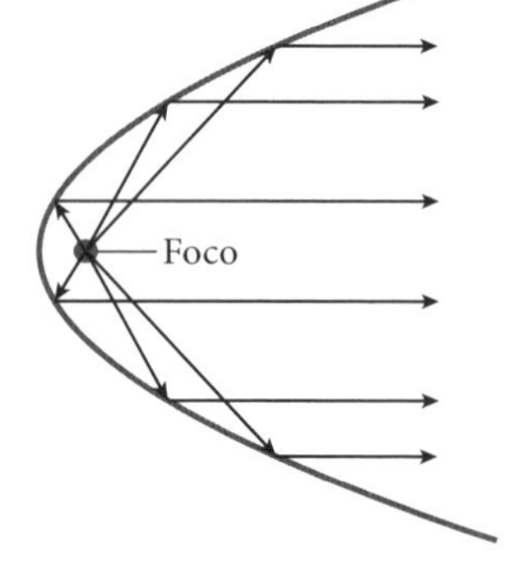

Geometria da parábola.

A primeira definição proporciona aos origamistas um modo simples de fazer uma parábola. Marque um ponto F numa folha de papel, como abaixo à esquerda. Tome um ponto arbitrário P na borda inferior do papel e dobre o papel de modo que o ponto P fique exatamente sobre o ponto F, como mostra a seta; desdobre o papel e marque a linha da dobra com uma linha pontilhada. Repita a operação várias vezes, a partir de outros pontos arbitrários sobre a borda inferior do papel. A curva formada pelos pontos de tangência das muitas linhas pontilhadas é uma parábola. Deixo aqui, como exercício para o leitor, pensar sobre como isso acontece. (Dica: cada dobra, ou seja, cada linha pontilhada, representa a linha dos pontos que são equidistantes do foco e do ponto arbitrário escolhido.)

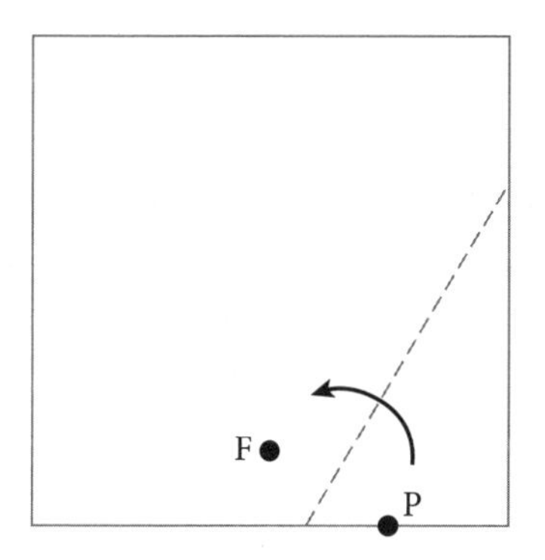

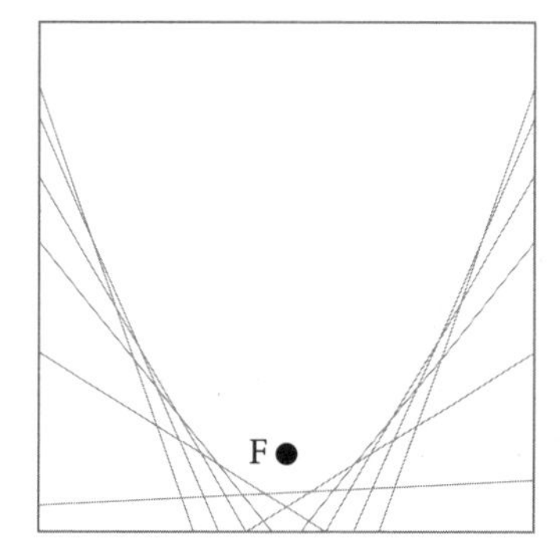

Dobrando uma parábola.

A segunda definição explica por que a parábola é a curva mais comum a ser encontrada numa loja de artigos de iluminação. Uma lâmpada colocada no ponto focal de um espelho parabólico vai refletir todos os seus raios luminosos em direções paralelas. Gire uma parábola em torno de seu eixo central e terá um paraboloide, que é o formato dos espelhos refletivos em projetores, lanternas e faróis de automóveis.

Funciona também no sentido inverso, raios paralelos de luz que entram num paraboloide vão se refletir na direção do foco. Assim, se o propósito de um refletor é concentrar os raios do sol — que são de fato paralelos, já que o Sol está a uma distância imensa —, uma espécie de concha parabólica é requerida. A tecnologia da energia solar baseia-se em paraboloides. O refletor

Scheffler, por exemplo, é um prato parabólico de metal comumente usado em países em desenvolvimento para cozinhar. O prato é apontado para o Sol e vai girando devagar para captar o máximo possível de luz solar à medida que o Sol se movimenta no céu, refletindo a luz sempre para o mesmo ponto, o foco, onde há um dispositivo para cocção. A mais poderosa fornalha solar do mundo é um espelho parabólico de 54 metros de altura em Odeillo, nos Pireneus franceses. Devido a seu tamanho, o espelho é estacionário, e em vez de girar recebe a luz solar refletida de 63 espelhos menores, planos e giratórios. Em seu foco há um alvo circular que em dias ensolarados pode atingir temperaturas de 3500°C, suficiente para fazer o chumbo ferver, derreter tungstênio e incinerar um javali.

Também se usam pratos parabólicos para refletir sobre um foco ondas eletromagnéticas e sonoras que chegam de objetos distantes, e eles são uma característica familiar na paisagem urbana: mais comumente, afixados nos telhados das casas de quem assiste a programas de TV transmitidos por satélite, mas também em torres de controle de voo e instalações militares. Espiões, engenheiros de som da TV e observadores de pássaros usam microfones parabólicos para captar sons muito baixos a muitos metros de distância. O princípio é sempre o mesmo. O paraboloide é a única forma que reflete ondas paralelas para um ponto fixo.

Em 1668, Isaac Newton construiu o primeiro telescópio "refletor", no qual os componentes principais eram espelhos e não lentes, como tinham sido os telescópios anteriores. Ele tinha se dado conta de que o melhor formato para o espelho principal era o paraboloide, embora fosse incapaz de construir um e, em vez disso, tivesse usado um espelho esférico. Mesmo com essa imperfeição, no entanto, o telescópio refletor era muito melhor do que os modelos anteriores, e a maior parte dos telescópios construídos desde o século XVII têm sido refletores.

Newton fez também uma descoberta sobre parábolas que originalmente só teve interesse teórico, mas que hoje é usada na indústria de telescópios. Quando se faz girar um recipiente cilíndrico contendo líquido, a superfície desse líquido toma a forma de um paraboloide. A força centrífuga faz com que o líquido se eleve junto à borda, criando uma depressão no centro cujo corte transversal tem o formato de uma parábola, do que se depreende que um método para fazer um espelho parabólico é fazer girar vidro derretido num recipiente e deixá-lo solidificar-se. O Grande Telescópio Binocular, atualmente o mais poderoso do mundo, foi construído assim. Ele contém dois espelhos parabólicos de 8,4 metros de diâmetro fabricados numa gigantesca fornalha rotativa num laboratório subterrâneo embaixo do estádio de futebol americano da Universidade do Arizona, em Tucson. Apesar de o laboratório só ser capaz de produzir um espelho por ano, a um custo de dezenas de milhões de dólares, o método é muito mais barato e rápido do que o de fabricar um espelho similar moendo vidro.

Ainda mais barato é o "telescópio de espelho líquido", construído em cima de um tambor rotativo contendo um líquido reflexivo. O Grande Telescópio Zenith, nas proximidades de Vancouver, tem um recipiente circular de seis metros de diâmetro cheio de mercúrio, que se transforma num espelho paraboloide quando se gira o recipiente. Ele é, de longe, o menos dispen-

O forno solar em Odeillo, França.

dioso dos grandes telescópios do mundo, mas tem uma grande desvantagem: o recipiente gira no plano horizontal, e assim o telescópio só pode apontar diretamente para cima, para o zênite.

Em 1637, o matemático francês René Descartes inventou o gráfico de coordenadas, que levou ao maior avanço na compreensão das seções cônicas desde Apolônio. Coordenadas cartesianas determinam uma posição no plano com referência a um eixo vertical e um eixo horizontal.[12] Cada ponto no plano é determinado por uma única coordenada, (a, b), a na dimensão horizontal e b na vertical, como abaixo ilustrado (i). A importância do gráfico de coordenadas foi permitir a descrição das curvas por meio de equações, e

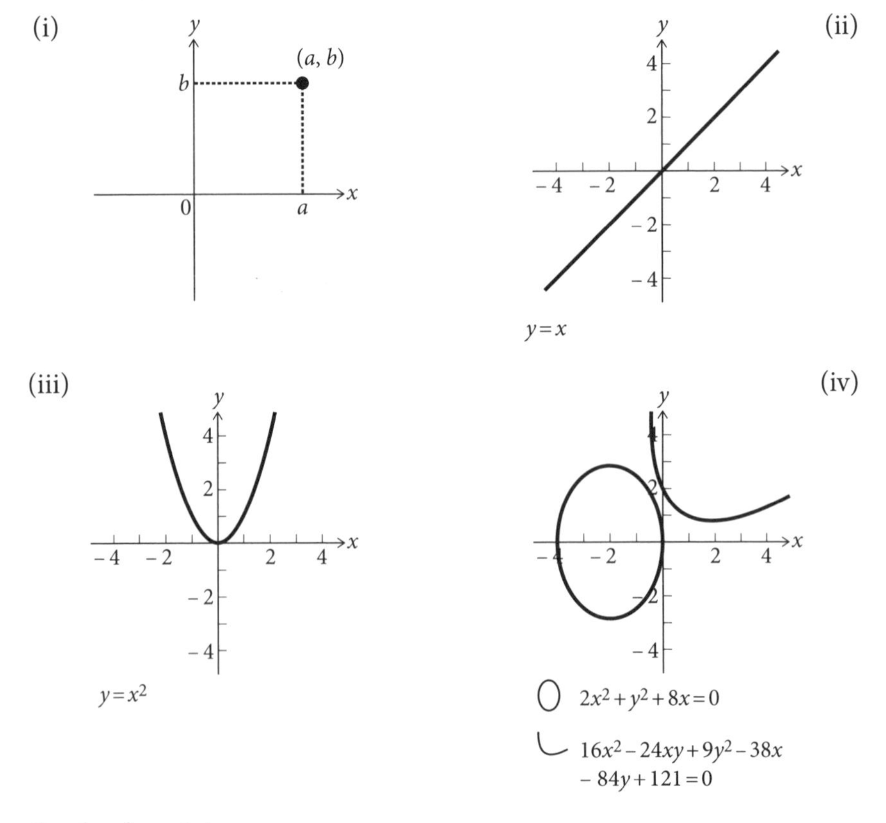

Coordenadas cartesianas.

descrever equações por meio do desenho de curvas. Forneceu, portanto, uma ponte entre a geometria — o estudo das figuras geométricas — e a álgebra — o estudo das equações —, que até então eram campos distintos nos estudos matemáticos.

Por convenção, escrevemos equações com as variáveis x e y, as quais, quando representadas num gráfico, referem-se respectivamente à posição na horizontal e à posição na vertical, em outras palavras, às coordenadas (x, y). A equação $x = y$, por exemplo, define todos os pontos (x, y) em que $x = y$. Inclui os pontos (1, 1), (2, 2), (3, 3), e está ilustrada em (ii). A equação $y = x^2$, por outro lado, representa todos os pontos em que $y = x^2$, e que incluem portanto as coordenadas (0, 0), (1, 1), (2, 4), (3, 9) e assim por diante. Essa curva, ilustrada em (iii), é uma parábola que toca o eixo horizontal na origem, ou (0, 0). Na verdade, como o currículo escolar dá mais atenção à álgebra do que à geometria — as seções cônicas, por exemplo, não são mais ensinadas —, nosso primeiro encontro com as parábolas se dá, usualmente, quando representamos em um gráfico as coordenadas de $y = x^2$. Talvez você as reconheça como um velho amigo, o U introdutório da matemática elementar.

A álgebra tem suas raízes na resolução de problemas práticos. Por exemplo, qual é a fórmula para a área do quadrado? Se considerarmos x o lado do quadrado e y sua área, a fórmula é $y = x^2$. Quando uma equação contém x^2 ou y^2, e nenhuma potência maior que x ou y, é chamada de "equação quadrática". Os babilônios conceberam seus próprios métodos de resolver equações quadráticas, particularmente em problemas concernentes ao cálculo de áreas. Por volta da época do Renascimento, equações quadráticas eram um conceito extremamente bem estudado. O que mais se poderia saber sobre elas?

Graças ao gráfico de coordenadas de Descartes, descobriu-se que as quadráticas representavam seções cônicas. Em outras palavras, cada equação quadrática descreve uma seção cônica, e cada seção cônica pode ser expressa por uma equação quadrática. Duas das mais pesquisadas e repisadas áreas da matemática não eram mais do que representações alternativas uma da outra. A equação quadrática geral $\mathrm{A}x^2 + \mathrm{B}xy + \mathrm{C}y^2 + \mathrm{D}x, + \mathrm{E}y + \mathrm{F} = 0$, em que A, B, C, D, E e F são constantes, e ao menos um entre A, B e C é diferente de zero, sempre é representada por uma seção cônica num gráfico de coordenadas, e vice-versa, toda seção cônica desenhada num gráfico pode ser expressa nessa equação da página 114. Na ilustração (iv), a equação para a elipse é $2x^2 + y^2 + 8x = 0$, e a equação para a parábola, que se apresenta diagonalmente na página, é $16x^2 - 24xy + 9y^2 - 38x - 84y + 121 = 0$.

Em meados do século XIX, o matemático alemão August Ferdinand Möbius descobriu uma impressionante propriedade da parábola $y = x^2$: essa curva era uma *Multiplicationsmaschine*, uma "máquina de multiplicar".[13]

Möbius tinha uma queda por "torceduras" geométricas — em sentido literal no caso da Fita de Möbius, um objeto feito de uma tira a que se aplica uma torção para depois unir as duas pontas, e mais abstratamente imaginando como uma parábola pode efetuar operações aritméticas. A técnica está ilustrada abaixo à esquerda. Para multiplicar $a \times b$, desenhe uma linha reta entre os pontos da parábola nos quais $x = -a$ e $x = b$. A resposta está no ponto em que a linha cruza o eixo dos y! Tudo que se requer é a habilidade para desenhar uma linha e identificar o ponto de interseção. Abaixo à direita incluí um exemplo: 2×3. A linha atravessa os pontos na parábola nos quais x é -2 e 3, e cruza o eixo dos y em 6. O método funciona para dois dígitos quaisquer. (Incluí uma demonstração no Apêndice Quatro.)

Möbius apresentou sua engenhosa máquina de multiplicar em 1841, numa nota de rodapé no respeitável *Journal für die reine und angewandte Mathematik*, o *Jornal de matemática pura e aplicada*. Nunca tornou a mencioná-la, mas a ideia de resolver problemas aritméticos usando geometria foi mais

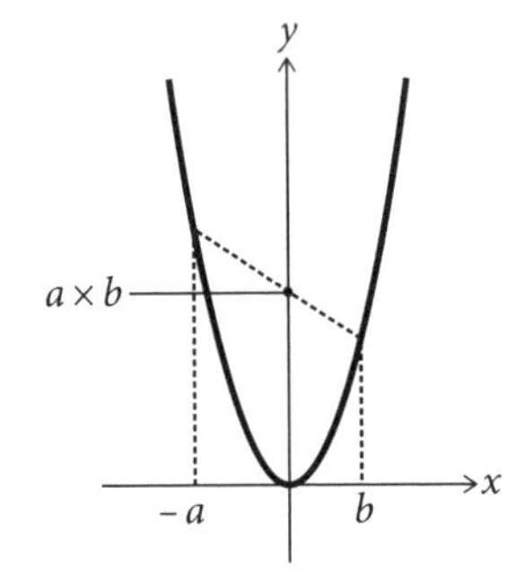

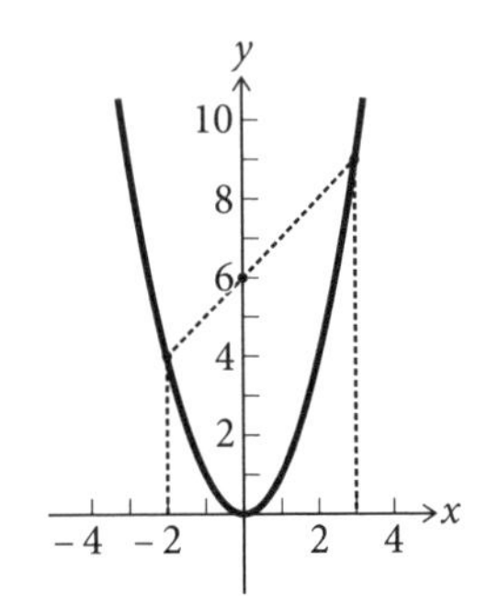

Como multiplicar dois números com uma parábola.

tarde reinventada por um jovem estudante de engenharia francês, Maurice d'Ocagne.[14] Ele descobriu que muitas operações, além de $a \times b$, podiam ser calculadas desenhando uma linha reta entre dois pontos num gráfico e lendo a resposta que ela apontava. Em 1891, d'Ocagne cunhou o termo "nomograma" para toda tabela que pudesse ser usada dessa forma numa computação, e projetou um grande número delas. Cada nomograma funciona para uma única fórmula. A fórmula na ilustração abaixo, que expressa a velocidade da água que flui através de uma abertura retangular numa barragem, onde V é a velocidade e h_1 e h_2 são as alturas das bordas superior e inferior da abertura, é resolvida pelo nomograma que a acompanha, que é de 1921. Uma linha reta que passa pelos valores de h_1 e h_2 na linha curva vai encontrar o valor correto para

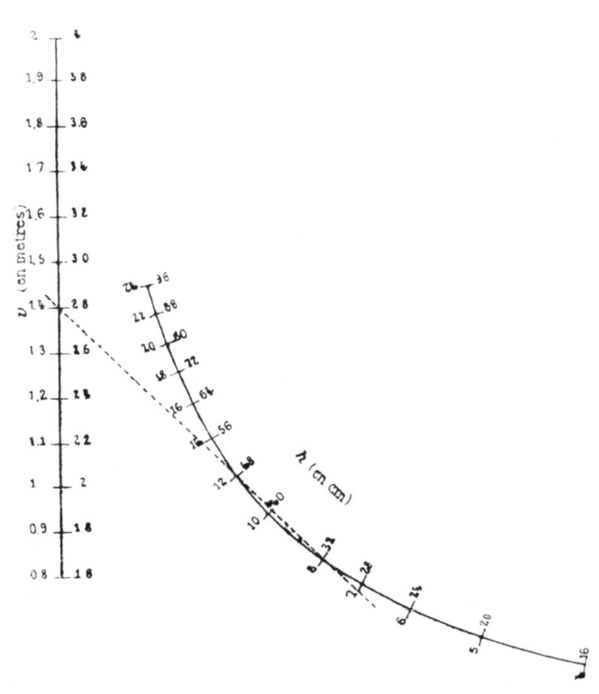

Antes da invenção das calculadoras portáteis, era comum fazer cálculos com a ajuda de dispositivos chamados "nomogramas". Este, de 1921, calcula o fluxo de água numa barragem.

V na linha vertical. Tudo de que se precisa para resolver a complicada equação é uma régua e uma mão firme. O nomograma eliminou a necessidade de cálculos laboriosos e demorados. Eles foram amplamente usados em engenharia e assuntos militares até a década de 1970, quando as calculadoras eletrônicas os tornaram instantaneamente obsoletos. Engenhosa, prática — e muitas vezes bela —, a nomografia é agora uma arte esquecida.

A hipérbole destaca-se das outras seções cônicas porque é composta de duas partes.[15] Para entender isso, precisamos voltar a nossas definições dos cortes feitos através de um cone (ver página 96). A imagem completa revela que a hipérbole é um corte de um cone duplo, em que um segundo cone apoia-se, invertido, no vértice do primeiro. No caso da elipse e da parábola, o ângulo de corte faz com que o corte nunca chegue ao vértice do cone. Por sua vez, os ângulos que produzem as hipérboles sempre cortam ambos os cones, o de cima e o de baixo, como mostra a ilustração (i) abaixo, produzindo um par de ramos simétricos em forma de U.

A hipérbole introduziu na geometria um novo e encantador conceito: a "assíntota", outro termo cunhado por Apolônio. Uma assíntota é uma linha reta que, prolongada ao infinito, aproxima-se cada vez mais de uma curva sem nunca tocá-la. A hipérbole é emoldurada por duas assíntotas que se interceptam, como na ilustração (ii). Cada seção aberta da curva está se dirigindo constantemente para a assíntota, mas a curva e a linha não irão se

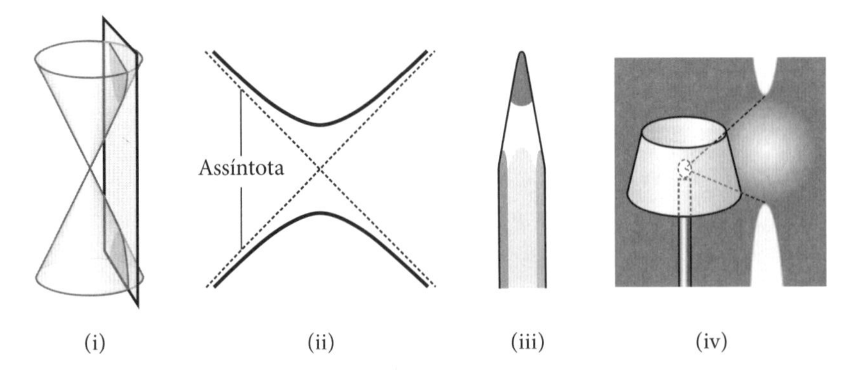

Hipérboles.

encontrar em ponto algum. "Creio que se o geômetra tivesse consciência desse desesperançado e desesperado esforço da hipérbole para unir-se com suas assíntotas", escreveu o pensador espanhol Miguel de Unamuno, "ele nos apresentaria a hipérbole como um ser vivo, e um ser trágico!" Frequentemente podemos ver a hipérbole em nossas casas. É o formato das corrugações arqueadas de um lápis apontado (a ponta é o cone; o lado achatado é o corte), e da sombra projetada por um abajur (o raio é o cone, a parede é o corte), ilustrados em (iii) e (iv).

A hipérbole tem dois focos, assim como a elipse. Uma boa maneira de pensar uma hipérbole é como uma elipse que se dirige ao infinito em uma direção e volta de lá na outra. Podemos também definir a hipérbole pelas propriedades de seus pontos focais, como fizemos com a elipse. A hipérbole é o caminho de um ponto cujas distâncias entre dois focos têm uma diferença constante, enquanto na elipse elas têm uma soma constante. Na ilustração abaixo à esquerda, a é a distância de um ponto P qualquer para um dos focos, e b é a distância de P para o outro foco. A hipérbole é o lugar geométrico de P quando $(a - b)$ é um valor fixo. Considerando $(b - a)$, temos o outro ramo. Podemos também definir a hipérbole pelo comportamento da luz. Os raios luminosos de uma fonte concentrados num foco serão refletidos de um espelho hiperbólico na direção oposta para o outro foco, ilustrado abaixo à direita. Os telescópios Ritchey-Chrétien, os tipos mais comuns de grandes telescópios astronômicos, contêm espelhos hiperbólicos.

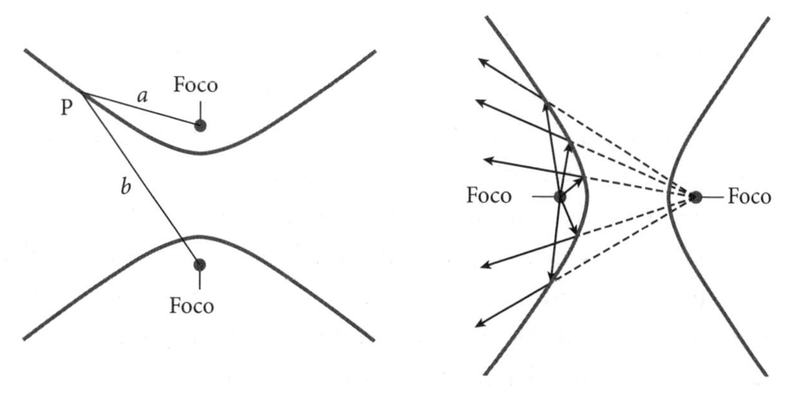

Geometria da hipérbole.

Apresentei aqui métodos de fazer uma elipse e uma parábola, portanto, sinto-me obrigado a estender esse prazer à hipérbole. Desta vez vamos construir um modelo em três dimensões. Vamos criar um hiperboloide, uma figura que parece um tamborete de plástico da década de 1970, que é o que se obtém quando se gira uma hipérbole em torno de seu eixo, como ilustrado abaixo (i). Para a construção, precisamos de dois círculos de cartão e vários pedaços de fio. O primeiro passo, ilustrado abaixo (ii), é atravessar os fios de um círculo a outro para delinear um cilindro. O segundo passo, abaixo ilustrado (iii), é girar um dos círculos. A forma que aparece é de um hiperboloide.

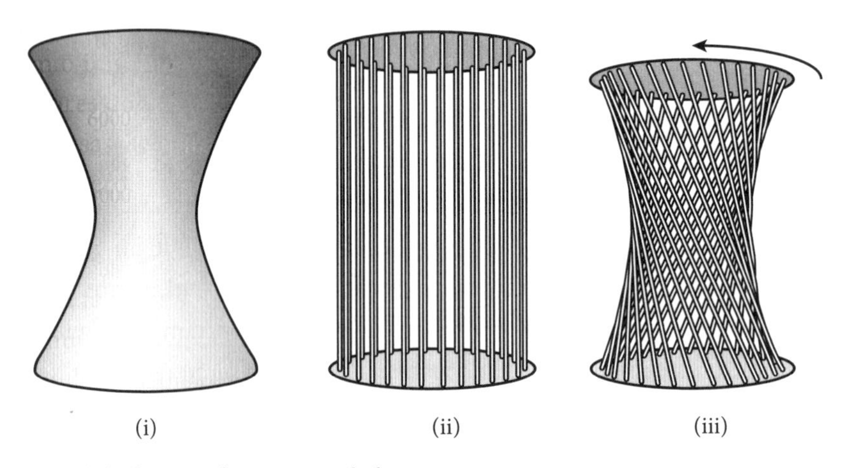

Um hiperboloide e como fazer um usando fios.

No século XVII, o jovem professor inglês de astronomia Christopher Wren viu numa vitrine um cesto redondo de vime de um modelo semelhante ao de fios ilustrado acima. Isso levou-o a perceber uma incrível propriedade dos hiperboloides: apesar de a superfície ser lisa e curva, ela consiste unicamente de linhas retas.[16] Wren enxergou de imediato como esse fato poderia ser usado para construir hiperboloides de material sólido usando só uma lâmina reta. Imagine uma peça cilíndrica de barro numa roda de oleiro. Apoie a lâmina no cilindro formando uma diagonal de modo a fazer uma leve endentação no barro. Se mantiver a lâmina na mesma posição enquanto faz girar a roda de oleiro, depois de uma rotação o cilindro de barro será um hiperboloide. Wren estava interessado em fabricar lentes hiperboloides. Ele não imaginava que, séculos depois, sua descoberta da propriedade das linhas retas dos hiperboloides seria amplamente usada na arquitetura, o campo no qual ele se tornaria muito mais conhecido.

No século XIX, o professor de matemática francês Théodore Olivier desenhou vários modelos de hiperboloides formados e os relacionou com formas cônicas em três dimensões para usar como material didático. Feitos de peças de madeira e metal e fios coloridos, eles se tornaram material bastante requisitado nas universidades. Muitos acabaram sendo exibidos no Museu de Ciência de Londres, onde, em 1930, fascinaram tanto o artista britânico Henry Moore que ele começou a usar fios em suas esculturas.[17] "Não foi o estudo científico desses modelos, mas a possibilidade de olhar através dos fios, como se fosse uma gaiola de passarinhos, e enxergar uma forma dentro de outra, que me deixou empolgado", ele explicou. Os modelos de fio de Olivier são objetos

Resfriando com hiperboloides.

bonitos que hipnotizam como se fossem ilusão de óptica, apresentando objetos curvos que, analisados mais de perto, são formados por linhas retas. (A coleção particular de modelos de Olivier é hoje propriedade do Union College, em Schenectady, onde anos depois Art Frigo lançou seu eliptibilhar.)

O círculo superior no modelo de fios ilustrado na página 120 é girado no sentido anti-horário, de modo que os fios da frente se inclinem como um \. Se o círculo fosse girado num ângulo igual na outra direção, um hiperboloide idêntico teria sido produzido, no qual os fios da frente se inclinariam como um /. Para que um cesto de vime hiperboloide seja sólido, ele será feito de varas que se inclinam nas duas direções. Numa escala maior, um hiperboloide feito de uma treliça de vigas de metal será excepcionalmente robusto, o que provê uma técnica de construção de estruturas curvas muito grandes usando apenas vigas retas. O primeiro hiperboloide em arquitetura foi uma torre d'água de 37 metros de altura construída em NizhnyNovgorod, na Rússia, em 1896, e muitas mais se seguiram. Torres de refrigeração feitas de concreto em estações de força são hiperboloides, como a torre de Cantão, em Guangzhou, com seiscentos metros de altura, a quarta mais alta estrutura autônoma do mundo.

Apresentei a hipérbole por último, mas é a única seção cônica que já tínhamos visto antes. Quando duas propriedades são inversamente proporcionais uma à outra, como a frequência de uma palavra e sua classificação no texto de *Ulysses*, de James Joyce, sua relação matemática pode ser expressa como $y = \frac{k}{x}$, em que k é uma constante. Essa equação, representada a seguir, descreve uma hipérbole, cujas assíntotas são os eixos horizontal e vertical. Muitas leis naturais envolvem propriedades que são inversamente proporcionais uma à outra — como a lei de Boyle, por exemplo, que declara que a pressão de um gás é inversamente proporcional a seu volume —, tornando assim as hipérboles ubíquas na ciência. O termo "cauda longa", tão comum na estatística, é um eufemismo para a hipérbole e sua assíntota.

Começamos este capítulo definindo as seções cônicas exatamente assim — as seções num cone —, e então vimos as propriedades de cada uma individualmente. Vamos encerrá-lo com uma definição final e abrangente: as seções cônicas são curvas em que as distâncias entre um ponto (o foco) e uma linha

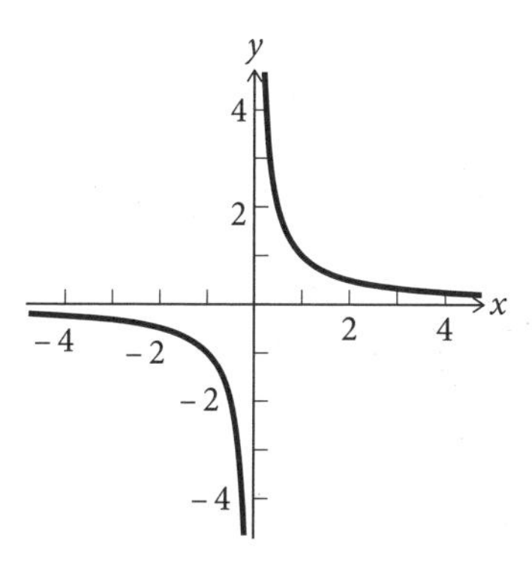

A curva $y = \frac{1}{x}$ *é uma hipérbole.*

(a diretriz) têm uma razão constante. Quando a razão das distâncias $\frac{\text{curva ao ponto}}{\text{curva à linha}}$ é maior do que 1, o que significa que a curva sempre está proporcionalmente mais próxima da diretriz do que do foco, temos uma hipérbole, como ilustrado na págnia seguinte. Quando a razão é 1, temos uma parábola, e quando é menor do que 1, temos uma elipse. Essas razões são mais conhecidas como as "excentricidades" de cada curva, já que elas medem o quanto as curvas se desviam do círculo. Na ilustração, as três curvas têm o mesmo foco, F, e a mesma diretriz. A elipse tem excentricidade 0,75 e a hipérbole 1,25.

Agora imagine que você é um astrônomo, e que a ilustração é um modelo do sistema solar. O ponto F será o Sol. As seções cônicas com F como foco são o conjunto de todas as órbitas celestiais possíveis.

Planetas orbitam em elipses: a órbita da Terra tem excentricidade 0,0167, muito próxima do círculo. Quanto mais rapidamente um objeto viaja ao longo de sua órbita, maior a excentricidade. O cometa Halley, por exemplo, tem duas vezes a velocidade orbital da Terra. Sua órbita parece uma prancha de surfe, com o Sol no nariz, que é a razão pela qual sua órbita, que dura 75 anos, o faz ficar distante demais para ser visto a olho nu. A excentricidade da órbita do cometa é 0,967, quase chegando a ser uma parábola. Quando a excentricidade de um cometa *é* 1, sua órbita é uma parábola, o que quer dizer que passam perto do Sol uma vez em suas vidas, e depois se afastam do sistema solar para sempre. Já quando sua excentricidade é maior que 1, sua órbita é uma hipérbole. Esse tipo é raro, no entanto, e os únicos localizados têm velocidades só uma pequena fração mais altas que a neces-

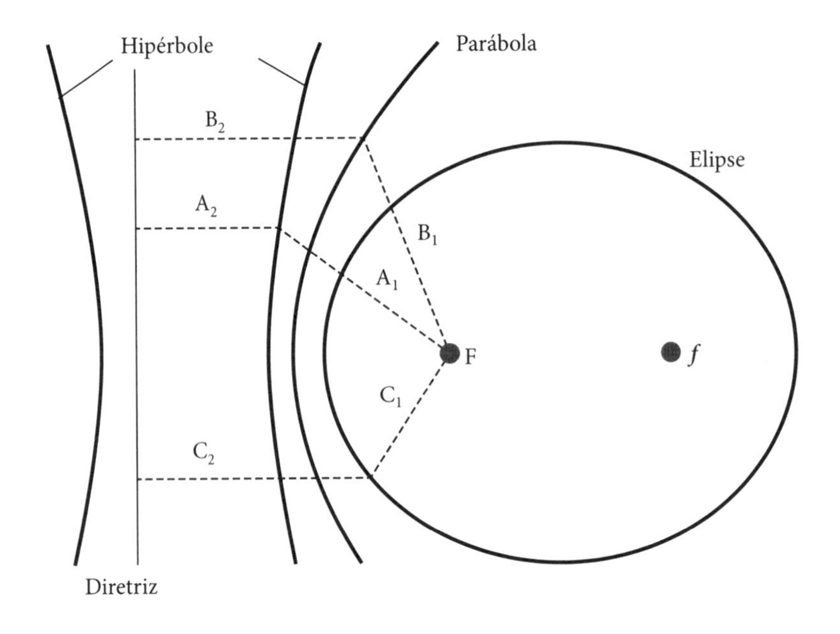

Seção cônica	Hipérbole	Parábola	Elipse	Círculo
Excentricidade	$\frac{A_1}{A_2} = k > 1$	$\frac{B_1}{B_2} = 1$	$\frac{C_1}{C_2} = k < 1$	0

As seções cônicas: uma família de excêntricos.

sária para que escapem da órbita elíptica. O cometa C/1980 E1, localizado em 1980, tem uma excentricidade de 1,057, a maior já registrada.

Imagine que a diretriz e o foco F no diagrama sejam fixos. Vejamos o que acontece com as seções cônicas conforme variamos a excentricidade. Quando a excentricidade é 0, a curva é um ponto em F. Agora mova lentamente a excentricidade de 0 para 1. Uma elipse aparece, e vai crescendo e crescendo. Como F é fixo, o outro foco, *f*, vai se mover para a direita conforme a elipse cresce. Quando a excentricidade é 1 — *ping!* —, a elipse se transforma em parábola e *f* está no infinito. Quando a excentricidade é maior que 1, a curva se torna uma hipérbole, e *f*, o segundo foco, aparece do lado esquerdo da página. Conforme a excentricidade aumenta, as curvas são todas hipérboles, e *f* continua a se mover para a direita. Johannes Kepler, em *A parte óptica da astronomia*, foi o primeiro a sugerir que as seções cônicas vão se transfigurando umas nas outras desse modo. Como muitas de suas ideias, essa foi um divisor de águas: uma nova perspectiva em relação a dois conceitos com os quais os cientistas e os filósofos vinham tendo dificuldade até então — o do contínuo e o do infinito. Foi um passo importante para uma nova maneira de encarar a matemática. Voltaremos a esse grande alemão e à maneira como tratou essas ideias num momento posterior, quando discutirmos o cálculo infinitesimal.

As seções cônicas são um grande legado da matemática grega. Simples de traçar, observáveis em toda parte, tema de belas teorias e aplicações atemporais. Posso ter dado a impressão de que o círculo é o menos interessante dos tipos de elipse. Longe disso. O círculo merece um capítulo só para ele.

ff

5. Que venha a revolução

O círculo é a encarnação da perfeição geométrica: suave e homogêneo em todos os seus pontos, harmonioso e simétrico. É o lugar geométrico dos pontos equidistantes de um centro, a mais simples figura bidimensional que existe. Mas, quando dividimos a distância *em torno* do círculo (a circunferência) pela distância *através* dele (o diâmetro), ouvimos um grito:

3,14159265358979323846264338327950288419716939937510582097494459230781640628620 8...

Esse número, o valor numérico da circunferência dividido pelo do diâmetro, é constante para todos os círculos, e seus dígitos decimais continuam para sempre, indefinidamente, com indomável insubordinação. No século XVIII o número recebeu um nome próprio e um símbolo, pi, ou π, e tornou-se um ícone transcultural, a constante mais famosa na ciência e metáfora para a inescrutabilidade do universo. Todos o aprendem na escola, e para muitos é a única coisa de que se lembram da matemática.

E agora vem a questão.

Pi está errado.

O cálculo está correto, claro. A razão $\frac{\text{circunferência}}{\text{diâmetro}}$ é, evidentemente, 3,14. Pi está errado porque é inapropriado para representar o círculo. Pi é um impostor, um falso ídolo que não merece sua aclamação internacional.

Pelo menos assim escreveu Bob Palais, um matemático americano, em 2001.[1] Ele argumentava que uma escolha bem melhor para ser a constante do círculo seria a razão $\frac{\text{circunferência}}{\text{raio}}$, porque o raio, a distância do centro a qualquer ponto da circunferência, é um conceito muito mais fundamental do que o diâmetro. Muitos concordam com ele, e eu também.[2] Veja nossa definição de círculo no parágrafo de abertura. O círculo é formado por uma distância fixa, o raio, que girou em torno de um ponto, o centro. O diâmetro, ou a largura, é uma noção subsequente. A matemática é uma busca de elegância, clareza e correção, e é uma pena que seu mais famoso número não reflita a verdade sobre os círculos da maneira mais clara, mais elegante e mais correta. (Na escola aprendemos a palavra "diâmetro" meramente para entender pi e, uma vez aprendido seu significado, nunca mais a usamos. Os matemáticos sempre deram como certo que o diâmetro é exatamente o raio multiplicado por dois.)

Em 2010, Michael Hartl, um empreendedor do Vale do Silício, desencadeou um sentimento anti-pi designando a razão $\frac{\text{circunferência}}{\text{raio}}$ com a letra grega tau, ou τ. Tau é o dobro de pi porque a circunferência contém nela uma quantidade de raios duas vezes maior do que a quantidade de diâmetros. Em outras palavras:

$$\tau = 2\,\pi = 6{,}28318530717958647692528676 6\ldots$$

A expansão decimal de tau, assim como a de pi, também é infinita e não obedece a nenhum padrão.

No Manifesto Tau, Hartl encoraja jovens matemáticos a substituir pi por tau em seus trabalhos, talvez, primeiramente, iniciando seus artigos com um: "Por conveniência, estabelecemos que $\tau = 2\pi$".[3] Ele adverte que a luta será longa porque o inimigo é muito poderoso, beneficiado por séculos de propaganda. "Algumas invenções, conquanto infelizes, são efetivamente irreversíveis", ele escreve. "[Mas] a mudança de π para τ pode [...] acontecer incrementalmente; ao contrário de uma redefinição, não precisa acontecer de uma só vez."

O símbolo τ é triplamente inteligente.[4] Ele parece um π com uma perna só, e se considerarmos o número de pernas como o denominador da razão

1. Menino ou menina? Quando se associava a fotografia acima a números pares, os participantes de uma pesquisa mostravam-se mais inclinados a dizer que o bebê era menina. Quando associada a números ímpares, tendiam a dizer que era menino.

2. Guarde a primeira página! Gregory A. Gadawski e Darrell D. Dorrell, sócios em uma empresa de investigação financeira no Oregon, ao lado de uma reportagem local sobre um fraudador que eles ajudaram a condenar usando a lei de Benford.

3. Ao meio-dia do solstício de verão, o fundo desse poço próximo a Aswan, no Egito, fica iluminado por completo, uma vez que o sol está exatamente acima dele. É possível que esse poço tenha sido o mesmo usado por Eratóstenes em suas medições da Terra.

4. Quatro homens medem ângulos de pontos longínquos em imagem de um livro de cartografia alemão do século XVI. Alturas e distâncias seriam então calculadas por meio da trigonometria, permitindo a elaboração de mapas precisos.

5. Rob Woodall é o deus dos "caçadores de *trigs*", nome dado aos andarilhos que se empenham em visitar tantos pilares de triangulação quanto possível. Suas façanhas incluem este da foto, no monte Ararat, na Turquia.

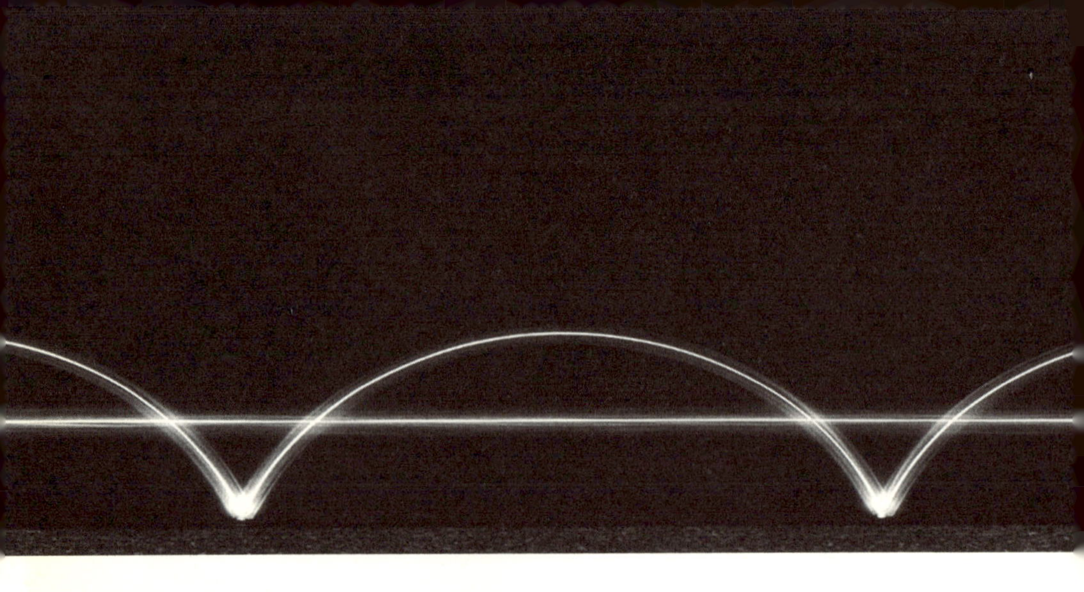

6. Seção icônica: jogar "eliptibilhar" — acertar as caçapas em uma mesa de bilhar elíptica — chegou a ser a melhor maneira de impressionar o sexo oposto, como mostra esta fotografia, publicada em 1964 na *House & Garden*, a bíblia das revistas de decoração.

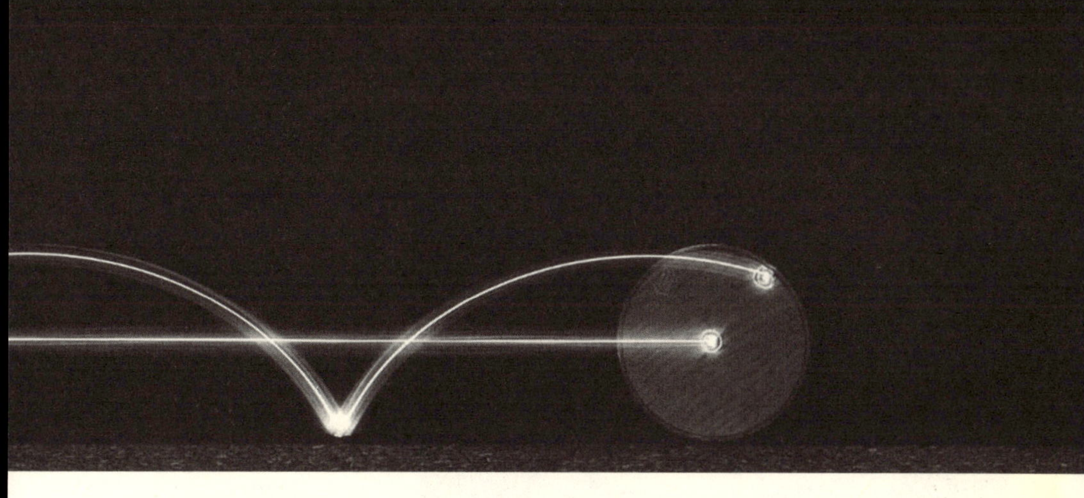

7. Uma luz na borda de uma roda em movimento traça uma cicloide (*acima*). Esta foto foi tirada por Berenice Abbott, uma célebre fotógrafa de arquitetura, que em 1958 foi contratada para ilustrar um livro didático de física para o ensino médio. 8. A foto abaixo, de uma bola quicando, também surgiu desse projeto. Cada salto é uma parábola, e a altura de cada uma decai exponencialmente.

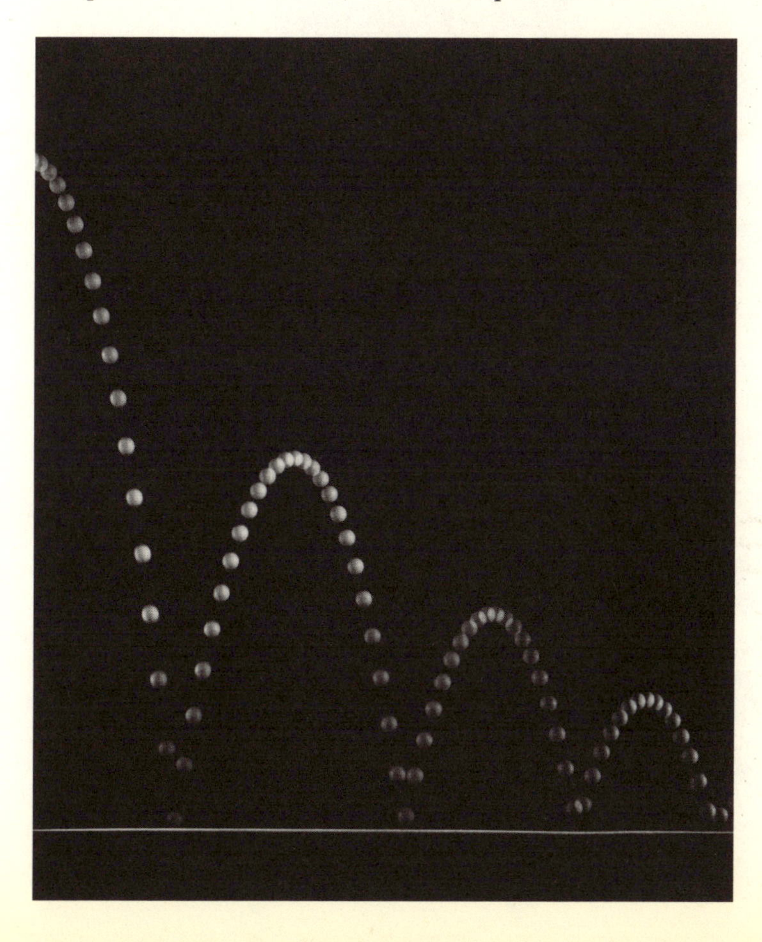

9. Desenhado por Théodore Olivier e fabricado em Paris em 1872, o modelo de fios exibido acima à esquerda mostra como a face curva de um hiperboloide é formada por linhas retas.
10. Abaixo, a torre de Cantão, em Guangzhou, com seu formato hiperboloide, é feita de vigas retilíneas.

11. *Na página ao lado:* O artista americano John Whitney desenhou o vertiginoso padrão visto em 1958 no cartaz do filme *Um corpo que cai*. Os padrões foram feitos por uma máquina que ele construíra usando refugos de equipamento militar da Segunda Guerra Mundial. Nascia ali a arte computadorizada.

PARAMOUNT PRESENTS

JAMES STEWART
KIM NOVAK
IN ALFRED HITCHCOCK'S
MASTERPIECE

'VERTIGO'

BARBARA BEL GEDDES TOM HELMORE HENRY JONES ALFRED HITCHCOCK ALEC COPPEL & SAMUEL TAYLOR TECHNICOLOR
BASED UPON THE NOVEL 'D'ENTRE LES MORTS' BY PIERRE BOILEAU AND THOMAS NARCEJAC MUSIC BY BERNARD HERRMANN

VISTAVISION

12. Esses instrumentos representam as duas famílias mais populares de máquinas de desenhar. Acima está o Geometric Chuck, construído na primeira metade do século XIX, que foi um antecessor do espirógrafo dos dias atuais. Ele produz curvas a partir de movimentos circulares sobrepostos, como pode ser visto na figura de cima da página ao lado (13).

14. O equipamento à esquerda é um harmonógrafo de 1909, no qual caneta e papel são fixados a pêndulos que oscilam, produzindo figuras de Lissajous, como a figura de baixo da página ao lado (15).

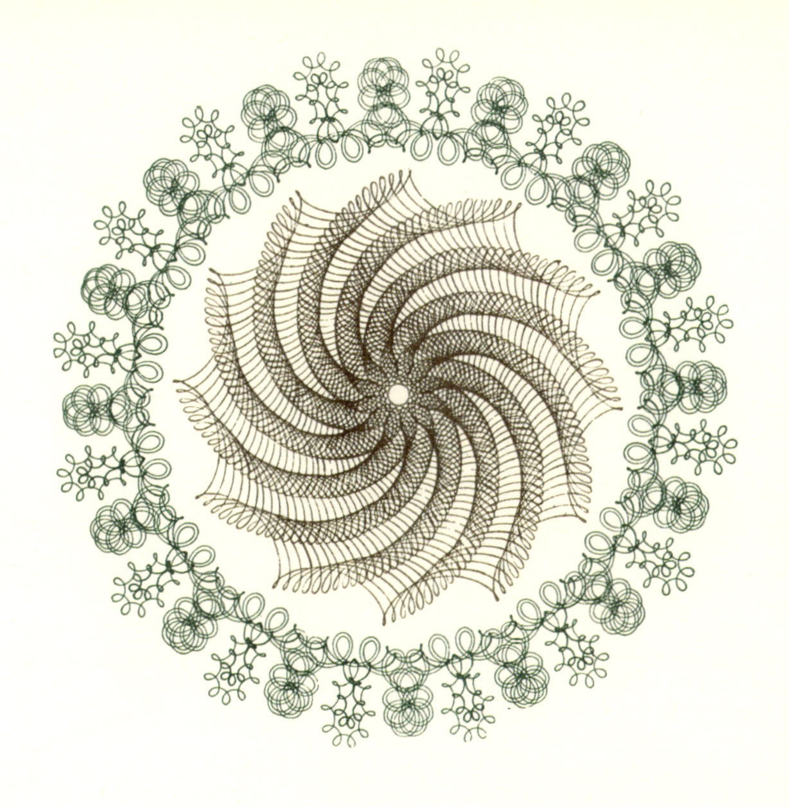

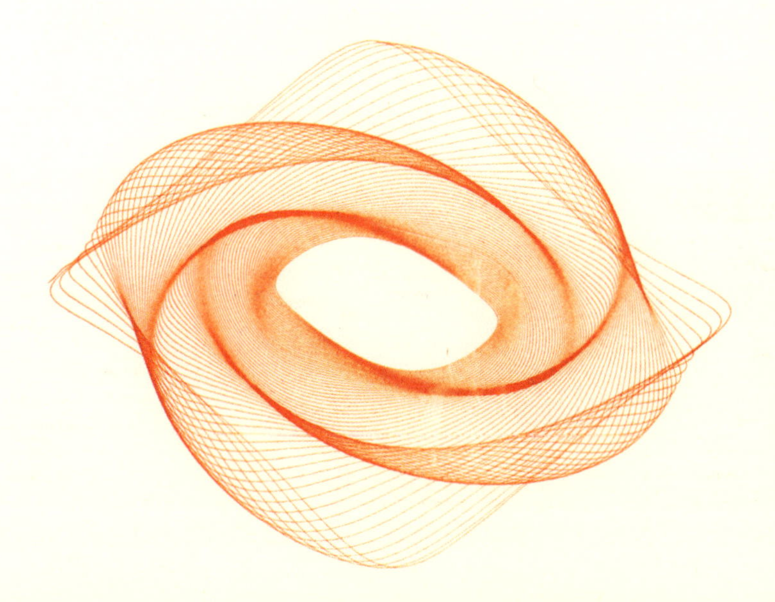

16. Um pedaço de fio suspenso por dois pontos pende naturalmente como uma curva catenária, enquanto um fio com lastros pende na forma de uma catenária "transformada". Quando viradas de cabeça para baixo, essas curvas formavam arcos robustos. Entre 1898 e 1908, o arquiteto catalão Antoni Gaudí fez o modelo pendente da igreja de Colònia Güell acima. A estrutura, feita de fios e saquinhos contendo pelotas de chumbo, recebe o tecido e fica pronta para ser fotografada — vire a página 180° para ver a forma da edificação concebida.

17 e 18. Catenárias de concreto e seda: acima, planos para o mega-aeroporto do Kuwait, e abaixo uma teia de aranha.

19. O Mandelbulb (*acima*) é uma representação tridimensional do conjunto de Mandelbrot, forma fractal construída ao se somar e multiplicar números complexos. 20. Abaixo está um detalhe dela. O artista fractal britânico Daniel White produziu as primeiras imagens do Mandelbulb em 2009. 21. Ao observá-lo e ampliá-lo 26 vezes, ele se deparou com a estrutura semelhante a uma espinha dorsal que aparece na página ao lado.

22. Estrela da matemática: Cédric Villani recebeu a Medalha Fields por seu trabalho sobre o comportamento de moléculas que flutuam no ar. Sua conhecida aranha de metal aparece na lapela esquerda.

23. O cálculo das bolachas: Gottfried Leibniz é lembrado por sua contenda com Isaac Newton e pelo biscoito amanteigado batizado em sua homenagem. Coincidentemente, o Newton também é uma guloseima assada tradicional.

24. Vannevar Bush, que aparece à esquerda, no comando de seu "analisador diferencial", máquina construída para solucionar equações diferenciais, no Massachusetts Institute of Technology (MIT), no início dos anos 1930.

25. Membros do grupo Bourbaki, sociedade secreta francesa de matemáticos, reunidos durante seu congresso de verão de 1951, nos Alpes. Da esquerda para a direita: Jacques Dixmier, Jean Dieudonné, Pierre Samuel, André Weil, Jean Delsarte e Laurent Schwartz.

26. John von Neumann (*à esq.*) e seu melhor amigo, Stanislaw Ulam (*à dir.*), conceberam o autômato celular. Esta fotografia foi tirada em 1949 próximo a Los Alamos, onde, juntamente com Richard Feynman (*ao centro*), trabalharam no desenvolvimento de armas nucleares.

— ou seja, o número embaixo do traço da fração, assim como a perna do tau está embaixo do traço horizontal — então τ é de fato o dobro de π, já que uma quantidade dividida por 1 é o dobro de alguma coisa dividida por 2. Tau funciona também como uma abreviação para "turno" ou "volta", do mesmo modo que pi era originalmente abreviação para "periferia". E, assim como em inglês pi é um delicioso homônimo de *pie*, prato que com frequência tem a forma circular, assim tau é homônimo de Tao, o caminho espiritual chinês cujo símbolo ☯, o yin e yang, expressa harmonia e movimento dentro do círculo.

O Manifesto Tau levanta uma questão séria de forma amena. A quintessência de um círculo é a rotação de seu raio, não a extensão de sua largura. De fato, as propriedades dinâmicas de um círculo, como exemplificado pela roda, são as regras básicas sobre as quais se baseia a civilização. Neste capítulo você vai aprender que as três coisas mais importantes concernentes ao círculo são rotação, rotação e rotação.

Vamos deixar rolar.

O percurso de um ponto numa roda em rotação provavelmente é diferente de qualquer outra curva que você já tenha visto. Decerto o foi para Galileu, que a denominou "cicloide", e foi o primeiro a estudá-la em profundidade. Pai da mecânica moderna, Galileu tinha uma inclinação natural por curvas originadas mecanicamente. A roda movimenta-se com suavidade, e mesmo assim cria uma curva com pontas agudas, as cúspides, ou os vértices, onde a direção se reverte. Cada corcova corresponde a uma rotação completa, a conclusão de um ciclo. A cicloide parece mais uma fila de tartarugas dormindo do que uma curva.

Marquei a posição do ponto a cada quarta parte de uma volta, e pode-se ver claramente que ele cobre uma distância maior quando está na metade

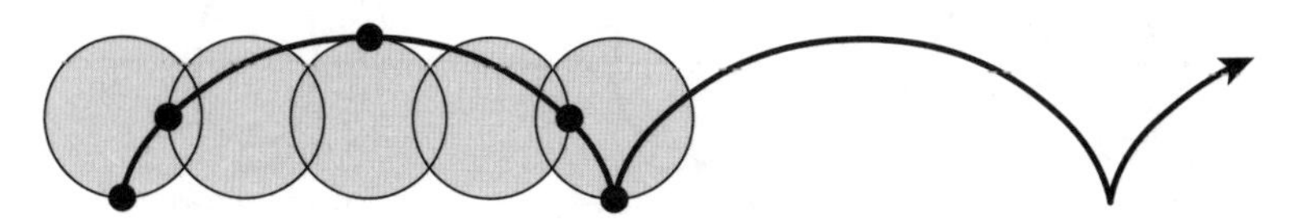

A cicloide.

superior da roda do que quando está na metade inferior. A roda movimenta-se de duas formas: horizontalmente ao longo do percurso no solo e rotativamente em torno de seu centro, e esses dois movimentos combinam-se de maneiras diferentes no decurso do ciclo. Se a rotação se der em velocidade constante, o ponto na roda atinge sua maior velocidade na crista da cicloide, e sua menor velocidade na cúspide, onde chega momentaneamente a zero, antes de acelerar de novo. É espantoso constatar que para qualquer roda em rotação — mesmo as de um carro de corrida a uma velocidade de 320 quilômetros por hora — o ponto de contato com o solo é estacionário. Os pintores de quadros sabem que as rodas avançam com mais rapidez em sua metade superior do que em sua metade inferior, e é por isso que muitas vezes desenham a metade de cima de uma roda em movimento meio borrada e a metade inferior em foco. Da mesma forma, os raios de uma roda de bicicleta em movimento em alguns casos só são visíveis perto do solo, onde estão se movimentando com lentidão suficiente para serem vistos.

Uma roda de trem consiste de dois discos, um que se assenta sobre o trilho, e um aro, ou flange, que ultrapassa lateralmente o nível do trilho. Um ponto na flange vai traçar uma curva que retrocede sobre si mesma abaixo do nível do trilho, como ilustrado abaixo. Em todos os trens em movimento, portanto, sempre há pontos na roda que vão na direção contrária à do movimento do trem.

Nunca na história da matemática uma curva foi objeto de uma atenção tão frenética quanto a que foi dispensada à cicloide no século XVII.[5] Seu formato é tão belo e tão amargas foram as contendas entre seus admiradores que ela granjeou a reputação de "a Helena dos geômetras". O pretendente número um, Galileu, foi prático em seus avanços de conquistador. Ele recor-

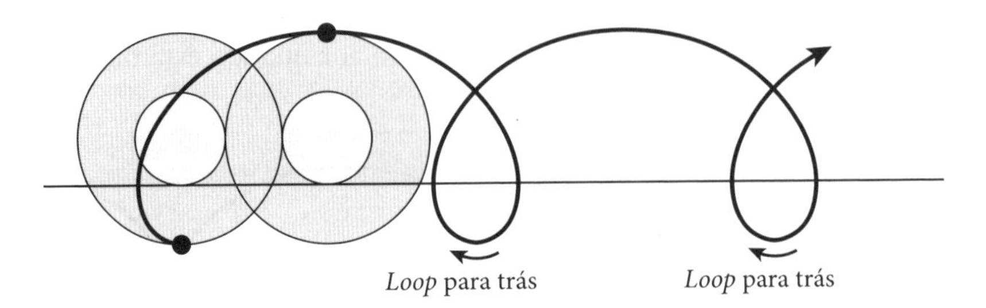

Percurso de um ponto numa roda de trem.

tou um material no formato da curva, e avaliou que era pi vezes mais pesado do que um pedaço do mesmo material recortado no formato do círculo gerador da curva, concluindo que a medida da área criada pela curva era pi vezes a da área do círculo. Ele chegou perto, mas estava errado. A área é exatamente três vezes maior, o que foi provado mais tarde pelo matemático francês Gilles Personne de Roberval.

Roberval (1602-75) fez muitas demonstrações de teoremas sobre a cicloide, mas não publicou nenhuma. Sua posição como professor de matemática no Collège de France, a mais prestigiosa cátedra do país, dependia de fornecer a melhor solução para um problema que era anunciado publicamente a cada três anos. Roberval, como catedrático, também formulava os problemas, o que valia dizer que não tinha o menor incentivo para compartilhar seus resultados, que poderiam ajudar seus potenciais rivais, de olho em seu emprego. Sua posição lhe proporcionava prestígio e sustento, mas castrava o seu legado. É provavelmente o menos lembrado dos grandes matemáticos franceses. Roberval foi famoso por sua irascibilidade, manifestando amarga frustração quando outros anunciavam resultados que ele alegava já ter demonstrado. Quando seu amigo, o italiano Evangelista Torricelli, publicou o primeiro tratado sobre a cicloide, em 1644, um furioso Roberval enviou uma carta acusando-o de plágio. Torricelli morreu três anos depois, de febre tifoide, mas circulou um rumor de que sua morte fora devido à vergonha de ter sido acusado de tal desonra.

Certa noite, em Paris, em 1658, Blaise Pascal jazia acordado na cama, atormentado por violenta dor de dente. Depois de se consagrar como um celebrado matemático, Pascal abandonara a matemática para concentrar-se na teologia e na filosofia. Para distrair sua mente da dor, resolveu pensar na cicloide. Miraculosamente, a dor de dente desapareceu. Um incentivo de Deus, pensou, para que continuasse a investigar essa curva divina. Dedicou seu pensamento à cicloide durante oito profícuos dias, descobrindo muitos teoremas novos. Contudo, em vez de publicá-los, ele os transformou num desafio internacional. Convidou colegas a demonstrar alguns de seus resultados, oferecendo quarenta peças de ouro espanholas como primeiro prêmio e vinte como segundo. Apenas dois matemáticos atenderam a seu chamado, John Wallis na Inglaterra e Antoine de Laloubère na França, mas suas soluções continham erros, e Pascal não entregou o prêmio, enfurecendo os dois.

Em vez disso, publicou suas próprias soluções num panfleto. Recebeu também uma carta de Christopher Wren, demonstrando um fato que passou despercebido pelo francês. Wren tinha respondido àquela que talvez fosse a mais básica pergunta que se poderia fazer a respeito da cicloide: qual era seu comprimento? Wren demonstrou que era exatamente oito vezes o raio do círculo gerador. Quando Roberval soube, sem dúvida ficou enfurecido, insistindo que tinha demonstrado isso anos antes.

O fascínio pela cicloide aumentou ainda mais quando Christiaan Huygens descobriu uma notável propriedade mecânica que ela possuía. O cientista holandês estava fazendo experimentos com pêndulos como uma nova fundamentação ao projeto de relógios. Um pêndulo simples é um pedaço de fio com um peso na ponta, como ilustrado abaixo à esquerda. O percurso do peso é uma seção circular e, quanto maior for a amplitude de sua oscilação, mais tempo ele leva para realizar uma oscilação completa. Para usar o pêndulo na marcação do tempo, contudo, Huygens esperava descobrir uma configuração tal que o peso completasse cada oscilação em intervalos idênticos de tempo, independentemente da amplitude. Inspirado no desafio de seu amigo Pascal, ele constatou que o percurso que buscava não era outro senão o que a cicloide descreve de cima para baixo, como ilustrado abaixo à direita, e que era possível conseguir esse percurso colocando no topo do pêndulo chapas curvas que limitam seu percurso numa e noutra direção.[6] Quando o pêndulo oscila numa direção, chega a um ponto em que o fio pressiona uma dessas chapas, fazendo com que o peso saia de seu percurso circular para um percurso de cicloide. Qualquer que seja a distância do cen-

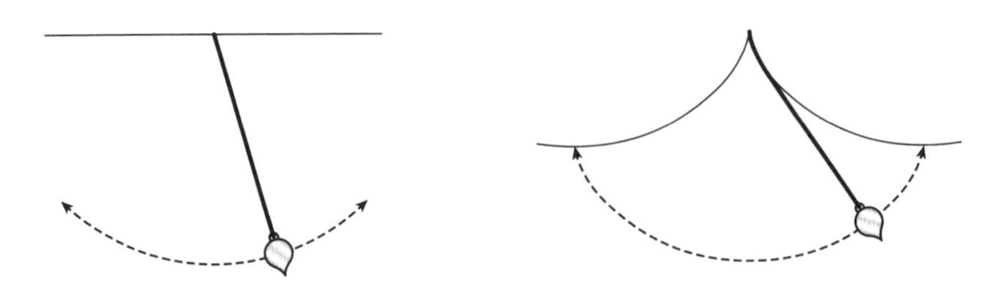

Um pêndulo simples e um que oscila entre duas cicloides.

tro, o peso oscila num movimento de pêndulo cicloidal, e leva exatamente o mesmo tempo para voltar ao ponto inicial.

Outra maneira de ficar maravilhado com essa propriedade é imaginar bolas deslizando para baixo, rolando em pistas sem atrito no formato do percurso de cima para baixo de uma cicloide, como ilustrado a seguir. Todas as bolas levam exatamente o mesmo tempo para chegar embaixo, qualquer que seja a posição de partida. Uma bola colocada mais acima começa a rolar num declive mais íngreme, o que lhe dá uma aceleração inicial maior, e portanto uma velocidade maior do que a de uma bola que parte de uma posição inferior da curva. As duas bolas vão colidir exatamente no ponto mais baixo da curva. Quando a cicloide foi anunciada como o "percurso da descida equivalente" — ou *tautócrona*, do grego *tauto*, que significa "mesmo", e *chronos*, que significa "tempo" —, os cientistas ficaram mais uma vez encantados.

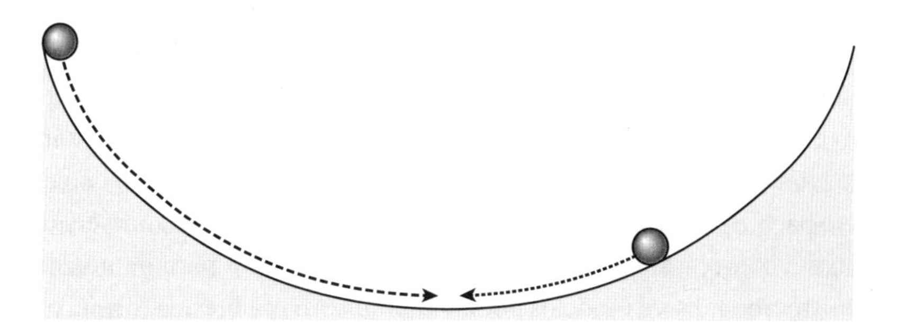

O percurso de descida equivalente.

O ponto mais alto no arco evolutivo das narrativas da curva veio quando o século XVII estava acabando. Um artigo no *Acta Eroditorum*, um novo periódico científico impresso em Leipzig, começava assim:

> Eu, Johann Bernoulli, dirijo-me aos matemáticos mais brilhantes do mundo. Nada é mais atraente para pessoas inteligentes do que um problema honesto, desafiador, cuja possível solução proporcione fama e perdure como um monumento duradouro [...]. Se alguém me comunicar a solução do problema aqui proposto, eu vou publicamente declará-lo digno de louvor.

O problema a que se referia — e para o qual já conhecia a resposta — era a pergunta: *Qual é o percurso da descida mais rápida?* Ou: qual seria o formato que um declive deveria ter para que uma bola fosse de um ponto a outro o mais rapidamente possível? A curva visada foi apelidada de *braquistócrona*, do grego *brachistos*, que significa "o mais curto", e *chronos*, tempo. Bernoulli disse que essa curva não era uma linha reta, mas que assim mesmo era bem conhecida dos geômetras. Adivinhe! A resposta, se você ainda não adivinhou, é a cicloide. A ilustração abaixo mostra a descida mais rápida entre A e B, e entre A e C. Como a cicloide tem um único formato, a curva precisa se adaptar a ele, a depender das posições relativas de partida e de chegada. A trajetória pode ser somente de descida, como entre A e B, ou de descida e depois de subida, como entre A e C. Quando a trajetória desce e depois sobe, a vantagem de uma descida mais íngreme e mais longa no início compensa o efeito de retardamento de uma curva ascendente no fim. Se você criar um modelo de uma cicloide com reversão para cima e rolar uma bola de metal por ela do ponto A para o ponto B e ao mesmo tempo rolar uma bola em uma trajetória perfeitamente reta (a linha tracejada) entre A e B, o efeito é impactante, apesar de já sabermos qual bola vai vencer. Em comparação com a bola que desce em alta velocidade pela cicloide, a bola no declive reto parece estar rolando na lama. A partir do século XVIII, universidades e museus começaram a construir cicloides de madeira para demonstrar a braquistócrona. Esses modelos podem demonstrar, da mesma forma, o efeito *tautócrono*: ponha uma bola em cada lado da cicloide com reversão para cima e, quaisquer que sejam os pontos de partida de cada uma, as bolas vão se chocar uma com a outra no ponto mais baixo.

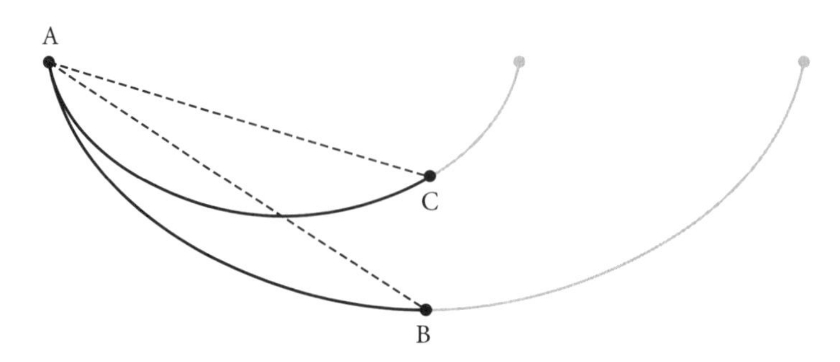

Percurso da descida mais rápida.

* * *

Depois de seis meses, Bernoulli recebeu apenas uma resposta correta a seu desafio, de seu amigo alemão Gottfried Leibniz, e por isso publicou um novo apelo nas *Acta*, chamando a atenção para a ausência "daqueles que alardeiam que, usando de métodos especiais [...] não só tinham penetrado nos segredos mais profundos da geometria mas também estendido suas fronteiras de um modo maravilhoso". Essa observação era um remoque para Isaac Newton e seu método de fluxões, uma nova e poderosa ferramenta matemática que prometia resolver problemas como o da braquistócrona, e que vamos abordar num capítulo posterior. Bernoulli enviou a Newton um exemplar das *Acta* para ter certeza de que ele receberia a mensagem. Newton estava então na casa do cinquenta anos, não mais um professor graduado em Cambridge, e sim encarregado da Casa da Moeda Real, na Torre de Londres. Ele leu a carta de Bernoulli ao chegar em casa, cansado de um dia de trabalho, e não foi dormir até ter terminado a resposta, às quatro horas da manhã. "Não gosto [...] de ser [...] provocado por estrangeiros a respeito de coisas da matemática", ele se queixou. Newton apresentou sua resolução anonimamente. Ao lê-la, dizem que Bernoulli teria declarado "*ex ungue leonem*" — estou reconhecendo o leão por suas garras.

E assim a cicloide, que já era objeto de tantas controvérsias, tornou-se o pivô de uma das primeiras escaramuças na grande contenda da ciência no Renascimento. As fluxões de Newton eram, matematicamente, o equivalente do cálculo infinitesimal de Leibniz e, como vamos ver, uma irritante disputa de prioridades que se desenvolveu mais tarde entre os dois jogou as comunidades científicas inglesa e europeia uma contra a outra durante um século. O ego dos homens, no entanto, não conseguiu macular a santidade da curva. Na página de rosto das obras reunidas de Bernoulli existe a figura de um cão olhando amorosamente para uma cicloide, junto com o mote *Supra invidiam* — acima da inveja.

Uma vez que a cicloide é o percurso para a descida mais rápida, seria de se pensar que fosse o formato preferido de uma rampa para a prática de skate. Mas, até onde pude descobrir, só foi construída uma com esse formato, pelo artista francês Raphaël Zarka, em Nova York, em 2011, como parte de um projeto que mesclava física, escultura e espaços públicos. Os skatistas

não gostaram dele, por achá-lo muito exótico. "Se eu fosse uma esfera de rolamento totalmente redonda largada do topo de uma rampa cicloide, com certeza seria capaz de engatar melhor uma verdadeira subida e descida", declarou o jornalista Ted Barrow, "mas como um skatista que lutou muito para dominar um conjunto de habilidades que visam a tentar manter o equilíbrio e NÃO cair de seu skate quando a velocidade aumenta, minha experiência volta-se mais para ajustar a velocidade, adequar meus movimentos às estranhas curvas das paredes, do que fazer a descida mais rápida possível." A rampa cicloide de skate, acrescentou, provavelmente não vai pegar.

A cicloide pertence a uma família de curvas chamadas "rolantes", cada uma traçada pelo percurso de um ponto numa roda que rola. As rolantes rolam em todos os terrenos. O percurso de uma roda que rola num círculo que tem o mesmo diâmetro que ela é uma *cardioide*, ilustrada a seguir à esquerda, assim chamada porque parece um coração. O percurso de uma roda que rola num círculo que tem o dobro de seu raio chama-se *nefroide*, ilustrado ao centro, que parece um par de rins. As nádegas que aparecem iluminadas em sua caneca de chá quando ela é colocada junto à luz de uma janela são dois meios rins de uma nefroide, que é a forma pro-

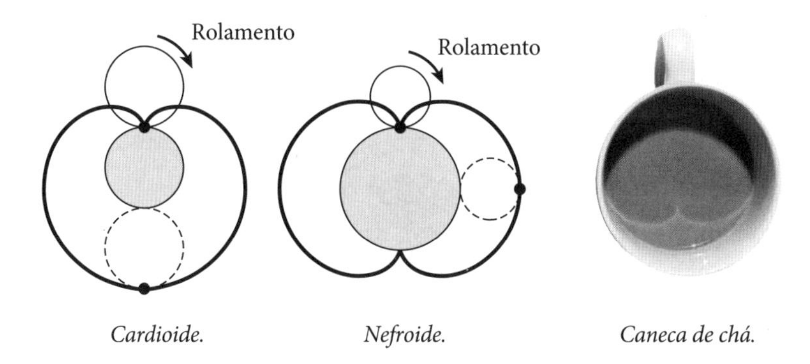

Cardioide. *Nefroide.* *Caneca de chá.*

duzida por uma luz horizontal refletida no interior de um círculo, como ilustrado acima à direita.

A primeira máquina que desenhou curvas por razões estéticas e científicas desenhava rolantes. A "caneta geométrica", inventada pelo italiano Giambattista Suardi no século XVIII, consistia de um braço rotativo, no qual havia uma engrenagem rotativa com um lápis. "Talvez nunca tenha havido nenhum instrumento que delineasse tantas curvas quanto a caneta geométrica", disse efusivamente George Adams Jr., que fabricava instrumentos para o rei George II. Os desenhos eram barrocos e mágicos. No século XIX, P. H. Desvignes, de Viena, projetou um aparelho para desenhar chamado "espirógrafo", que gravava curvas numa placa de cobre usando um estilete de diamante. A máquina era usada na criação de curvas intricadas em cédulas bancárias, para impedir falsificações. Desenhar curvas rolantes com um conjunto de engrenagens de plástico chamado espirógrafo, um brinquedo lançado em 1965, continua a constituir um rito de passagem para crianças nerds.

Um de meus enigmas matemáticos preferidos é o de rolar uma moeda em torno de outra.[7] Ponha duas moedas iguais uma colada na outra sobre a mesa, como na ilustração a seguir, ambas com o lado da "cara" para cima. Role a moeda da esquerda em torno da outra. Qual será a posição da "cara" quando a moeda chegar ao lado direito?

Quando fizeram-me essa pergunta pela primeira vez, supus que a moeda que está sendo rolada estaria de cabeça para baixo, por ter percorrido metade do caminho ao redor da moeda fixa. Estava errado. A rainha faz uma revolu-

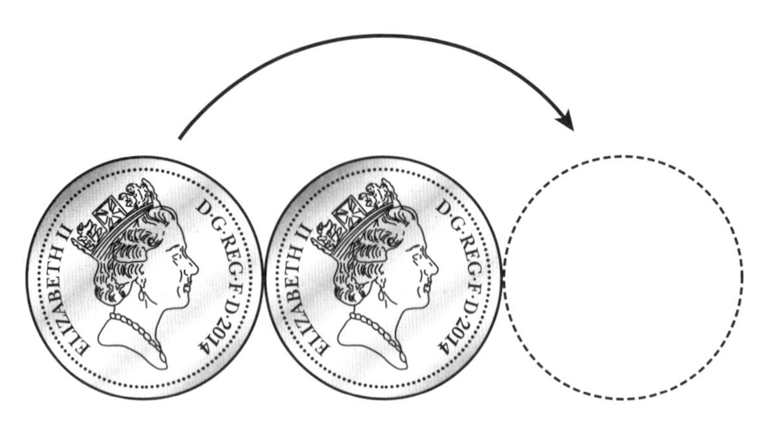

Dinheiro rolando.

ção completa. É estranho e contraintuitivo vê-la girar numa velocidade régia, como que para manter sua dignidade e ter a cabeça erguida sempre que as moedas estejam lado a lado. O movimento resulta da propriedade de todas as curvas rolantes: elas combinam duas direções diferentes de movimento. Neste caso a moeda está girando em torno de si mesma, mas também girando ao redor da outra moeda. Para cada grau que a moeda da esquerda rola ao redor da moeda da direita, ela gira dois graus em torno de si mesma.

Geramos rolantes fazendo rolar uma roda. Também podemos gerar curvas *girando* uma roda com um centro fixo. Essas curvas são matematicamente mais simples do que as rolantes, já que só envolvem uma direção de movimento, a rotação em torno do centro.

Considere um ponto no aro de uma roda que gira em sentido anti-horário, ilustrada a seguir (i). Se traçarmos as alturas desse ponto em relação aos ângulos de rotação projetados no eixo horizontal, obteremos uma curva chamada "senoide", ou "onda seno". Marquei o ponto no círculo em 0, 45, 90, 225 e 270 graus. A senoide tem seu pico nos 90 graus, volta ao eixo horizontal nos 180 graus, vai então abaixo do eixo e volta onde começou quando se completa uma volta. Se a roda continuar a girar, a curva vai se repetir a cada rotação, desenhando ondulações simétricas até o infinito.

(Você deve estar se perguntando por que essa onda serpenteante leva o nome do seno, a razão entre dois lados de um triângulo retângulo, já que as ondas não se parecem nada com triângulos. Isso faz sentido, no entanto, quando lembramos que o conceito de "seno" vem, em primeiro lugar, do círculo: é a meia-corda. Na ilustração (ii) abaixo, vemos isso mais claramente, criando um triângulo retângulo na roda. Se considerarmos a hipotenusa como 1, então sen $\alpha = \frac{\text{oposto}}{\text{hipotenusa}} = \frac{\text{altura do ponto}}{1} =$ altura do ponto.)

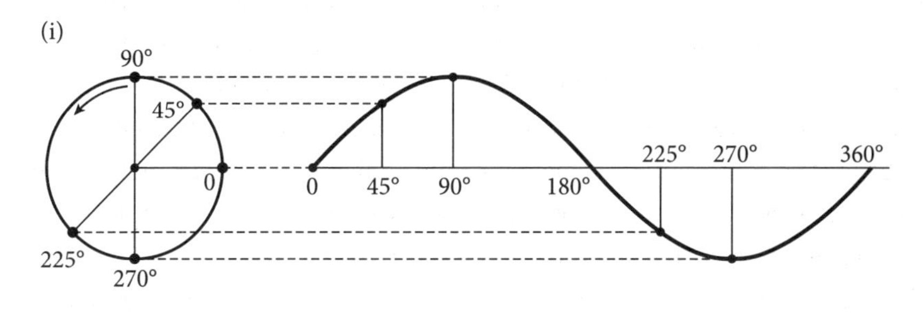

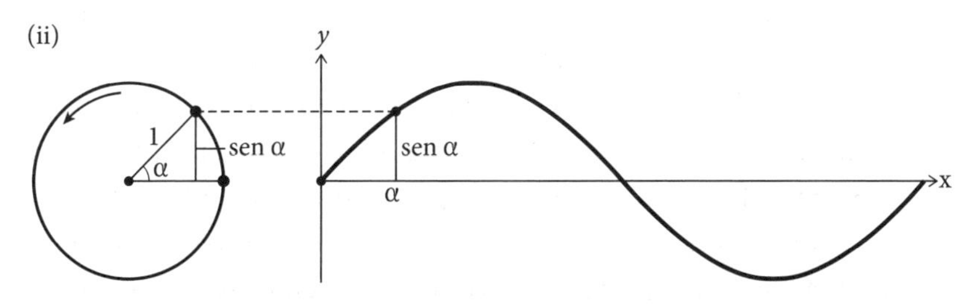

A variação na altura de um ponto em rotação, em relação ao ângulo que ele girou, gera uma onda seno.

A primeira pessoa a desenhar uma senoide foi Gilles de Roberval, no século XVII.[8] Ele a chamou de "curva companheira" da cicloide. A curva companheira da cicloide logo iria eclipsar a cicloide no coração (e nos ouvidos) tanto dos cientistas como dos matemáticos.

A senoide é o que chamamos de uma "onda periódica", uma entidade na qual a curva se repete seguidamente ao longo de um eixo horizontal. A senoide é o tipo mais simples de onda periódica porque o círculo, que a gera, é a figura geométrica mais simples. Contudo, mesmo sendo esse um conceito tão básico, a onda é o modelo de muitos fenômenos físicos. O mundo é um carnaval de senoides. Ao longo do tempo, a posição vertical de um peso que balança para cima e para baixo suspenso por uma mola traça uma senoide, como ilustrado abaixo à esquerda.[9] O peso movimenta-se com mais rapidez no ponto médio da oscilação, e fica mais lento quando atinge o topo e o ponto mais baixo, o que é reconhecível no formato da curva. A posição horizontal ao longo do tempo de um pêndulo que oscila de um lado a outro é também, para pequenas oscilações, uma senoide. Imagine um peso de pêndulo feito de um saquinho cheio de areia fina, que escorre por um buraco no fundo, como ilustrado abaixo à direita. Esse peso, oscilando na direção leste-oeste e depositando areia numa esteira que se move na direção norte-sul, vai desenhar uma onda seno. Diz-se de objetos tais como a mola e o pêndulo, que oscilam em senoides ao longo do tempo, que eles estão submetidos a um "movimento harmônico simples".

Vimos anteriormente como as rolantes traçam belos padrões. O mesmo vale para as senoides. Na década de 1840, o matemático escocês Hugh Blackburn fez experimentos com um pêndulo cheio de areia. Decidiu pendurar o peso numa corda com formato de Y, conforme a ilustração da página seguinte, com um anel posicionado na altura de *r*. Ele segurou a corda e balançou o peso da direita para a esquerda. Em seguida puxou o anel para a frente e o soltou, permitindo que o peso balançasse também para a frente e para trás. O peso portanto estava sendo guiado por dois movimentos perpendiculares, e o resultado foi espetacular. Os dois movimentos senoidais concorrentes puxavam-se e empurravam-se reciprocamente num *pas de deux* matemático que produziu um padrão de areia de atordoante complexidade.

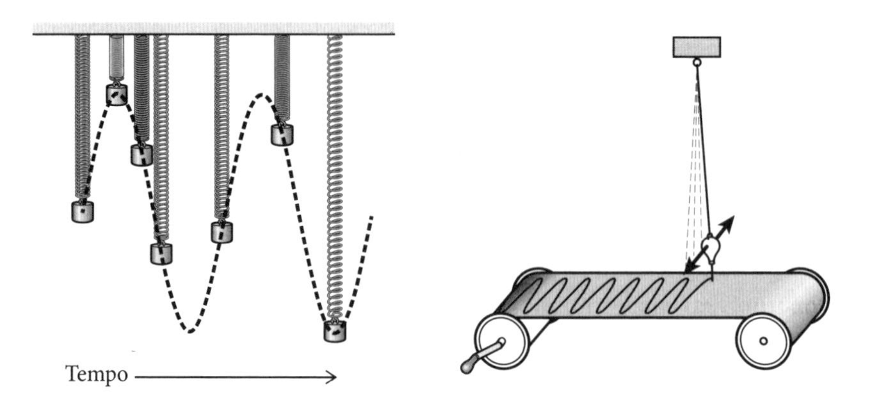

Um peso preso numa mola sobe e desce, e um pêndulo oscila em "movimentos harmônicos simples".

O pêndulo em forma de Y de Blackburn, de um livro de divulgação científica de 1879.

Não demorou muito tempo para que fabricantes de instrumentos começassem a produzir máquinas chamadas harmonógrafos, nas quais dois pêndulos de comprimentos diferentes faziam oscilar, simultaneamente, uma caneta em duas direções distintas. O usuário de um harmonógrafo podia ajustar o comprimento dos pêndulos, regular a amplitude das oscilações e então soltá-los, com a caneta posicionada sobre um pedaço de papel. Ao rodar e rodopiar, a caneta traçava belas formas geométricas, que eram mecânicas e mesmo assim, de alguma maneira, pareciam vivas.

O harmonógrafo vitoriano parecia ser um cruzamento de uma escrivaninha com o relógio de pêndulo.[10] Observar a caneta criando as imagens era hipnótico, tanto como uma performance quanto como um processo. A perda de energia devido à fricção, ou *damping*, criava curvas que se espiralavam para dentro como se buscassem um ponto estacionário de equilíbrio. Algumas das máquinas maiores eram capazes de manter as oscilações durante uma hora ou mais até o pêndulo ficar imóvel.

O harmonógrafo era tão popular que foram fabricadas muitas outras máquinas com base no mesmo princípio: o simpalmógrafo, o pendulógrafo, o pêndulo duplex, o pêndulo de movimento harmônico quádruplo e, no início do século XX, a Máquina de Movimento Harmônico do Complexo Creighton e o fotorratiógrafo, que traçava as curvas em papel fotográfico por meio de um ponto de luz em movimento. Na década de 1950, o artista americano John Whitney construiu um harmonógrafo utilizando entulho militar da Segunda Guerra Mundial. Ele comprou um direcionador antiaéreo M5 — uma grande caixa de metal com alavancas e manivelas que continha um antigo computador analógico usado para calcular a direção de um canhão que atirava em aviões — e customizou-o para que as partes giratórias pudessem deslocar um estilete com um movimento harmônico simples em duas direções. Whitney podia regular eletronicamente a velocidade e o tamanho das senoides, o que lhe propiciava muito mais controle e eliminava os efeitos do *damping*. Os padrões que ele produziu foram assombrosos, e tornaram-se algumas das imagens mais icônicas na história da arte matemática, famosamente usadas na abertura dos créditos e nos cartazes para o filme *Um corpo que cai*, uma produção de 1958 de Alfred Hitchcock, em que vertiginosas circunvoluções concêntricas em espiral constituíam uma perfeita metáfora visual para a atormentada ambiência interna do filme. Não só os padrões de Whitney foram as primeiras imagens geradas em computador apresentadas num filme de Hollywood, mas seu harmonógrafo eletrônico foi também a primeira máquina de animação computadorizada.

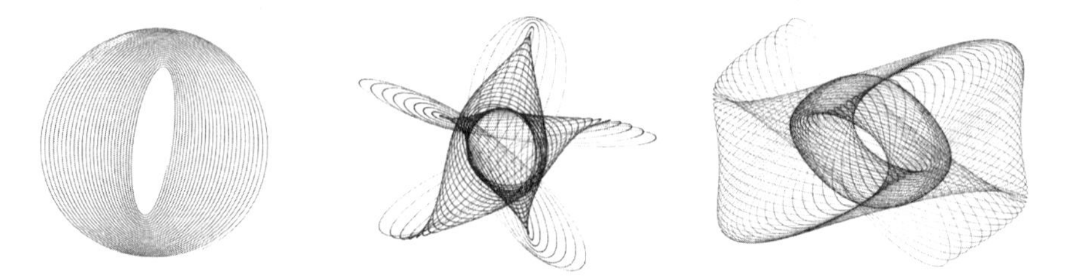

Boas vibrações: figuras produzidas por harmonógrafos.

Na época em que os harmonógrafos tornaram-se uma febre nos salões vitorianos, um físico em Paris dava-se conta de que podia gerar figuras idênticas usando dois diapasões e um raio de luz.[11] As demonstrações de Jules Antoine Lissajous estavam entre os mais belos experimentos do século XIX. Quando um diapasão produz um som, suas hastes de metal oscilam num movimento harmônico simples. Lissajous prendeu um pequeno espelho num diapasão e projetou nele um raio de luz que se refletia num ponto numa tela. Quando se fazia o diapasão vibrar, o ponto se alongava numa linha horizontal. O ponto estava oscilando para a frente e para trás muito rapidamente, mas os observadores viam isso como uma linha, porque a imagem do ponto continua existindo em nossa visão por uma fração de segundo depois de desaparecer. Lissajous introduziu então mais um diapasão, que também tinha preso nele um espelho. O segundo diapasão foi posicionado num ângulo reto com o primeiro, de modo que o raio de luz refletia-se no espelho do primeiro diapasão, oscilando numa direção para o espelho no segundo diapasão, que por sua vez oscila numa direção perpendicular, e depois para a tela. Em outras palavras, os diapasões estavam atuando como os pêndulos no harmonógrafo, movimentando o raio de luz em suas oscilações senoidais concorrentes. Mas, em vez de oscilar a cada segundo ou se tanto, oscilavam centenas de vezes por segundo. Os espectadores viam imagens impactantes na tela, que atualmente são chamadas "figuras de Lissajous".

Diferentes combinações de diapasões produzem curvas diferentes. Com dois diapasões iguais soando no mesmo volume, as senoides são iguais, e a curva é uma das que aparecem na primeira linha da ilustração a seguir: uma elipse, uma linha ou um círculo. A curva particular de cada caso vai depender de onde começa cada oscilação em relação a cada uma das outras. Lissajous regulava isso mudando a distância entre os diapasões. Quando um diapasão está oscilando com o dobro da frequência do outro, as figuras serão como as da segunda linha: uma parábola ou a figura de um oito. As outras linhas mostram as figuras de Lissajous para outras razões numéricas inteiras entre as frequências das senoides. Quando a razão entre as frequências não pode ser representada por dois números inteiros, o raio de luz nunca poderá retornar ao ponto de partida, e a imagem sairá borrada.

A frequência da oscilação de um diapasão determina a nota emitida. Um diapasão que oscila cerca de 262 ondas por segundo, por exemplo, emite um dó central. Assim, os experimentos de Lissajous proveram a indústria da música de um método aprimorado para a calibragem de diapasões. Em

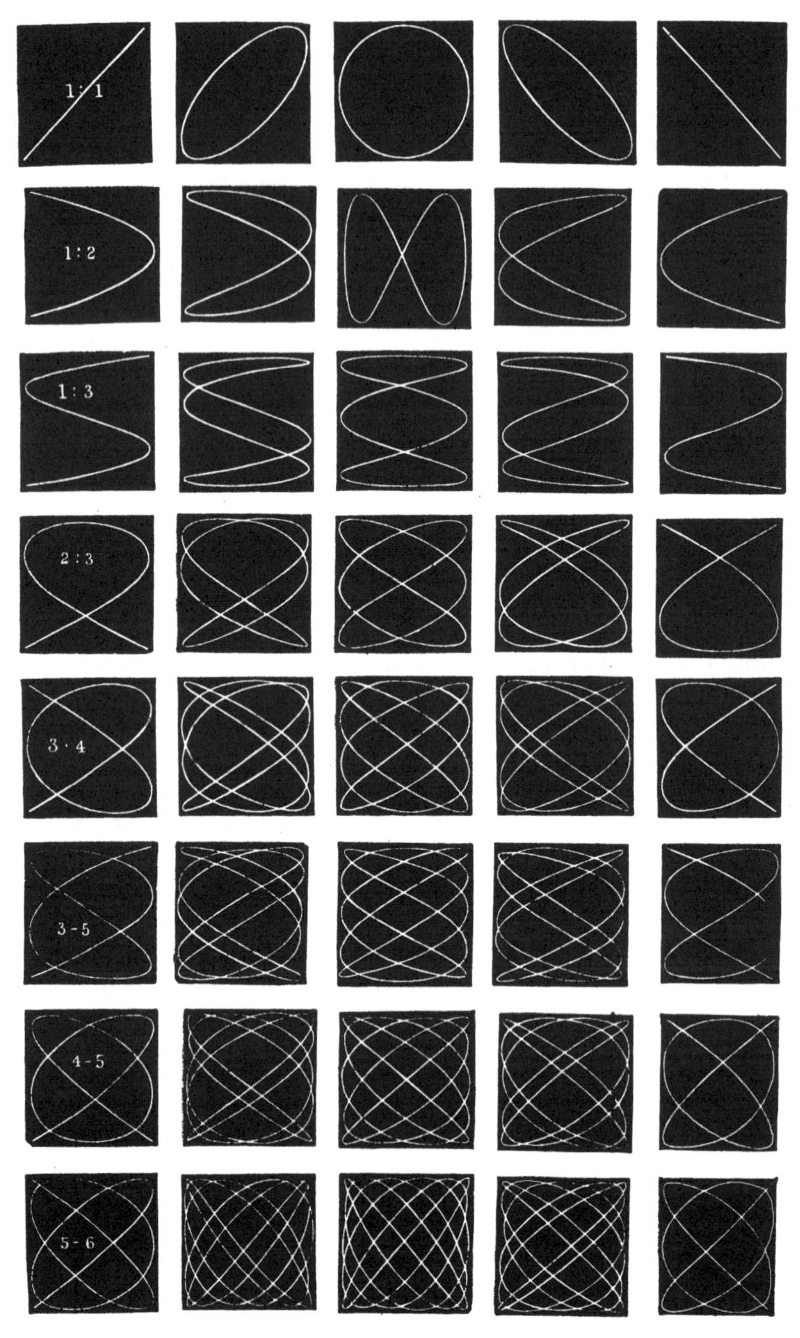

Figuras de Lissajous extraídas de um livro publicado em 1875: para cada linha, a razão entre as frequências das senoides está registrada na coluna da esquerda.

vez de usar os ouvidos para verificar se dois diapasões estão afinados, é possível usar os olhos. Os artífices usam raios de luz em suas oficinas. Se as notas emitidas por dois diapasões estavam levemente fora de tom, suas frequências também estavam levemente fora, e a curva feita pela dupla reflexão do raio de luz era uma confusão. Os técnicos deviam usar um diapasão como padrão e limar o outro até que a figura na parede fosse uma elipse, indicando que a nota emitida por ambos era a mesma.

As figuras de Lissajous são o resultado da combinação de duas oscilações senoidais perpendiculares. Podemos combinar senoides que estão oscilando no mesmo eixo?

Com certeza! E isso leva a alguns dos mais ricos e mais úteis teoremas da matemática. Como ajuda para que continuemos, vou definir três conceitos vitais quando se trata de ondas: frequência, amplitude e fase. Frequência é o número de vezes que uma onda oscila num determinado intervalo de tempo, amplitude é a altura vertical do pico ao fundo do vale, e fase é uma medida da posição horizontal.

Armados desses conceitos, podemos delinear uma aritmética de senoides, mostrada na próxima ilustração:

(i) Esta curva é a onda seno básica, e tem a equação $y = \text{sen } x$.

(ii) Quando dobramos a frequência, o que quer dizer que a onda se repete duas vezes no período que a curva original leva para completar uma só, a equação passa a ser $y = \text{sen } 2x$.

(iii) Quando dobramos a amplitude, o que vale dizer que sua oscilação é duas vezes mais alta, a equação é $y = 2 \text{ sen } x$.

(iv) Quando alteramos a fase, estendendo a onda um quarto de onda para a esquerda, obtemos a onda cosseno básica, $y = \cos x$.

Uma boa maneira de se familiarizar com os conceitos de frequência, amplitude e fase é lembrar que as senoides são geradas por um ponto em rotação: a velocidade da rotação determina a frequência, o raio do círculo que gira determina a amplitude, e a posição de partida determina a fase.

(v) Aqui temos a onda seno com o acréscimo da onda cosseno. Quando somamos uma onda a outra, estamos somando os valores verticais de cada ponto em relação ao eixo horizontal. Magicamente, o resultado também é uma senoide, embora com fase diferente e uma amplitude de $\sqrt{2}$. De fato, quando duas senoides com a mesma frequência são somadas, o resultado é sempre uma senoide, quaisquer que sejam suas amplitudes e fases.

Em outras palavras, uma senoide somada a qualquer número de outras senoides com a mesma frequência mas diferentes amplitudes e fases permanecerá senoidal, como um monstro de ficção científica que sempre consegue readquirir sua forma original. Voltaremos à aritmética dos pontos em rotação em breve, mas primeiro façamos um breve desvio de rota para tratar de um outro tipo de revolução, a francesa.

Em 1798, Joseph Fourier, um professor de trinta anos de idade na École Polytechnique de Paris, recebeu uma mensagem urgente do ministro do Interior, informando-lhe que seu país estava requisitando seus serviços e que deveria "estar pronto para partir assim que recebesse a ordem".[12] Dois meses depois, Fourier zarpou de Toulon como parte de uma esquadra militar com

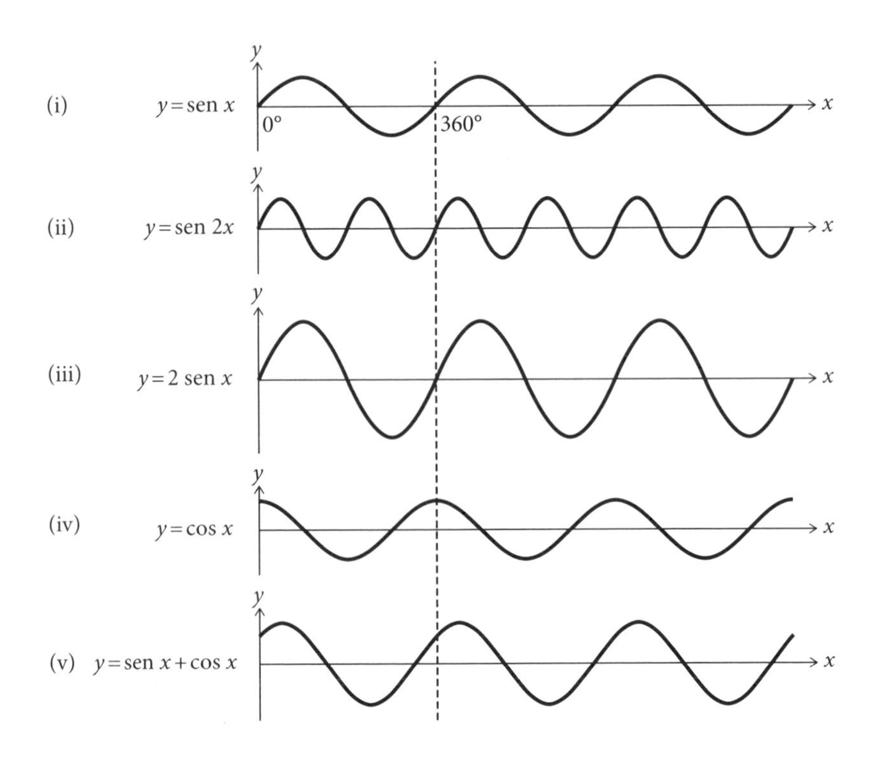

25 mil homens, sob o comando do general Napoleão Bonaparte, cujo objetivo não anunciado era a invasão do Egito.

Fourier era um dos 167 eminentes eruditos, os *savants*, reunidos para a expedição ao Egito. Sua presença refletia a ideologia da Revolução no tocante ao progresso científico, e Napoleão, um entusiasmado matemático amador, gostava de se cercar de colegas que compartilhavam de seus interesses. Diz-se que, quando as tropas francesas chegaram à Grande Pirâmide de Gizé, Napoleão sentou-se à sua sombra, rabiscou algumas anotações em seu caderninho e anunciou que havia na pirâmide pedras suficientes para construir um muro com três metros de altura e uma espessura de um terço de metro, e que poderia circundar a França quase perfeitamente.[13] Gaspard Monge, seu matemático-chefe, confirmou que a estimativa do general estava mesmo correta.*

Fourier assumiu muitas funções administrativas no Egito, e a mais proeminente foi a de secretário permanente do Instituto do Cairo, um centro de herança cultural baseado no Institut de France, em Paris. Quando o instituto decidiu reunir todas as suas descobertas científicas e arqueológicas, posteriormente publicadas nos 37 volumes da *Description de L'Égypte*, Fourier escreveu a introdução. Ele foi, com efeito, o pai da egiptologia.

Depois do retorno de Fourier do Egito, Napoleão nomeou-o prefeito do departamento alpino de Isère, com base em Grenoble. Tendo sido sempre um homem de saúde frágil, com extrema sensibilidade ao frio, ele nunca saía sem um sobretudo, mesmo no verão, muitas vezes cuidando de que um criado levasse para ele um segundo casaco, de reserva. Mantinha seus aposentos cozinhando de calor, o tempo todo. Em Grenoble, sua pesquisa acadêmica também voltou-se para o calor. Em 1807, ele publicou um documento inovador, *Sobre a propagação do calor em corpos sólidos*. Apresentava um notável resultado sobre as senoides.

O famoso teorema de Fourier declara que qualquer onda periódica pode ser construída com a adição de senoides. O resultado é surpreendente. Os contemporâneos de Fourier o encararam com descrença. Muitas

* A Grande Pirâmide tem um lado de 229 metros e uma altura de 146 metros. A França é, grosso modo, um retângulo com 770 quilômetros no sentido norte-sul, por 700 quilômetros no sentido leste-oeste. Com esses dados, a estimativa tem um erro de apenas 3%.

ondas não se parecem nada com senoides, como a onda quadrada, ilustrada abaixo, que se assemelha às ameias no parapeito de um castelo. A onda quadrada é feita de linhas retas, enquanto a senoide é continuamente curva. Mas Fourier estava certo: podemos construir uma onda quadrada usando apenas senoides.

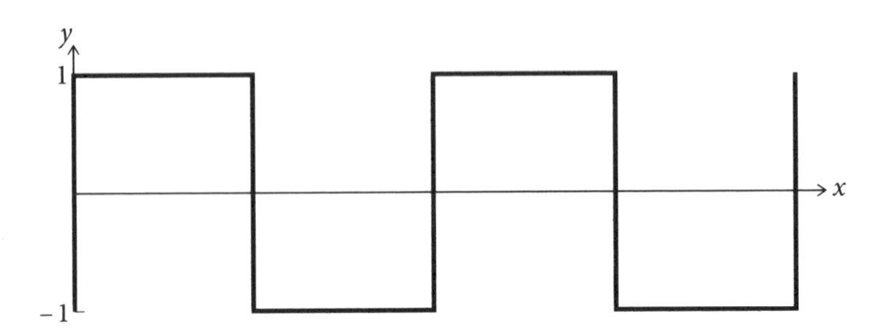

O método é o seguinte. Na ilustração abaixo há três ondas seno: uma onda básica, uma onda seno menor com uma frequência três vezes maior e um terço da amplitude, e uma onda seno ainda menor com cinco vezes a frequência e um quinto da amplitude. Podemos escrever essas três ondas como sen x, $\frac{\text{sen } 3x}{3}$ e $\frac{\text{sen } 5x}{5}$.

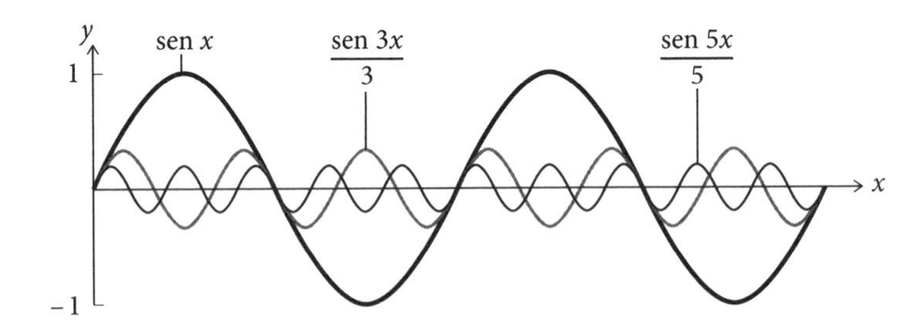

Na ilustração seguinte comecei a somar essas três ondas. Vemos a onda básica, sen x. A soma sen $x + \frac{\text{sen } 3x}{3}$ é uma onda que parece uma fileira de dentes molares. A soma sen $x + \frac{\text{sen } 3x}{3} + \frac{\text{sen } 5x}{5}$ é uma onda que se parece com os filamentos de uma lâmpada elétrica. Se continuarmos acrescentando termos das séries:

$$\operatorname{sen} x + \frac{\operatorname{sen} 3x}{3} + \frac{\operatorname{sen} 5x}{5} + \frac{\operatorname{sen} 7x}{7} + \cdots$$

chegaremos cada vez mais perto da onda quadrada. No limite, somando uma infinidade de termos, teremos a onda quadrada. É espantoso que um formato tão rígido possa ser construído usando apenas esses meneios ondulantes. Qualquer onda que consiste de linhas denteadas, curvas suaves ou até mesmo uma combinação delas pode ser construída com senoides.

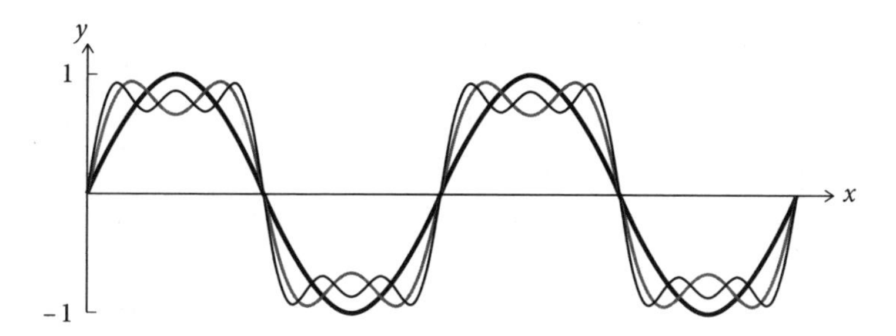

A soma das senoides que formam uma onda é chamada de sua "série de Fourier".[14] Trata-se de um conceito de notável utilidade, pois nos permite compreender uma onda contínua em termos de sinais discretos. Os termos na série para a onda quadrada, por exemplo, podem agora ser representados no gráfico de barras abaixo.

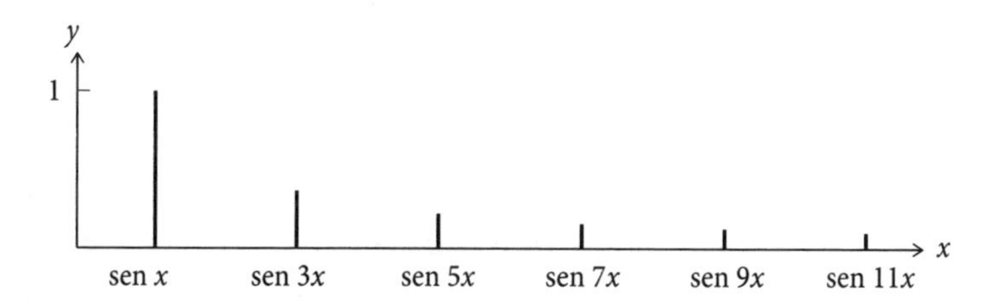

O eixo horizontal representa as frequências das senoides que a constituem, e o eixo vertical, suas amplitudes. Cada barra representa uma senoide, e a barra mais à esquerda é a senoide que tem a frequência "fundamental". Esse tipo de gráfico é conhecido como "espectro de frequência" da onda ou "transformada de Fourier".

* * *

O teorema de Fourier foi talvez o resultado matemático mais significativo do século XIX, porque as ondas periódicas podem descrever fenômenos de vários campos — da óptica à mecânica quântica, da sismologia à engenharia elétrica. Muitas vezes, a melhor maneira de estudar essas ondas é quebrá-las em sinoides simples. A ciência da acústica, por exemplo, na prática é uma aplicação das descobertas de Fourier.

O som é a vibração de moléculas do ar. As moléculas oscilam na direção em que o som viaja, como ilustrado na página seguinte com o clarinete, formando áreas alternadas de compressão e rarefação. A variação na pressão do ar ao longo do tempo é uma onda periódica.

Como se pode ver, a onda do clarinete é denteada e complicada. O teorema de Fourier nos diz, no entanto, que podemos decompô-la numa soma de senoides, cujas frequências são todas múltiplas da frequência "fundamental" do primeiro termo. Em outras palavras, a onda pode ser representada como um espectro de frequências com diferentes amplitudes. A ilustração a seguir mostra o espectro de frequência da onda do clarinete como um gráfico de barras.

Lembre-se: a onda denteada e o diagrama de barras representam exatamente o mesmo som, só que em cada imagem a informação está codificada de modo diferente. No caso da onda, o eixo horizontal é o tempo, enquanto no diagrama de barras o eixo horizontal é a frequência. Os engenheiros de som dizem que a onda está no "domínio do tempo", e a transformada, no "domínio da frequência".

O domínio da frequência também nos fornece toda informação de que precisamos para recriar o som de um clarinete usando apenas diapasões. Cada barra no gráfico de barras representa uma senoide oscilando a uma frequência fixa. Lembremos agora os experimentos de Lissajous com diapasões mencionados neste capítulo. A onda de som produzida por um diapasão é uma senoide. Assim, para recriar o som de um clarinete, só precisamos fazer soar uma seleção de diapasões nas frequências e amplitudes corretas descritas por esse gráfico de barras. Da mesma forma, o espectro de frequências de um violino nos fornecerá as instruções de como utilizar diapasões

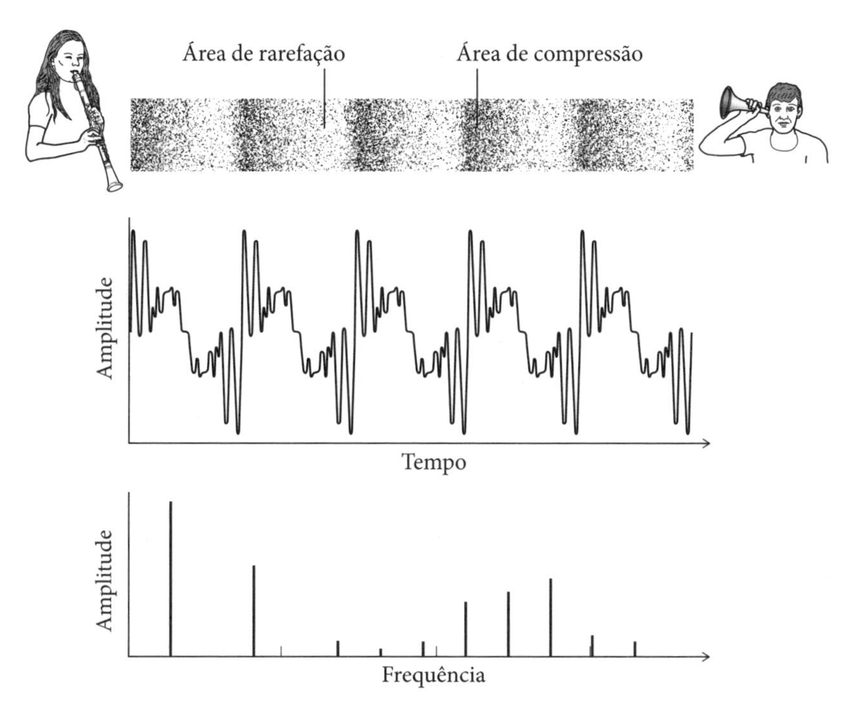

A onda sonora e o espectro de frequência de um clarinete.

para produzir o som de um violino. A diferença de timbre entre um clarinete e, digamos, um violino, tocando ambos um dó central da pauta, é resultado da oscilação do mesmo conjunto de diapasões quando oscilam com amplitudes relativas diferentes. Uma consequência do teorema de Fourier é que, teoricamente, é possível tocar as obras completas de Beethoven com diapasões, de tal forma que o ouvinte não consiga distingui-los de uma orquestra sinfônica.

Nos Laboratórios Dolby, em San Francisco, quando passa um carro de bombeiros, todos tapam os ouvidos para se proteger da sirene, especialmente os que têm "ouvidos de ouro", os membros da equipe dotados de excepcional capacidade auditiva, que esperam com isso proteger suas faculdades auditivas do barulho deletério. A Dolby construiu sua reputação com seus sistemas de redução de ruído para as indústrias do cinema e da música, e atualmente cria softwares de áudio de qualidade para usuários de dispositivos eletrônicos, utilizando uma tecnologia totalmente baseada em senoides.

O benefício de poder passar uma onda sonora do domínio do tempo para o domínio da frequência é que algumas tarefas que são de fato difíceis num domínio tornam-se muito mais simples no outro. Todo som tocado em dispositivos digitais — como a TV, o telefone e o computador — é armazenado como dados no domínio da frequência, não do tempo. "A forma da onda é como um macarrão", explicou Brett Crockett, diretor sênior de pesquisa em tecnologia do som. "Você não consegue agarrá-la." Frequências são muito mais fáceis de armazenar por serem um conjunto de valores discretos. Também ajuda o fato de que nossos ouvidos não são capazes de ouvir todas as frequências. "[Ouvidos] não precisam do quadro completo", ele acrescentou. O software da Dolby transforma ondas em senoides e então descarta as senoides não essenciais, para que o melhor som possível possa ser armazenado com o mínimo de informação possível. Quando a informação é de novo tocada em forma de som, o espectro das frequências restantes é reconvertido numa onda no domínio do tempo.

Parece fácil, mas na prática a tarefa de filetar senoides de um espectro de frequência é extremamente complexa. Baseia-se, em primeiro lugar, no que é chamado de Transformada Rápida de Fourier, um algoritmo de computador que converte a onda em suas frequências, em tempo real. Além disso, instrumentos, estilos musicais e vozes diferentes requerem soluções diferentes. Um dos sons mais difíceis de ser processados da maneira correta é o da gaita de boca, porque seu espectro de frequência se parece com uma cerca de pau a pique — as amplitudes das diferentes frequências estão à mesma altura, forçando o apagamento de frequências audíveis. Mesmo com todo o know-how da Dolby, a peça musical que seu software mais se esforça para recriar com fidelidade é "Moon River", a assustadoramente bela canção que Henry Mancini compôs em 1961. Os "ouvidos de ouro" de Brett avaliam a nova tecnologia Dolby em função da fidelidade com que reproduz um refrão tocado numa gaita de boca que foi gravado há mais de meio século.

Joseph Fourier foi a primeira pessoa a transformar uma onda periódica num espectro de frequências. Muito tempo depois, biólogos entenderam como funciona a audição. A parte do ouvido que escuta é a cóclea, um tubo espiralado cheio de líquido e coberto de células pilosas, no ouvido interno. Os pelos vibram de acordo com a frequência da onda sonora que entra, com as frequências mais baixas fazendo vibrar os pelos numa extremidade da cóclea, os mais agudos fazendo vibrar os pelos na outra extremidade. Se desenrolássemos a cóclea para que ficasse em linha reta, ela se pareceria com o eixo horizontal de uma transformada de Fourier. A natureza tem isolado as ondas de frequências sonoras desde que as criaturas têm ouvidos para escutar.

Este capítulo tratou da parte da matemática que gira em torno de círculos. Vamos romper o ciclo. O que acontece com coisas que vão ficando maiores e maiores e maiores?

!
!
!
10!

6. Tudo sobre *e*

Em Boulder, no Colorado, visitei um homem que tinha feito aquela que possivelmente foi a conferência que teve mais apresentações na história da ciência.[1] Albert Bartlett, professor emérito de física na Universidade do Colorado, apresentou pela primeira vez sua palestra "Aritmética, população e energia" em 1969. Quando o conheci, ele já a tinha proferido 1712 vezes, e continua a fazê-lo a uma razão de vinte vezes por ano, mesmo já estando com quase noventa anos de idade.[2] Bartlett, que é alto e de compleição física robusta encimada por uma imponente cabeça, usava uma gravata do Velho Oeste do tipo de cordão, presa num clipe com um enfeite em forma de planeta e estrelas. Em sua famosa palestra, ele proclama como um sinistro agouro que a maior deficiência da raça humana é nossa incapacidade de entender o crescimento exponencial. A mensagem, simples mas poderosa, projetou-o nos anos recentes a um estrelato na internet: uma gravação de sua fala no YouTube, intitulada *O mais IMPORTANTE vídeo que você já viu*, registrou mais de 5 milhões de acessos.

O crescimento exponencial (ou proporcional) ocorre quando repetidamente se aumenta uma quantidade mantendo a mesma proporção de aumento. Por exemplo, dobrando:

1, 2, 4, 8, 16, 32, 64...

Ou triplicando:

1, 3, 9, 27, 81, 243, 729...

Ou até mesmo incrementando só com 1% a mais:

1; 1,01; 1,0201; 1,0303; 1,0406; 1,05101; 1,06152...

Podemos reformular esses números usando a seguinte notação:

$2^0, 2^1, 2^2, 2^3, 2^4, 2^5, 2^6$...

$3^0, 3^1, 3^2, 3^3, 3^4, 3^5, 3^6$...

$1{,}01^0; 1{,}01^1; 1{,}01^2; 1{,}01^3; 1{,}01^4; 1{,}01^5; 1{,}01^6$...

O número pequeno à direita e elevado em relação ao número de tamanho normal chama-se "potência", ou "expoente", e denota o número de vezes que se deve multiplicar por si mesmo o número com tamanho normal. Sequências que aumentam proporcionalmente exibem um crescimento "exponencial" — uma vez que em cada novo termo o expoente aumenta uma unidade.

Quando um número aumenta exponencialmente, quanto maior ele fica, mais depressa aumenta, e depois de apenas um punhado de repetições pode atingir um tamanho surpreendente. Considere o que acontece com uma folha de papel ao ser dobrada. Cada dobra duplica sua espessura. Como o papel tem cerca de 0,1 milímetro de espessura, as espessuras depois de cada dobra são

0,1; 0,2; 0,4; 0,8; 1,6; 3,2; 6,4...

que é a sequência de dobros que vimos anteriormente, mas com o ponto decimal recuado uma casa. Como o papel está ficando mais grosso, cada dobra requer mais força, e na sétima já é fisicamente impossível continuar. A espessura do papel nesse ponto é 128 vezes a de uma simples folha, o que a faz ter a grossura de um livro de 256 páginas.

Mas continuemos, para ver — ao menos na teoria — a espessura que esse pedaço de papel vai ter. Após mais seis dobras o papel já tem quase um metro de altura. Seis dobras depois, tem a altura do Arco do Triunfo, e com mais seis será uma torre de três quilômetros projetando-se no céu. Por mais ordinária que seja uma duplicação, quando realizamos esse procedimento repetidas vezes, não leva muito tempo para que os resultados sejam extraordinários. Nosso papel vai ultrapassar a Lua depois de 42 dobras, e o número total de dobras necessário para que atinja o limite do universo observável é apenas 92.

Albert Bartlett está menos interessado em outros planetas do que neste em que vivemos, e em sua palestra introduziu uma brilhante e instigante analogia para o crescimento exponencial. Imagine uma garrafa contendo uma bactéria cuja quantidade dobra a cada minuto. Às onze da manhã a garrafa contém uma bactéria, e uma hora depois, ao meio-dia, está cheia. Recuando no tempo, às 11h59 a garrafa devia estar cheia pela metade, às 11h58, a quarta parte e assim por diante. "Se você fosse uma bactéria nessa garrafa", pergunta Bartlett, "em que momento perceberia que estava ficando sem espaço?" Às 11h55 a garrafa pareceria estar bem vazia — apenas $\frac{1}{32}$ dela estaria ocupado, ou 3%, deixando 97% livres para expansão. A bactéria perceberia que estava só a cinco minutos da capacidade plena? A história da garrafa de Bartlett deve servir como alerta para a Terra. Se uma população cresce exponencialmente, vai ficar sem espaço muito mais cedo do que pensa.

Considere a história de Boulder. Entre 1950, o ano em que Bartlett mudou-se para lá, e 1970, a população da cidade cresceu a uma média de 6% ao ano. Isso equivale a dizer que, assim como você multiplica a população inicial por 1,06 para obter a população ao final do primeiro ano, vai multiplicar a população inicial por $(1{,}06)^2$ para ter a população ao final do segundo, multiplicar a população inicial por $(1{,}06)^3$ para ter a população no final do terceiro, e assim por diante, o que é claramente uma progressão exponencial.

Seis por cento ao ano, por si, não parece ser tanto assim, mas depois de duas décadas isso representou mais do que uma triplicação da população, de 20 mil para 67 mil. "É uma quantidade tremenda", disse Bartlett, "e temos lutado desde então para tentar desacelerar seu crescimento." (Atualmente é de quase 100 mil). A paixão de Bartlett pela explicação do crescimento exponencial veio da determinação de preservar a qualidade de vida em sua cidade, na encosta de uma montanha.

É importante lembrar que, sempre que o percentual de aumento por unidade de tempo é constante, o crescimento é exponencial, ou seja, mesmo que a quantidade considerada possa começar crescendo lentamente, logo ganhará velocidade e não vai demorar a se tornar, contrariando a intuição, imensa. Como todas as medições econômicas, financeiras e políticas de crescimento — de vendas, lucros, preços de ações, produto interno bruto e população, por exemplo, assim como inflação e taxas de juros — são feitas em percentuais por unidade de tempo, entender o crescimento exponencial é crucial para compreender o mundo.

Isso também valia para meio milênio atrás, quando a preocupação com o crescimento exponencial levou ao uso disseminado de uma regra empírica, a Regra do 72, mencionada pela primeira vez na *Summa de Arithmetica* de Luca Pacioli, a bíblia matemática do Renascimento. Se uma quantidade está crescendo exponencialmente, então existe um período fixo no qual a quantidade dobra, que é conhecido como "tempo de duplicação". A Regra do 72 estabelece que uma quantidade que aumenta em X por cento a cada período de tempo dobrará de tamanho em cerca de $\frac{72}{X}$ períodos. (Explico como se chegou a isso no Apêndice Cinco.) Assim, se uma cidade está crescendo 1% ao ano, vai levar cerca de $\frac{72}{1}$, ou 72 anos, para sua população dobrar. Se a cidade estiver crescendo 2% ao ano, isso levará $\frac{72}{2}$, ou 36 anos, e se estiver crescendo à razão de 6%, como acontecia em Boulder, isso levaria $\frac{72}{6}$, ou seja, doze anos.

A duplicação do tempo é um conceito útil, porque nos permite enxergar facilmente o futuro e o passado. Se a população de Boulder dobra em doze anos, vai quadruplicar em 24 anos, e após 36 anos será oito vezes maior. (Contanto que a taxa de crescimento permaneça igual, claro.) Da mesma forma, se considerarmos o crescimento anterior, um número que cresceu 6% ao ano terá tido metade do valor atual doze anos atrás, um quarto do valor atual 24 anos atrás, e há 36 anos tinha um oitavo do tamanho atual.

Ao converter um percentual de crescimento para o tempo de duplicação de uma quantidade, tem-se uma noção melhor da velocidade com que esse crescimento está se acelerando, o que faz a Regra do 72 ser indispensável quando se pensa em crescimento exponencial. Lembro-me de meu pai explicando-me isso quando eu era jovem, e ele tinha aprendido com o pai dele, que como comerciante de tecidos no East End de Londres antes da era das calculadoras deve ter se baseado nisso em sua vida profissional. Se você toma dinheiro emprestado a juros de 10% ao ano, a regra lhe diz com pouco esforço mental que a dívida vai dobrar em cerca de sete anos, e quadruplicar em catorze.

O interesse de Albert Bartlett em exponenciais logo se estendeu para além de questões de superpopulação, poluição e trânsito em Boulder, uma vez que os argumentos que apresentou ao conselho da cidade também se aplicavam ao mundo como um todo. A Terra não pode sustentar uma população que cresce proporcionalmente a cada ano, pelo menos não por muito mais tempo. Quantos minutos ainda restam, ele perguntou, para que a bactéria encha a garrafa? As ideias de Bartlett fizeram dele uma versão contemporânea de Thomas Malthus, o clérigo inglês que há duzentos anos argumentou que o crescimento da população levaria à fome e à doença, já que o crescimento exponencial não pode ser alcançado por um correspondente crescimento na produção de alimentos. "Malthus tinha razão!", afirmou Bartlett. "Ele não previu o petróleo e a mecanização, mas suas ideias estavam corretas. Ele compreendeu a relação do crescimento exponencial versus crescimento linear. A população tem a capacidade de crescer mais rapidamente do que podemos fazer crescer os recursos dos quais necessitamos para sobreviver." E acrescentou: "Não importa quais sejam as suas premissas, a população entra em colapso em meados deste século, dentro de quarenta anos".

Bartlett é um palestrante incisivo. Inteligentemente, ele converte a vertigem sentida ao se pensar sobre o crescimento exponencial no medo de um futuro apocalíptico e inevitável. Sua fala também é inovadora na maneira como ele utiliza as ferramentas da física — destilando a essência do problema e destacando a lei universal — numa discussão que em geral é dominada por economistas e cientistas sociais. Ele reserva muito de sua ira aos economistas, os quais acusa de praticar uma denegação coletiva. "Eles construíram uma sociedade na qual você tem de ter crescimento populacional para ter crescimento de emprego. Mas o crescimento nunca se paga, e no fim leva ao desastre." A única opção viável, ele diz, é a sociedade acabar com seu vício em exponenciais.

Os que se opõem à visão de Bartlett argumentam que a ciência achará soluções para aumentar a produção de alimentos e de energia, como tem conseguido até agora, e que de qualquer maneira a taxa de natalidade está se reduzindo em termos globais. Eles não estão enxergando o principal, segundo Bartlett. "Uma resposta que comumente os economistas me dão tem sido que eu não compreendo o problema, que é mais complexo do que uma simples questão de senso comum. Eu respondo que, se você não consegue compreender os aspectos mais simples, não tem como esperar compreender os mais complicados!" E acrescentou com um risinho: "Isso não leva a lugar nenhum. Não se pode sustentar o crescimento da população, ou o crescimento no consumo de recursos, ponto final. A discussão está encerrada. Isso não admite debate, a menos que você queira contestar a aritmética".

Bartlett define nossa incapacidade de compreender o crescimento exponencial como a maior deficiência da raça humana. Mas por que consideramos isso tão difícil de compreender? Em 1980, o psicólogo Gideon Keren, do Instituto de Percepção, nos Países Baixos, fez um estudo que visava a descobrir se havia diferenças culturais nas percepções erradas do crescimento exponencial.[3] Ele pediu a um grupo de canadenses que previssem o preço de uma carne que estava subindo à razão de 13% ao ano. Foram informados dos preços em 1977, 1978, 1979 e 1980, quando era de três dólares, e deviam fazer uma estimativa do valor ao qual chegaria treze anos depois, em 1993. A média entre os palpites foi em torno de 7,70 dólares, cerca de metade do que seria a resposta correta, 14,70 dólares, o que é uma significativa diferença para menos. Keren apresentou então a mesma pergunta a um grupo de israelenses, para quem essa carne custava, em 1980, 25 libras israelenses. O palpite médio para o preço em 1993 foi de 106,40 libras, que embora novamente subestimado — o valor correto seria 122,40 — estava muito mais próximo do alvo. Keren argumentou que os israelenses haviam tido melhor desempenho porque seu país estava passando por um período em que a inflação, no momento da pesquisa, era de cerca de 100%, comparada com os 10% no Canadá. Concluiu que, com mais experiência de um crescimento exponencial mais elevado, os israelenses tinham ficado mais sensíveis a ele, mesmo estando suas estimativas ainda abaixo da realidade.

Em 1973, Daniel Kahneman e Amos Tversky demonstraram que as pessoas estimam um valor menor para a operação $1 \times 2 \times 3 \times 4 \times 5 \times 6 \times 7 \times 8$ do que estimam para $8 \times 7 \times 6 \times 5 \times 4 \times 3 \times 2 \times 1$, que têm resultados iguais, mostrando que ficam indevidamente influenciadas pela ordem em que leem os números.[4] (A resposta média para a sequência ascendente era 512 e, para a sequência descendente, 2250. Na verdade, ambas as estimativas são imensamente menores do que o resultado correto, 40 320.) A pesquisa de Kahneman e Tversky provê uma explicação de por que sempre subestimamos o crescimento exponencial: em qualquer sequência tendemos, inconscientemente, a ser puxados para baixo, "ancorados" pelos primeiros termos, sendo essa tendência mais extrema quando a sequência é ascendente.

O crescimento exponencial pode se dar passo a passo ou de forma contínua. Na analogia de Bartlett com a bactéria na garrafa, uma bactéria torna-se duas, duas tornam-se quatro, quatro tornam-se oito e assim por diante. A população aumenta em números inteiros, em intervalos fixos. As curvas na ilustração abaixo, contudo, mostram um crescimento exponencial *e* contínuo. Em cada um de seus pontos a curva se eleva numa razão proporcional à sua altura.

Quando uma equação é do formato $y = a^x$, em que a é um número positivo, a curva exibe um crescimento exponencial contínuo. As curvas abaixo são expressas pelas equações $y = 3^x$, $y = 2^x$, e $y = 1{,}5^x$, que são as curvas contínuas da sequência de triplicação, da sequência de duplicação e da sequência na qual cada novo termo aumenta 50% em relação ao anterior. No caso de $y = 2^x$, por exemplo, quando os valores de x são 1, 2, 3, 4, 5..., os valores de y são 2, 4, 8, 16, 32...

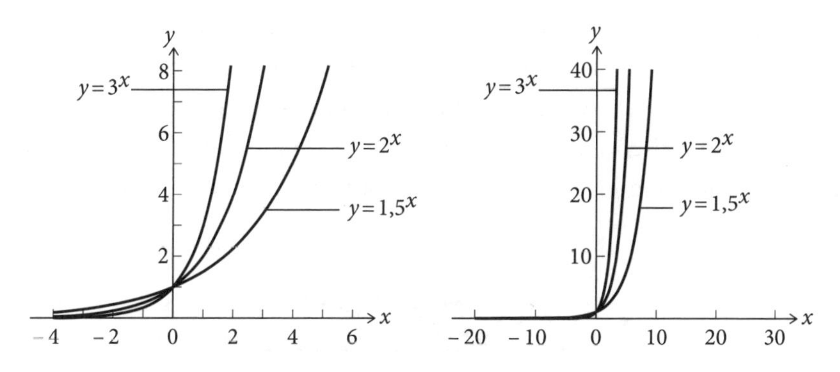

Curvas exponenciais.

No gráfico de escala menor, à esquerda, as curvas parecem fitas fixadas no eixo vertical em 1. No gráfico de escala maior, à direita, pode-se ver como todas estão submetidas a um destino similar — chegando perto de serem verticais por algumas poucas unidades ao longo do eixo x. Não parece que essas curvas irão mais tarde cobrir o plano na horizontal, embora, inevitavelmente, acabarão por fazê-lo. Se eu quisesse que o gráfico à direita expressasse $y = 3^x$, sendo $x = 30$, a página teria de se esticar 100 milhões de quilômetros na direção vertical.

Quando uma curva se eleva exponencialmente, quanto mais alta ela fica, mais íngreme se torna. Quanto mais ascendemos na curva, mais depressa ela cresce. Antes de seguirmos adiante, no entanto, tenho de introduzir um novo conceito: a medida matemática da ingremidade, que se chama "gradiente". O gradiente de uma inclinação é $\frac{\text{mudança na altura}}{\text{mudança na distância}}$, e deve ser familiar a qualquer pessoa que alguma vez dirigiu um carro ou andou numa estrada montanha acima. Se uma estrada sobe cem metros enquanto se cobrem quatrocentos metros horizontalmente, como ilustrado abaixo, então o gradiente é $\frac{100}{400}$, ou $\frac{1}{4}$, que um sinal de estrada bastante comum vai mostrar como 25%. A definição tem um sentido intuitivo, pois isso significa que estradas mais íngremes têm gradientes maiores, embora tenhamos de ser cautelosos. Uma estrada que tem um gradiente de 100% sobe em altura a mesma medida que percorre horizontalmente, o que quer dizer que ascende num ângulo de 45 graus. Em teoria é possível que uma estrada tenha um gradiente de mais de 100%, até mesmo ter um gradiente infinito, que seria o de um aclive totalmente vertical.

A estrada aqui ilustrada tem gradiente constante. A maioria, contudo, tem gradiente variável. Ficam mais íngremes, mais planas, mais íngremes novamente. Para achar o gradiente de um ponto numa estrada, ou curva, com ingremidade variável, precisamos desenhar uma tangente àquele ponto e achar o gradiente da tangente. Tangente é a linha que toca a curva naquele ponto sem cruzá-la (o termo "tangente" vem do latim *tangere*,

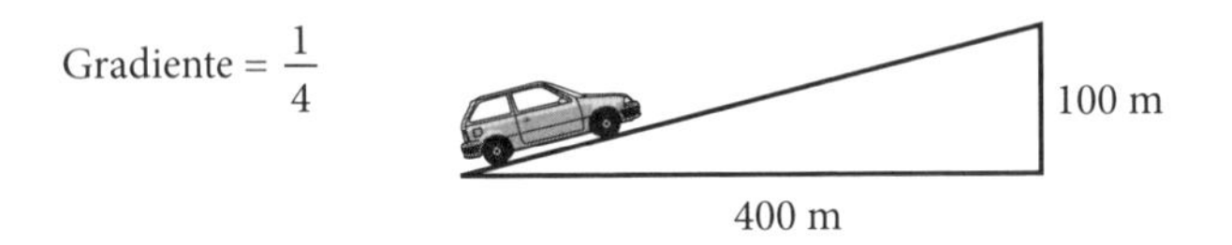

"tocar"). Na ilustração de uma curva com gradiente variável, marquei um ponto P e desenhei uma tangente em P. Para achar o gradiente da tangente desenhamos um triângulo retângulo, que nos mostra a mudança na altura, *a*, havida com a mudança horizontal, *b*, e calculamos $\frac{a}{b}$. O tamanho do triângulo não tem importância, porque a razão entre altura e largura continuará sendo a mesma. O gradiente no ponto P é simplesmente o gradiente da tangente em P, que é $\frac{a}{b}$.

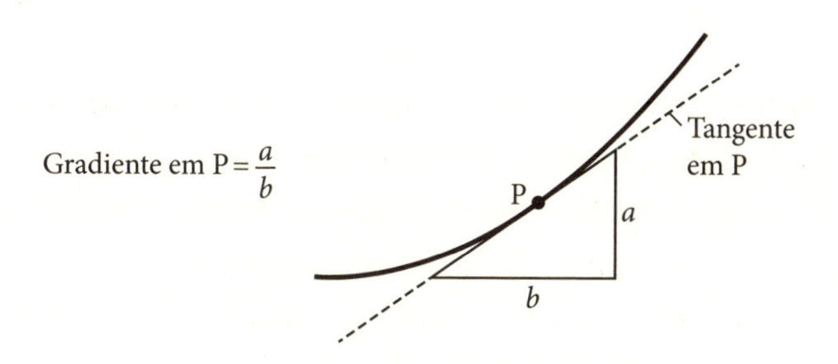

Voltemos à minha descrição das curvas exponenciais: quanto mais as percorremos para cima, mais íngremes elas ficam. Em outras palavras, quanto mais se eleva a curva, mais elevado é seu gradiente. Na verdade, podemos fazer uma declaração mais audaciosa. Em todas as curvas exponenciais, *o gradiente é sempre um percentual fixo da altura.* O que nos deixa com uma questão óbvia: qual é a curva na medida exata, na qual o gradiente e a altura são sempre iguais?

Vai-se descobrir que a "curva perfeita" é:

$$y = (2{,}7182818284\ldots)^x$$

Quando a altura é 1, o gradiente é 1, quando a altura é 2, o gradiente é 2, e quando a altura é 3, o gradiente é 3, como ilustrado no tríptico a seguir. Mas eu poderia escolher qualquer ponto que fosse. Quando a altura é pi, o gradiente é pi, e quando a altura é 1 milhão, o gradiente é 1 milhão. Enquanto se vai percorrendo a curva, suas duas propriedades mais fundamentais — altura e gradiente — mantêm-se iguais e se elevam juntas, uma subida de alegre sincronicidade, como amantes num quadro de Chagall, flutuando no céu.

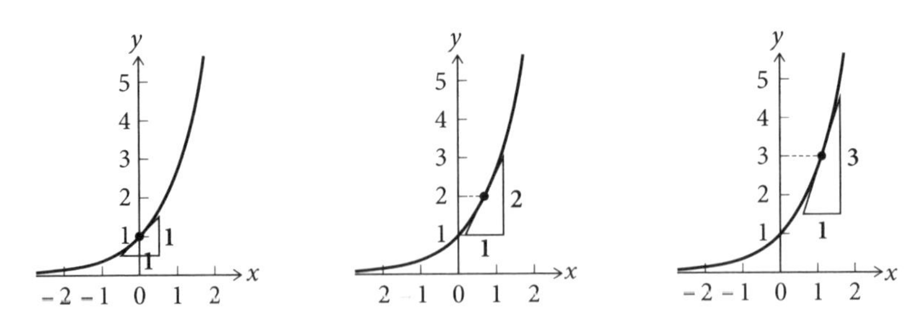

A curva de $y = e^x$: a altura de um ponto na curva é sempre igual ao gradiente naquele ponto.

No entanto, a beleza geométrica da curva contrasta com sua feia prole: um espocar de dígitos decimais que começam com 2,718 e continuam indefinidamente sem se repetir. Por conveniência, representamos esse número com a letra *e*, e o chamamos de "constante exponencial". É a segunda mais famosa constante na matemática, depois de pi, mas, ao contrário de pi, que foi objeto de interesse durante milênios, *e* é um atrasadinho.

Quando lhe perguntaram qual tinha sido a maior invenção de todos os tempos, Albert Einstein teria gracejado: "o juro composto". Esse diálogo provavelmente jamais aconteceu, mas figura como lenda urbana porque é o tipo de resposta jocosa que todos nós gostaríamos de ter dado. Juro é a remuneração que se paga por tomar dinheiro emprestado, ou que se recebe por emprestá-lo. Usualmente é um percentual do dinheiro que se tomou ou emprestou. Juro simples é o dinheiro pago ou recebido pela quantia original, e que permanece o mesmo em cada prestação, ou seja, se um banco cobra 20% ao ano de juros simples sobre um empréstimo de cem libras, então, um ano depois, a dívida é de 120 libras, depois de dois anos é de 140 libras, depois de três anos é de 160 libras e assim por diante. Com juro composto, no entanto, cada pagamento é uma proporção do total *composto*, ou acumulado. O dinheiro que se deve dos juros vai alimentar o "pote". Assim, se um banco cobra 20% ao ano de juros compostos, uma dívida de 100 libras será de 120 libras após um ano, de 144 libras depois de dois, de 172,80 libras depois de três, uma vez que:

ANO UM: dívida + juros

$$= £100 + (£100 \times \tfrac{20}{100}) = £120$$

ANO DOIS: dívida acumulada + juros

$$= £120 + (£120 \times \tfrac{20}{100}) = £144$$

ANO TRÊS: dívida acumulada + juros

$$= £144 + (£144 \times \tfrac{20}{100}) = £172{,}80$$

E assim por diante.

Juros compostos crescem mais rápido que os simples porque crescem exponencialmente. Acrescentar x% a uma dívida equivale a multiplicá-la por $(1 + \frac{x}{100})$, de forma que o cálculo acima possa ser feito da seguinte maneira:

ANO UM: $£100\,(1 + \tfrac{20}{100})$

ANO DOIS: $£100\,(1 + \tfrac{20}{100}) \times (1 + \tfrac{20}{100}) = £100\,(1 + \tfrac{20}{100})^2$

ANO TRÊS: $£100\,(1 + \tfrac{20}{100})^2 \times (1 + \tfrac{20}{100}) = £100\,(1 + \tfrac{20}{100})^3$

que é uma sequência que cresce exponencialmente.

Quem empresta dinheiro tem preferido os juros compostos aos simples ao longo de toda a história conhecida. Inclusive, num dos primeiros problemas da literatura matemática, numa tabuleta de barro mesopotâmica de 1700 a.C., a pergunta é quanto tempo levaria para que uma quantia dobrasse de valor a um juro composto de 20% ao ano. Um dos motivos que fazem a atividade bancária ser tão lucrativa é que o juro composto faz crescer a dívida, ou empréstimo, exponencialmente, o que vale dizer que você pode acabar pagando, ou ganhando, quantias exorbitantes em pouco tempo. Os romanos condenaram o juro composto como a pior forma de usura. No Alcorão, é declarado um pecado. Não obstante, o sistema financeiro moderno baseia-se nessa prática. É como os nossos saldos devedores, faturas de cartões de crédito e pagamentos de hipotecas são calculados. O juro composto tem sido o principal catalisador do crescimento econômico desde o início da civilização.

No final do século XVII, o matemático suíço Jakob Bernoulli fez uma pergunta bastante básica sobre o juro composto. De que maneira o intervalo entre as formações dos juros compostos influi no valor de um depósito? (Jakob era o irmão mais velho de Johann, que encontramos no capítulo anterior desafiando os mais brilhantes matemáticos a encontrar o percurso da descida mais rápida.) Seria melhor receber todo o juro uma vez por ano, ou metade do juro composto a cada meio ano, ou um duodécimo do juro composto a cada mês, ou mesmo $\frac{1}{365}$ da taxa composta anual a cada dia? Intuitivamente, parece que quanto mais "compusermos" mais podemos ganhar, o que é de fato o caso, porque assim o dinheiro passa mais tempo "trabalhando" para nós. Mas vou fazer os cálculos com você, passo a passo, já que isso chama a atenção para um interessante padrão aritmético.

Para que os números sejam os mais simples possíveis, vamos depositar uma libra, com o banco pagando uma taxa de juros de 100% ao ano. Depois de um ano, o valor do depósito vai dobrar para duas libras.

Se dividirmos a taxa de juros e o intervalo de composição ao meio, teremos uma taxa de 50%, a ser composta duas vezes.

Após seis meses nosso depósito aumentará para

$$£\,(1 + \tfrac{50}{100}) = £1{,}50$$

E depois de um ano será:

$$£\,(1 + \tfrac{50}{100})\,(1 + \tfrac{50}{100}) = £\,(1 + \tfrac{50}{100})^2 = £\,(1 + \tfrac{1}{2})^2 = £2{,}25$$

Assim, compondo os juros a cada seis meses, teremos mais 25 pence.

Da mesma forma, se a taxa de juros for $\frac{1}{12}$ de 100% e houver doze pagamentos mensais, o depósito aumentará para:

$$£\,(1 + \tfrac{1}{12})^{12} = £2{,}6130$$

Compondo mensalmente, ganhamos 61 pence a mais.

E, com uma taxa de juros de $\frac{1}{365}$ de 100%, com 365 pagamentos diários, o depósito irá crescer para:

$$£\,(1 + \frac{1}{365})^{365} = £2{,}7146$$

Ganhos 71 pence a mais.

O padrão é claro. Quanto mais intervalos há para a composição dos juros, mais dinheiro ganhamos. Mas até onde podemos ir com isso? Jakob Bernoulli queria saber se haveria um limite até o qual a quantia iria crescer se continuássemos a dividir os intervalos de composição em períodos de tempo cada vez menores.

Como vimos, se dividirmos a taxa percentual anual por n e o período de composição dos juros em n, o balanço anual em libras é:

$$\left(1 + \frac{1}{n}\right)^n$$

Reformulando a pergunta de Bernoulli em termos algébricos, ele estava perguntando o que aconteceria a essa expressão se n se aproximasse do infinito. A expressão também aumentaria até o infinito ou se aproximaria de um limite finito? Gosto de visualizar esse problema como um cabo de guerra ao longo da linha numérica. À medida que n fica maior, $\left(1 + \frac{1}{n}\right)$ fica menor, o que puxa essa expressão para a esquerda. Por outro lado, o expoente n está puxando a expressão para a direita, uma vez que quanto mais você multiplica por si mesma a expressão entre parênteses, maior se torna a soma. No início da corrida, o expoente está ganhando, porque, como já vimos, quando n é 1, 2, 12 e 365 o valor de $\left(1 + \frac{1}{n}\right)^n$ aumenta, de 2 para 2,25, para 2,6130, e para 2,7146. Provavelmente você já está vendo para onde estamos indo. Quando n tende para infinito, o cabo de guerra atinge um equilíbrio. Bernoulli, de forma não intencional, tropeçou na constante exponencial, pois no limite, quando n tende ao infinito, $\left(1 + \frac{1}{n}\right)^n$ tende a e.

Vamos analisar esse processo visualmente. A ilustração a seguir contém três cenários do que acontece com um depósito de uma libra durante um ano com uma taxa de juros de 100% ao ano, composto proporcionalmente em intervalos diferentes. A linha tracejada representa uma composição de

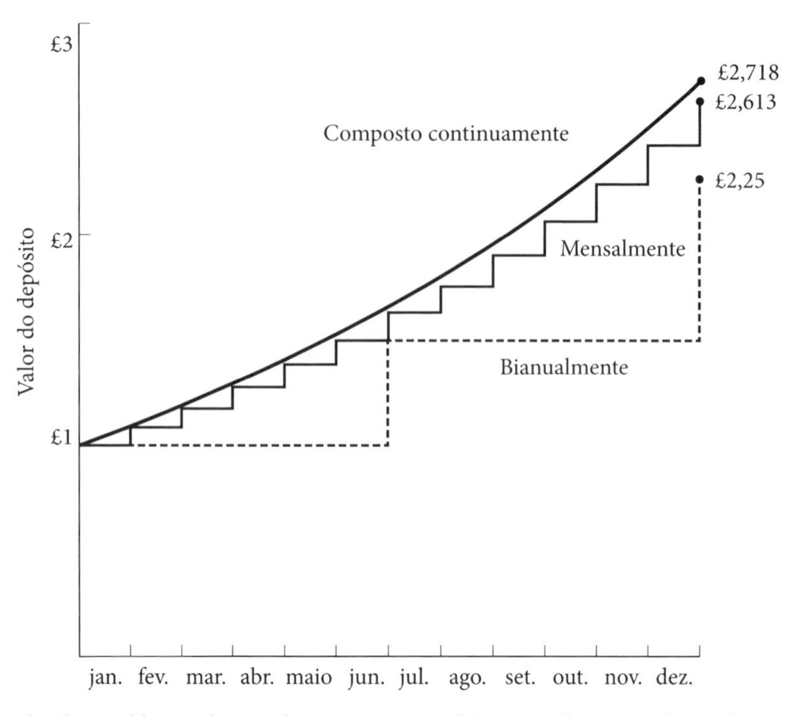

O valor de uma libra no decurso de um ano a 100% de juro anual composto bianualmente, mensalmente e continuamente.

juros bianual, e a linha fina, uma composição de juros mensal. Com um número maior de intervalos, o resultado aumenta. Quando os intervalos são infinitamente pequenos, a linha é a curva $y = e^x$, o garoto-propaganda do crescimento exponencial.

Dizemos que a curva é "continuamente composta", ou seja, que o valor de nosso depósito vai crescendo a cada instante durante o ano. No fim de um ano, o saldo é de 2,718 libras…, ou seja, £*e*.

Bernoulli descobriu *e* quando estudava o juro composto.[5] Ele teria ficado deliciado ao descobrir que seu cálculo é o alicerce do sistema bancário moderno (com taxas de juros mais realistas, é claro). Isso porque as instituições financeiras britânicas são obrigadas por lei a declarar a taxa de juro composto contínua em cada produto que vendem, qualquer que seja sua opção de creditar mensalmente, bianualmente, anualmente ou o que for.

Digamos que um banco ofereça uma conta de depósito que remunera 15% ao ano, composto em um crédito anual, o que significa que depois de um ano um depósito de cem libras terá aumentado para 115 libras. Se esses 15% forem compostos continuamente, após mais um ano aumentará para £100 $\times e^{15/100}$, o que resulta em 116,18 libras, revelando uma taxa de juros de 16,18%. O banco é obrigado por lei a declarar que essa conta de depósito rende 16,18%. Embora pareça estranho que um banco declare um valor não usado na prática, isso foi introduzido para que os clientes possam comparar coisa com coisa. Uma conta que credita mensalmente e uma que credita anualmente serão avaliadas por sua taxa composta contínua. Como quase todo produto financeiro envolve juros compostos, e cada cálculo de composição contínua vai dar num *e*, a constante exponencial é o número do qual depende todo o sistema financeiro.

No que se refere a dinheiro, já vimos o bastante. Muitos outros fenômenos apresentam um crescimento exponencial, como a disseminação de doenças, a proliferação de micro-organismos, a progressão de uma reação em cadeia nuclear, a expansão do tráfego na internet e a retroalimentação de uma guitarra elétrica. Em todos esses casos, os cientistas modelam o crescimento usando *e*.

Já escrevi antes que a equação $y = a^x$, na qual a é um número positivo, descreve uma curva exponencial. Podemos reformular essa equação de modo a conter nela um *e*. A aritmética dos expoentes implica que o termo a^x é equivalente ao termo e^{kx} para alguns números positivos k. Por exemplo, a curva da sequência de dobros tem a equação $y = 2^x$, mas também pode ser escrita como $y = e^{0,693x}$. Do mesmo modo, a curva da sequência de triplos $y = 3^x$ tem a forma equivalente $y = e^{1,099x}$. Os matemáticos preferem converter a equação $y = a^x$ numa equação $y = e^{kx}$ porque *e* representa crescimento em sua forma mais pura. Ele simplifica a equação, facilita os cálculos e é mais elegante. A constante exponencial *e* é o elemento essencial da matemática do crescimento.

Pi é a primeira constante que aprendemos na escola, e somente vários anos depois estudamos *e*. Mas, quando se chega ao nível universitário, a predominância é de e. É mera coincidência que o e seja também a letra mais usada na língua inglesa. A regra matemática de e na verdade tem um paralelismo com a regra linguística. Quando uma equação tem dentro dela um e, isso quer dizer que contém um botão que desabrocha num crescimento exponencial, um florescimento, um sinal de vida. Analogamente, um e traz vitalidade à linguagem escrita, transformando as consoantes contíguas numa palavra pronunciável.

O crescimento exponencial tem um oposto: o decaimento exponencial, no qual uma quantidade se reduz repetidamente na mesma proporção.

Por exemplo, a sequência de redução à metade:

$$1, \frac{1}{2}, \frac{1}{4}, \frac{1}{8}, \frac{1}{16}, \frac{1}{32} \ldots$$

exibe um decaimento exponencial.

O conceito equivalente ao "tempo de duplicação" para o decaimento exponencial é o de "meia-vida", a duração fixa de tempo que uma quantidade leva para diminuir à sua metade, e é termo comum, por exemplo, na física nuclear. O número de átomos em seu estado original num material radioativo decai exponencialmente, e também com enorme variação: a meia-vida do hidrogênio 7 é 0,000000000000000000000023 segundos, enquanto a do cálcio 48 é de 40 000 000 000 000 000 000 anos.

Num exemplo mais mundano, a diferença de temperatura entre um chá quente e a caneca na qual você o verte decai exponencialmente, assim como a pressão atmosférica à medida que você vai subindo um morro.

A curva mais pura de decaimento exponencial é $y = \frac{1}{e^x}$, que também se escreve $y = e^{-x}$, ilustrada a seguir, para a qual o gradiente é sempre o negativo da altura. A curva de decaimento é justamente a curva exponencial $y = e^x$, refletida no eixo vertical. Uma propriedade interessante dessa curva é que a área (sombreada) limitada pela curva, pelo eixo vertical e pelo eixo horizontal é finita e igual a 1, mesmo que a área tenha um comprimento infinito, pois a curva nunca alcança o eixo horizontal.

Na edição de maio de 1690 das *Acta Eruditorum*, Jakob Bernoulli, o descobridor de e, refez uma pergunta que vinha intrigando os matemáticos

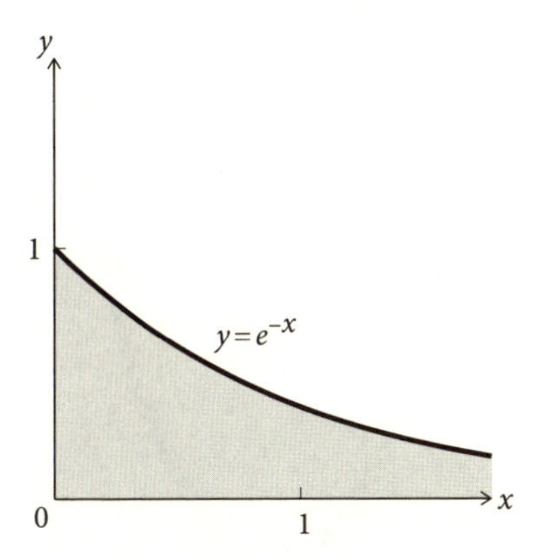

A curva $y = \frac{1}{e^x}$ *de decaimento exponencial.*

durante um século. Que formato assumiria um pedaço de fio quando pendurado por dois pontos? Essa curva — chamada "catenária", do latim *catena*, "corrente" — é produzida quando um material é suspenso e submetido ao próprio peso, como na ilustração da página seguinte. É a barriga de um fio de eletricidade, o sorriso de um colar, o U de uma corda de pular e a forma pendente de um cordão de veludo. A seção transversal da vela enfunada de uma embarcação também é uma catenária, com um giro de noventa graus, pois o vento age na horizontal enquanto a gravidade age na vertical. No entanto, ao contrário de outros desafios matemáticos do século XVII, Jakob não sabia a resposta para essa pergunta antes de tê-la feito. Depois de um ano de trabalho, ela ainda se mostrava fugidia. Seu irmão mais moço, Johann, encontrou uma solução, que presumivelmente seria motivo de grande alegria para a casa Bernoulli. Mas não foi. Os Bernoulli foram a família mais disfuncional na história da matemática.

Originários de Antuérpia, os Bernoulli tinham fugido da perseguição dos espanhóis aos huguenotes, e no início do século XVII eram comerciantes de especiarias estabelecidos na cidade de Basileia, na Suíça. Jakob, nascido em 1654, foi o primeiro matemático do que viria a ser uma dinastia familiar inigualável em qualquer campo. No transcurso de três gerações, oito Bernoulli se tornariam eminentes matemáticos, cada um com descobertas significativas associadas a seus nomes. Jakob, além de estudar o juro composto, talvez seja mais conhecido por ter escrito o primeiro grande trabalho sobre

O "bling-bling" da matemática: a curva catenária.

probabilidade. Ele também era "voluntarioso, obstinado, agressivo, vingativo, perseguido por sentimentos de inferioridade e ainda assim firmemente convencido de seus próprios talentos", de acordo com um historiador, que o via numa rota de colisão com Johann, treze anos mais moço, e com as mesmas predisposições.[6] Johann saboreou o fato de ter resolvido a catenária, e depois relatou jubilosamente o episódio: "Os esforços de meu irmão não tiveram êxito; eu, de minha parte, fui mais feliz, pois tive o talento necessário (digo isso sem jactância, por que deveria ocultar a verdade?) para encontrar a solução completa", ele escreveu, acrescentando: "É verdade que isso custou-me um estudo que me roubou o restante de uma noite inteira...".[7] Uma noite *inteira* para um problema que seu irmão não conseguira resolver em um ano? Uau! Johann era tão competitivo com seus filhos quanto com seu irmão. Ficou tão enciumado de Daniel, o filho do meio, depois que os dois tiveram de partilhar um prêmio concedido pela Academia de Paris, que Daniel foi banido da casa da família.

O ingrediente oculto da curva cuja identidade Jakob Bernoulli perseguira tão ardentemente era afinal o *e*, o número que ele descobrira num contexto diferente.

Na notação moderna, a equação da catenária é:

$$y = \frac{e^{ax} + e^{-ax}}{2a}$$

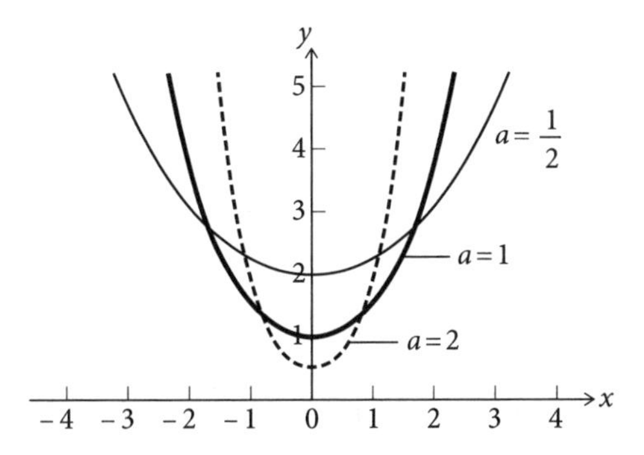

A equação da catenária $\frac{e^{ax}+e^{-ax}}{2a}$ *com diferentes valores de a.*

em que a é uma constante que modifica a escala da curva. Quanto maior for a, mais afastadas são as duas extremidades do fio pendente, como ilustrado acima.

Se fizermos $a = 1$ na equação da catenária, a curva será

$$y = \frac{e^x + e^{-x}}{2}$$

Olhe essa equação bem atentamente. O termo e^x representa puro crescimento exponencial, e o termo e^{-x}, puro decaimento exponencial. A equação soma um ao outro, e então divide por dois, o que é uma operação aritmética familiar; é a que fazemos quando queremos encontrar uma média. Em outras palavras, a curva catenária é a média das curvas de crescimento e de decaimento exponenciais, como ilustrado na página seguinte. Cada ponto no U cai exatamente a meio caminho entre as duas curvas exponenciais.

Sempre que vemos um círculo estamos vendo pi, a razão entre a circunferência e o diâmetro. E, sempre que vemos uma corrente pendente, uma teia de aranha a balançar ou a curva de um varal de secar roupas vazio, estamos vendo e.

No século XVII, o físico inglês Robert Hooke descobriu uma extraordinária propriedade mecânica da catenária: a curva, quando de cabeça para baixo, é a forma mais estável para um arco de livre sustentação. Quando uma corrente está pendurada, ela se põe numa posição em que todas as

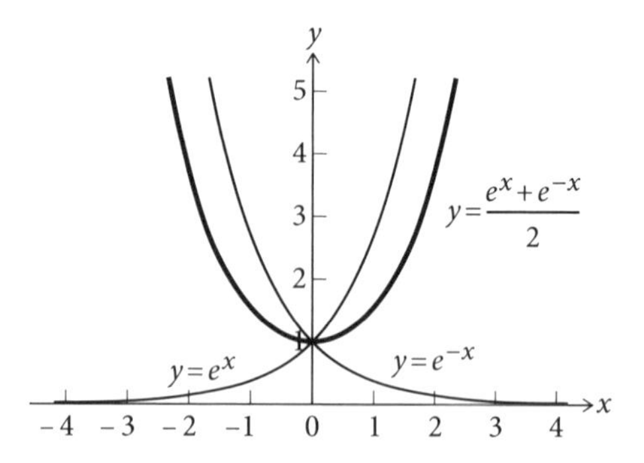

A catenária é a média entre o crescimento e o decaimento exponenciais.

suas forças internas estão se exercendo ao longo da linha da curva. Quando a catenária é posta de cabeça para baixo, essas forças de tensão tornam-se forças de compressão, fazendo com que a catenária seja o único arco no qual a compressão atua ao longo da linha da curva em cada um de seus pontos. Na catenária não há forças de "dobra" ou "entortamento": ela se sustenta sob seu próprio peso, não necessitando de suportes ou contrafortes. Ficará firmemente apoiada com uma mínima quantidade de alvenaria. Tijolos dispostos segundo uma catenária nem sequer necessitarão de argamassa para se manter estáveis, pois podem se apoiar completamente um no outro ao longo da curva. Hooke ficou satisfeito com sua descoberta, declarando que era uma ideia que "nenhum escritor voltado para a arquitetura havia aventado, muito menos realizado". Não demorou muito, no entanto, para que engenheiros começassem a usar catenárias. Antes da era do computador, o modo mais rápido de fazer uma era pendurar uma corrente por dois pontos, desenhar a curva, construir um modelo com material rígido e pô-lo de cabeça para baixo.

A catenária são as pernas da natureza, a maneira mais perfeita de se apoiar sobre dois pés. O arco, de fato, foi o tema de assinatura de Antoni Gaudí, o arquiteto catalão responsável por algumas das mais espantosas edificações do início do século XX, em particular a Basílica da Sagrada Família, em Barcelona.[8] Gaudí foi atraído não apenas pela estética da catenária, mas também pelo que ela representa em termos matemáticos. O uso das catenárias explorado por Gaudí fez da mecânica estrutural de uma construção a principal característica de seus projetos.

Uma réplica do modelo de correntes de Gaudí, pendente no museu Pedrera-Casa Milá, em Barcelona. Vire a página de cabeça para baixo para ver o formato pretendido para o prédio.

Contudo, os arcos de edificações raras vezes se sustentam livremente. Em geral formam colunas, ou abóbodas integradas a paredes, pisos e teto. Gaudí se deu conta de que toda a arquitetura de uma edificação poderia ser esboçada usando um modelo de correntes pendentes, e foi o que ele fez. Por exemplo, quando foi encarregado de projetar uma igreja em Colònia Güell, perto de Barcelona, ele fez um esqueleto do projeto de cabeça para baixo. Em vez de correntes de metal ele usou fios com lastro de centenas de saquinhos contendo pelotas de chumbo. O peso de cada saquinho no fio criava uma confusão de curvas catenárias "transformadas". Os arcos dessas catenárias transformadas se constituíam nas curvas mais estáveis capazes de suportar um peso correspondente na mesma posição (como o telhado, ou materiais de construção). Para ver qual seria o aspecto da igreja depois de terminada, Gaudí pôs tecido por dentro do modelo, tirou uma fotografia e virou-a de cabeça para baixo. Apesar de a igreja de Colònia Güell nunca ter sido terminada, ela o inspirou a usar a mesma técnica posteriormente em suas obras.

É provável que a mais famosa catenária seja a do Gateway Arch, em St. Louis, que tem 192 metros de altura, embora seja ligeiramente achatada em relação ao que seria a curva perfeita, por levar em conta a alvenaria mais fina no topo. Em 2011, a firma de arquitetura londrina Foster and Partners decidiu pela catenária num projeto particularmente desafiador: um mega-aeroporto no Kuwait, um dos lugares habitados mais inóspitos da Terra. Nikolai Malsch, o arquiteto que liderou o projeto, afirmou que o melhor formato para o telhado do edifício de 1,2 quilômetro de comprimento seria o de uma concha com uma seção transversal em forma de catenária. Embora a catenária fosse gigantesca — 45 metros de largura na base e 39 metros de altura no meio — a eficiência com que ela distribui seu próprio peso faz com que só precise ter dezesseis centímetros de espessura. "Uma curva não catenária pode ser perfeitamente factível, mas exige mais material, tem seções de viga maiores e no geral é muito mais complicada de construir", segundo ele. "Mesmo que o revestimento caia, os interiores e tudo o mais desmorone e a coisa toda vire poeira e entulho e areia, [a catenária] vai continuar de pé."

No escritório da Foster and Partners há modelos detalhados de seus projetos mais famosos: a torre "pepino" de Londres, o Reichstag em Berlim

O matemático Stan Wagon em seu triciclo no Macalester College, em St. Paul, Minnesota.

e a ponte suspensa em Millau, na França. Mas na mesa em frente a Nikolai Malsch está pendurada uma corrente de bicicleta. "Amamos a catenária", ele diz, "porque ela conta a história de como se mantém o telhado lá em cima."

A catenária desempenha outro papel, não tão amplamente conhecido, na arquitetura, de improvável utilidade no projeto de igrejas e aeroportos. Uma pista feita de corcovas de catenárias invertidas é a superfície requerida para um passeio suave numa bicicleta de rodas quadradas, bem como para uma pista de boliche em que as bolas tenham forma de cubos.

Embora os Bernoulli tenham produzido mais matemáticos importantes do que qualquer outra família na história, o maior matemático que surgiu na Basileia em sua época não foi um deles. Leonhard Euler (pronuncia-se Óiler) foi um menino prodígio, filho de um pastor local, cujos talentos para a matemática foram primeiro descobertos, e depois desenvolvidos, por Johann Bernoulli, seu tutor nas tardes de domingo. Quando tinha dezenove anos, em 1727, Euler emigrou para a Rússia para assumir um cargo na Academia de Ciências de São Petersburgo, a nova e deslumbrante universidade de Pedro, o Grande, onde Daniel, o filho de Johann, ocupava a cátedra de matemática. São

Petersburgo oferecia um ambiente de alto nível intelectual muito mais estimulante do que a Basileia. Euler logo seria seu mais celebrado erudito.

Euler era um homem tranquilo e devotado à família, bem diferente do clichê que descreve o gênio matemático como uma criatura sem traquejo social. Suas peculiaridades eram uma memória prodigiosa — diz-se que podia lembrar todos os 10 mil versos da *Eneida*, de Virgílio — e um ainda mais prodigioso ritmo de trabalho. Nenhum matemático chegou perto de igualar sua produção, que atingiu uma média de oitocentas páginas por ano. Quando morreu, com 76 anos, em 1783, deixou tanta coisa em sua mesa que seus artigos continuaram a ser publicados em jornais por mais meio século. Euler sofreu a vida inteira com uma visão deficiente, e perdeu o uso do olho direito antes de completar trinta anos, e do olho esquerdo aos sessenta e poucos. Ele ditou alguns de seus trabalhos mais importantes quando já estava cego, para um quarto cheio de escribas que se esforçavam para alcançá-lo. Ele podia criar matemática, diziam, mais depressa do que eles eram capazes de anotá-la.

Mas não foi apenas o aspecto quantitativo de suas pesquisas que o fizeram se destacar. Foi também a sua qualidade e sua diversidade. "Leiam Euler, leiam Euler", implorava o matemático francês Pierre-Simon Laplace. "Ele é o mestre de todos nós." Euler deu importantes contribuições a quase todos os campos daquela época, desde a teoria dos números até a mecânica, e da geometria ao cálculo de probabilidades, além de inventar alguns novos. Seu trabalho foi tão transformador que a comunidade da matemática adotou seu vocabulário simbólico. É devido a Euler, por exemplo, que usamos π e e para as constantes do círculo e exponencial. Ele não foi o primeiro a escrever π — um professor galês pouco conhecido, William Jones, fez isso antes dele —, mas foi só porque Euler usou esse símbolo que ele ganhou um uso tão disseminado. Contudo, ele foi o primeiro a usar a letra e como constante exponencial, num manuscrito sobre a balística dos obuses de canhão. Supõe-se que escolheu o e porque era, na ordem alfabética, a primeira letra "vaga" e disponível — os textos matemáticos já estavam cheios de a, b, c e d — e não por ser a letra inicial da palavra "exponencial" ou de seu próprio sobrenome. Apesar de seus êxitos, continuou a ser um homem modesto.

Euler fez uma descoberta inesperada sobre o e, à qual vou chegar depois de apresentar aqui um novo símbolo, o ponto de exclamação (que não foi uma das cunhagens de Euler). Quando se escreve "!" imediatamente após um número, isso quer dizer que esse número deve ser multiplicado por todos os números que, na sequência numérica, o antecedem. A operação com a notação "!" é chamada "fatorial", que é como lemos o "!". O número $n!$ é lido "n fatorial".

Os fatoriais começam assim:

($0! = 1$ por convenção)
$1! = 1$
$2! = 2 \times 1 = 2$
$3! = 3 \times 2 \times 1 = 6$
$4! = 4 \times 3 \times 2 \times 1 = 24$
[...]
$10! = 10 \times 9 \times 8 \times 7 \times 6 \times 5 \times 4 \times 3 \times 2 \times 1 = 3\,628\,800$
[...]

Fatoriais crescem com rapidez. Quando chegamos a 20!, o valor está na casa dos quintilhões. E a decisão de adotar o ponto de exclamação, tomada por matemáticos alemães no século XIX, foi possivelmente uma forma de comentar essa aceleração fenomenal. Alguns textos em inglês daquele período até sugerem que $n!$ deveria ser lido "n exclamação", em vez de "n fatorial". Certamente é caso de exclamação a trajetória ascendente do ponto de exclamação: o fatorial ultrapassa até mesmo o crescimento exponencial.

Fatoriais aparecem com mais frequência quando se calculam combinações e permutações. Por exemplo, de quantas maneiras diferentes certo número de pessoas pode sentar-se num certo número de cadeiras? Trivialmente, assume-se que uma só pessoa senta-se apenas uma vez em uma só cadeira. Com duas pessoas e duas cadeiras, há duas possibilidades, as permutações AB e BA. Com três pessoas e três cadeiras temos agora seis maneiras: ABC, ACB, BAC, BCA, CAB e CBA. No entanto, em vez de listar todas as permutações, existe um método geral para se achar o total. A primeira cadeira tem três opções, a segunda tem duas e a terceira tem uma, daí o produto $3 \times 2 \times 1 = 6$. Adotando o mesmo método para quatro pessoas e quatro cadeiras, chegamos ao produto $4 \times 3 \times 2 \times 1 = 4! = 24$. Em outras palavras, se houver n pessoas e n cadeiras, o número de permutações é $n!$. É impactante constatar que, se você oferecer um jantar para dez pessoas, você pode distribuí-las ao redor da mesa em mais de 3,5 milhões de maneiras diferentes.

Voltemos agora ao *e*. A constante exponencial pode ser escrita com uma bateria completa de pontos de exclamação. OMG!!! LOL!!! Se calcularmos $\frac{1}{n!}$ para cada número começando do 0, e depois somarmos todos os termos, o resultado é *e*.

Escrevendo isso na forma de uma equação:

$$e = \frac{1}{0!} + \frac{1}{1!} + \frac{1}{2!} + \frac{1}{3!} + \frac{1}{4!} + \frac{1}{5!} + \cdots$$

que é:

$$e = 1 + 1 + \frac{1}{2} + \frac{1}{6} + \frac{1}{24} + \frac{1}{120} + \cdots$$

Comecemos por registrar essas somas, adicionando um termo de cada vez.

1
2
2,5
2,6666...
2,7083...
2,7166...

A série vai chegando ao valor verdadeiro de *e* com velocidade supersônica. Depois de apenas dez termos, sua exatidão está na casa de seis decimais, o que é bom o bastante para quase toda aplicação científica.

Por que *e* é tão lindamente expresso usando fatoriais? Como vimos em nossa discussão dos juros compostos, o número é o limite de $\left(1 + \frac{1}{n}\right)^n$ quando n tende ao infinito. Vou poupar você dos detalhes da demonstração, mas o termo $\left(1 + \frac{1}{n}\right)^n$ pode ser expandido em uma soma gigantesca, que se reduz a frações unitárias com fatoriais em seus denominadores.

A maneira como Euler abordava a pesquisa era lúdica, e ele frequentemente investigava jogos e quebra-cabeças. Quando um entusiasta do xadrez lhe perguntava, por exemplo, se era possível percorrer o tabuleiro com um cavalo de modo que pousasse em todas as casas, e em cada casa uma vez apenas, até voltar ao ponto de partida, ele descobriu como fazer isso, pressagiando questões semelhantes que são pesquisadas até hoje. Euler também ficou intrigado com um jogo de cartas francês, *jeu de rencontre*, ou jogo de coincidência, uma variação de um dos meus passatempos favoritos de infância, o Snap!

No *rencontre*, dois jogadores, A e B, têm, cada um, um baralho de cartas na mão. Os dois viram na mesa, ao mesmo tempo, uma carta de seu respectivo baralho, e continuam mostrando cartas simultaneamente até que todas sejam viradas. Se numa dada batida simultânea ambas as cartas são idênticas, então A ganha. (E eu grito "Snap!".) Se eles passam pelos baralhos inteiros e não acontece uma só coincidência, então B ganha. Euler quis saber qual a probabilidade de A ganhar o jogo, isto é, de haver pelo menos uma coincidência em 52 viradas.

Essa questão reapareceu em muitos formatos ao longo dos anos. Imagine-se, por exemplo, que o encarregado de uma chapelaria num teatro por algum motivo não identifique com uma etiqueta os casacos que lhe são confiados na entrada, e que no fim da noite os devolva aleatoriamente às pessoas. Qual é a probabilidade de que pelo menos uma pessoa receba seu próprio casaco? Ou digamos que um cinema venda ingressos numerados, mas deixe as pessoas sentarem cada uma onde queira. Se o cinema estiver cheio, qual é a probabilidade de que ao menos uma cadeira esteja ocupada pela pessoa que tem o ingresso correto?

Euler começou pelo princípio.[9] Quando os dois baralhos têm, cada um, uma carta, a mesma carta, a probabilidade de coincidência é de 100%. Quando os baralhos têm duas cartas, a probabilidade é de 50%. Euler desenhou tabelas de permutação para jogos com baralhos de três e de quatro cartas, antes de deduzir o padrão. A probabilidade de uma coincidência quando há n cartas em cada baralho é a fração:

$$1-\frac{1}{2!}+\frac{1}{3!}-\frac{1}{4!}-\cdots\pm\frac{1}{n!}$$

Mas espere aí! Esse padrão parece similar à série em busca de e, que vimos na página anterior.

Vou pular o ônus da demonstração, mas essa série é aproximadamente $\left(1 - \frac{1}{e}\right)$, ou cerca de 0,63. Ela só é exatamente $\left(1 - \frac{1}{e}\right)$ quando n tende para o infinito, mas a aproximação já é muito, muito boa depois de uns poucos termos. Quando $n = 52$, o número de cartas em cada baralho, a série é $\left(1 - \frac{1}{e}\right)$ correta, com quase setenta casas decimais.

A probabilidade de haver uma coincidência no *jeu de rencontre*, portanto, é de cerca de 63%. Da mesma forma, a probabilidade de que pelo menos uma pessoa tenha seu próprio casaco de volta é de 63%, e a de um espectador no cinema sentar na poltrona que seu bilhete indica também é de 63%. É interessante notar que o número de cartas nos baralhos, de pessoas entregando seus casacos, ou de poltronas no cinema influi pouco na probabilidade de haver pelo menos uma coincidência, contanto que haja mais de seis ou sete cartas, ou casacos, ou poltronas no cinema. Cada vez que se aumenta o número de cartas, de casacos ou de poltronas, está se aumentando de um termo a série apresentada, que determina a probabilidade de uma coincidência. Uma oitava carta, por exemplo, acrescenta um oitavo termo, $\frac{1}{8!}$, ou 0,0000248, que altera a probabilidade em menos do que um quarto de um centésimo de 1%. Uma nona carta nos baralhos altera a probabilidade ainda menos. Em outras palavras, a probabilidade de haver uma coincidência muda muito pouco quando se joga com um baralho completo em vez de com as cartas de um só naipe. Da mesma forma, quase não faz diferença se são dez ou cem as pessoas que entregam seus casacos na chapelaria, ou se o cinema é uma sala pequena no multiplex de seu bairro ou o Empire Leicester Square.

A descoberta de Euler de que *e* está embutido na matemática de jogos de cartas é uma das primeiras ocasiões em que a constante aparece numa área que não tem uma conexão óbvia com o crescimento exponencial. Ela iria aparecer mais tarde numa arena igualmente competitiva: a matemática de achar uma esposa.

Voltemos rapidamente a Johannes Kepler. Depois de o astrônomo alemão enviuvar, em 1611, ele entrevistou onze mulheres, candidatas ao cargo de segunda Frau K.[10] A tarefa começou muito mal, ele escreveu: a primeira candidata tinha um "terrível mau hálito", a segunda "fora criada num luxo que estava acima da própria condição dela" e a terceira estava noiva de um homem que tivera um filho com uma prostituta. Ele teria se casado com a quarta, "de alta estatura e compleição atlética", se não tivesse visto a quinta, que prometia ser "modesta, frugal, diligente, e gostar de seus enteados". Mas as evasivas dele fizeram com que as duas perdessem o interesse, e ele conheceu a sexta, que descartou porque "temeu as despesas de um casamento suntuoso", e uma sétima, que a despeito de "uma aparência que merecia ser amada" o rejeitou quando, mais uma vez, ele não decidiu com rapidez suficiente. A oitava "não tinha nada que a recomendasse [apesar de] sua mãe ser uma pessoa valorosa", a nona tinha uma doença nos pulmões, a décima, "uma aparência feia até mesmo para um homem de gostos simples [...] baixa e gorda, e provinda de uma família que se distinguia por sua redundante obesidade" e a candidata final não era suficientemente adulta. Kepler perguntou, no fim desse processo: "Foi a Divina Providência ou minha própria culpa moral que, durante dois anos ou mais, me arrastou em direções tão diferentes e fez-me considerar as possibilidades de uniões tão diversas?". O grande astrônomo alemão precisava de uma estratégia.

Considere o seguinte jogo, que segundo o autor de livros de matemática Martin Gardner foi inventado por dois amigos, John H. Fox e L. Gerald Marnie, em 1958.[11] Peça a alguém que pegue tantos pedaços de papel quanto queira, e escreva um número positivo diferente em cada um. Podem ser quaisquer números, desde uma minúscula fração até algo absurdamente enorme, digamos, 1 com cem zeros depois. Os pedaços de papel são postos sobre uma mesa virados para baixo e embaralhados. Agora o jogo começa. Você desvira os pedaços de papel, um a um. O objetivo é parar quando você desvira o papel que tem o maior número escrito. Não lhe é permitido voltar e ficar com o número de um papel que já desvirou antes. E se você continuar e desvirar todos os papéis, o que conta é o último.

Como o jogador que está desvirando os papéis não tem ideia do número que está escrito em cada um, pode-se pensar que a probabilidade de parar quando desvirar o número que é efetivamente o mais alto é muito pequena. Para nosso espanto, contudo, é possível ganhar o jogo mais de uma terça parte das vezes em que se joga, sem importar quantos pedaços de papel estão sendo usados. O truque é usar a informação que vem dos números já vistos para fazer uma avaliação dos números que ainda restam virados para baixo. A estratégia: desvire um certo número de papéis, marque o número mais alto dessa seleção, continue desvirando e então fique com o primeiro número maior que aquela referência. A solução ideal, na verdade, é desvirar $\frac{1}{e}$, ou seja, 0,368, ou seja, 36,8% do número total de pedaços de papel e então escolher o primeiro número mais alto do que qualquer outro dessa seleção. Se o fizer, a probabilidade de escolher o número mais alto de todos é de novo de $\frac{1}{e}$, ou seja, 36,8%.

Na década de 1960, esse enigma ficou conhecido como o Problema da Secretária, ou o Problema do Casamento, e era análogo à situação de um patrão que olha uma lista de candidatos a emprego, ou de um homem que olha uma lista de potenciais esposas, e precisa decidir como escolher o melhor. (E isso, evidentemente, porque os matemáticos eram em sua maioria homens.)

Imagine que você está entrevistando vinte candidatas a secretária, segundo a regra de que ao fim de cada entrevista deve tomar a decisão de empregar ou não aquela candidata. Se oferecer o cargo à primeira candidata, você já não verá nenhuma das outras, e se não tiver escolhido nenhuma até entrevistar a última terá de oferecer o cargo a ela. Ou imagine que decidiu marcar encontros com vinte mulheres, com a premissa de que terá de decidir a cada encontro se vai casar com ela, antes de passar para a próxima. (Minhas desculpas às leitoras. Essa analogia se baseia na ideia de que é o homem que propõe casamento à mulher, e que a mulher em geral sempre aceita.) Se você fizer a proposta no primeiro encontro, não poderá se encontrar com nenhuma das outras, mas, se tiver encontros com todas elas, terá de propor casamento à última. Em ambos os casos, a maneira de maximizar sua probabilidade de uma boa escolha é entrevistar/marcar encontros com 36,8% das candidatas e depois oferecer o emprego/propor casamento à primeira candidata depois disso que for melhor do que todas as anteriores. Esse método não lhe *garante* que vai fazer a melhor escolha — a probabilidade é de apenas 36,8% —, mas ainda assim é a melhor estratégia entre todas.

Se Kepler soubesse que entrevistaria onze mulheres e seguisse essa estratégia, ele deveria ter 36,8% delas, o que dá quatro, e então propor casamento à primeira entre as seguintes da qual gostasse mais do que qualquer uma das anteriores. Em outras palavras, deveria ter escolhido a quinta, o que ele de fato fez após entrevistar todas as onze (o que resultou depois num matrimônio feliz). Kepler teria se poupado de seis encontros ruins.

O Problema da Secretária/do Casamento tornou-se uma das questões mais famosas na matemática recreacional, embora não reflita a realidade, uma vez que patrões podem reconvocar candidatas anteriores e homens podem voltar a se relacionar (como fez Kepler) com mulheres de encontros prévios.[12] No entanto, subjacente a essa fantasia há todo um campo de teorias incrivelmente úteis, chamado de "escolha ótima", ou seja, a visão matemática de qual é o melhor momento de parar. A parada ótima é importante nas finanças, como na determinação de qual é o melhor momento para interromper as perdas num investimento, ou de exercer uma opção de compra ou venda de ações. Mas também pode ocorrer em áreas tão diversas quanto a medicina (digamos, na avaliação do melhor momento para desistir de determinado tratamento), a economia (por exemplo, projetando qual a melhor hora para deixar de se basear em combustíveis fósseis) e a zoologia (como ao decidir qual o melhor momento para parar de pesquisar uma grande população de animais em busca de novas espécies, e com isso não desperdiçar dinheiro procurando o que provavelmente não existe).

Boris Berezovsky, o bilionário oligarca russo, tinha sido professor de matemática na Academia de Ciências da URSS — a descendente soviética da *alma mater* de Euler —, onde na década de 1980 foi coautor de um livro sobre o Problema da Secretária. Ele mudou-se para o Reino Unido em 2003. Eu o contatei para uma entrevista diversas vezes, mas em todas as ocasiões ele me pedia para voltar a procurá-lo depois de alguns meses. Após um ano de tentativas, achei que era o ponto ótimo de parar.[13]

O ponto principal no que tange à parada ótima é que é possível tomar decisões informadas quanto a eventos aleatórios com base em conhecimento acumulado. Aqui está um jogo que encerra um modo fantasticamente engenhoso de fazer uso da mais minúscula informação possível. (Não tem a ver com *e*, por favor, perdoem-me por esse breve desvio dos exponenciais.) O resultado é tão desconcertantemente contraintuitivo que quando se apresentou pela primeira vez muitos matemáticos não acreditaram.[14]

O jogo é simples. Escreva dois números diferentes em dois pedaços de papel e os coloque na mesa virados para baixo. Eu vou virar um deles e tentar adivinhar se o número revelado é ou não maior do que aquele que permaneceu escondido. Por mais espantoso que pareça, posso ganhar esse jogo mais de metade das vezes.

Esse meu desempenho soa como coisa de mágica, mas não há aí nenhum truque. Tampouco baseia-se minha estratégia em algum elemento humano, como o processo mental de escolha dos números ou a maneira como você colocou os papéis sobre a mesa. É a matemática, não a psicologia, que me provê o método para ganhar mais vezes do que perco.

Digamos que eu não possa virar nenhum dos papéis. Mesmo assim, vou ter 50% de probabilidade de adivinhar qual é o maior. Há duas escolhas possíveis, e uma será correta. A probabilidade de dar a resposta correta é a mesma que eu tenho ao jogar uma moeda e dar cara ou coroa.

No entanto, quando vejo um dos números, minhas chances de acertar aumentam se eu seguir estes passos:

1) pensar eu mesmo num número aleatório — vamos chamá-lo de k;
2) se k for menor que o número do papel que virei, digo que o número revelado é maior que o outro;
3) se k for maior que o número revelado, digo que o número não revelado é o maior.

Minha estratégia, em outras palavras, é escolher o número que estou vendo, a não ser que meu número k aleatório seja maior. Nesse caso, troco para o que não estou vendo.

Para compreender por que essa estratégia me dá uma vantagem, precisamos considerar o valor de k em relação aos dois números registrados no papel. Há três possibilidades. Ou (i) k é menor que ambos, ou (ii) k é maior que ambos, ou (iii) k tem um valor intermediário entre eles.

No primeiro cenário, qualquer que seja o número que apareça, fico com ele. Minha probabilidade de acertar é de 50%. No segundo, qualquer que seja o número que apareça, escolho o outro. Minha probabilidade ainda é de 50%. A situação interessante ocorre no terceiro cenário, no qual vou ganhar 100% das vezes. Se vejo o número menor, eu troco, e se vejo o maior fico com ele. Se o número que criei aleatoriamente cair por serendipidade entre os dois números que você escreveu no papel, eu vou ganhar sempre!

(Tenho de explicar um pouco mais detalhadamente como eu gero k, pois para que a estratégia funcione k deve ter sempre a possibilidade de estar entre dois números determinados. De outra forma será fácil encontrar cenários em que eu não tenha chance. Por exemplo, se você sempre escrever números negativos e meu número aleatório for sempre positivo, meu número nunca poderá estar entre os seus, e minha probabilidade de vencer fica em 50%. Minha solução é escolher um número aleatório de uma "distribuição normal", uma vez que isso abre possibilidades para todos os números positivos e negativos. Você não precisa saber mais nada sobre distribuições normais, a não ser que elas permitem a escolha de um número aleatório que tem a possibilidade de estar entre outros dois números quaisquer.)

Pode haver somente uma probabilidade muito pequena de que k caia entre os valores de seus dois números. Mas o fato de haver uma probabilidade, não importa quão ínfima seja, significa que, se eu jogar um suficiente número de vezes, minhas possibilidades totais de ganhar vão passar dos 50%. Nunca vou saber previamente em quais rodadas vou ganhar e em quais vou perder. Mas nunca prometi isso. Tudo que eu disse foi que posso ganhar mais de metade das vezes. Se você quiser garantir que minhas chances fiquem tão próximas de 50% quanto possível, deve escolher dois números tão próximos um do outro quanto possível. Mas, desde que não sejam iguais, sempre existe a chance de eu escolher um número entre eles, e enquanto isso for matematicamente possível ganharei o jogo com mais frequência do que perderei.

No capítulo anterior apresentei pi, cujos primeiros dígitos são 3,14159 e é o número de vezes que o diâmetro de um círculo cabe em sua circunferência. Neste capítulo passamos a conhecer *e*, cujos primeiros dígitos são 2,71828 e é a essência numérica do crescimento exponencial. Esses números são as constantes matemáticas usadas com mais frequência e muitas vezes são citadas juntas, mesmo tendo surgido de investigações diferentes e tendo diferentes personalidades matemáticas. É curioso estarem tão próximas uma da outra, uma diferença de menos de 0,5. Em 1859, o matemático americano Benjamin Peirce propôs o símbolo ⫙ para pi e o símbolo ⫚ para *e*, como para mostrar que de alguma forma os dois são um a imagem do outro, mas essa notação confusa não pegou.

Ambas as constantes são números irracionais, o que significa que os números de suas expansões decimais nunca se repetem, e tornou-se uma espécie de esporte matemático a tentativa de encontrar neles combinações aritméticas tão elegantes quanto possível. Nunca vamos achar equações de equivalência absoluta, mas:

$$\pi^4 + \pi^5 = e^6$$

está correto para sete algarismos significativos. De modo similar:

$$e^\pi - \pi = 19{,}999099979\ldots$$

que está muito, muito perto de 20. E, ainda mais impressionante:

$$e^{\pi\sqrt{163}} = 262537412640768743{,}99999999999925007\ldots$$

que está a menos de um trilionésimo de um número inteiro!

Em 1730, o matemático escocês James Stirling descobriu a seguinte fórmula:

$$n! \approx \sqrt{(2\pi n)}\, n^n e^{-n}$$

Isso dá uma aproximação para o valor de $n!$, o fatorial de n, o qual, como vimos, é o número que se obtém multiplicando $1 \times 2 \times 3 \times 4 \times \ldots \times n$.

O fatorial é um procedimento simples, basta multiplicar números inteiros, e assim é impressionante que no lado direito da fórmula entrem uma raiz quadrada, um pi e um e.

Quando $n = 10$, a aproximação é de menos de 1% do real valor de 10!, e quanto maior for n mais acurada será a aproximação em termos percentuais. Como fatoriais são números enormes (10! é 3 628 800), chegar a essa fórmula é surpreendente a ponto de nos deixar estupefatos.

Tem alguma coisa rolando entre pi e e.

Leonhard Euler revelou outra interação entre as duas constantes, uma delas ainda mais surpreendente e espantosa do que a fórmula de Stirling, mas antes de chegarmos lá temos de nos familiarizar com outra vogal que ele introduziu em nosso alfabeto matemático.

Preparem-se para conhecer i.

$i^2 = j^2 = k^2 = ijk$
$= -1$

7. A força positiva do pensamento negativo

No final de 2007, a Loteria Nacional do Reino Unido lançou uma nova raspadinha. Em cada cartela havia dois números, e a pessoa ganharia um prêmio se o número da esquerda fosse maior do que o número à direita. Um método bem simples e direto, à primeira vista. Mas, como o tema das cartelas era o inverno, os números que ela trazia eram os de temperaturas abaixo de zero. Portanto, a tarefa de quem adquiria uma cartela era comparar números negativos, e para alguns isso não era nada simples nem direto. Muitos apostadores não eram capazes de conceber, por exemplo, que −8 está abaixo de −6, e depois de dezenas de reclamações a cartela foi retirada do mercado. "Eles tentaram me enrolar com uma história de que −6 é maior, e não menor, que −8, mas essa eu não engulo", protestou uma desapontada apostadora.[1]

É fácil fazer troça de quem não consegue entender uma aritmética básica, mas não devemos ser irreverentes demais. Números negativos causaram-nos séculos de tormento mental, e continuam a fazê-lo. Por isso é muito mais comum que nos edifícios se marquem os andares do subsolo com letras, como SS, ou combinações alfanuméricas como B1, B2 e B3, em vez de marcá-los com −1, −2 e −3. Quando datamos acontecimentos que ocorreram antes do nascimento de Cristo, como o ano em que Euclides escreveu *Elementos*, preferimos dizer "cerca de 300 a.C.", a cerca de −300. E os contadores têm milhares de maneiras de evitar o sinal de menos: escrevendo débitos em vermelho, ou juntando ao número uma abreviação que indique débito ou contrabandeando essa quantia desagradável para dentro de parênteses.

Nem matemáticos gregos, nem egípcios, nem babilônios desenvolveram o conceito de números negativos. Para os antigos, os números serviam para contar e medir, e como seria possível contar ou medir alguma coisa que fosse menos do que nada? Vamos nos colocar no lugar deles para entender o salto mental que seria necessário para compreender o número negativo. Sabemos que $2 + 3 = 5$ porque quando temos dois pães e ganhamos mais três passamos a ter cinco pães. E sabemos que $2 - 1 = 1$ porque quando temos dois pães e damos um para alguém ainda ficamos com um. Mas o que poderia significar $2 - 3$, uma vez que se eu só tiver dois pães não me será possível dar três? Digamos, contudo, que eu *possa* fazer isso, o que me deixa com menos um pão. O que é esse menos um pão? Não é um tipo de pão. É, antes, uma ausência de um pão, de tal modo que, quando se adiciona a ela um pão, ainda não existe nada lá. Não é de admirar que eles achassem essa noção um absurdo.

Na antiga Ásia, no entanto, eles admitiam, até certo ponto, quantidades negativas.[2] No tempo de Euclides, os chineses usavam um sistema de cálculo baseado na disposição de varetas de bambu. Utilizavam varetas normais para expressar números positivos, que chamavam de "números verdadeiros", e varetas pretas para expressar números negativos, que chamavam de "números falsos". Eles dispunham as varetas num tabuleiro de xadrez, como ilustrado na página seguinte, de forma tal que cada número ficava em sua casa individual e cada coluna representava uma equação. Um calculador qualificado resolvia as equações movendo as varetas pelo tabuleiro. Se a solução era formada por varetas normais, era um número verdadeiro, e eles o aceitavam. Se a solução era formada por varetas pretas, era descartada. O fato de os chineses usarem objetos físicos para representar quantidades negativas mostra que elas, de alguma maneira, realmente existiam, mesmo que fossem meros instrumentos para calcular quantidades positivas. Os chineses tinham percebido uma verdade essencial: se objetos matemáticos são úteis, quem vai se importar com o fato de que não tenham lugar na experiência prática do dia a dia? Que essa questão seja deixada aos filósofos.

Alguns séculos depois, na Índia, matemáticos encontraram um contexto tangível para quantidades negativas: dinheiro. Se eu tomo emprestado de

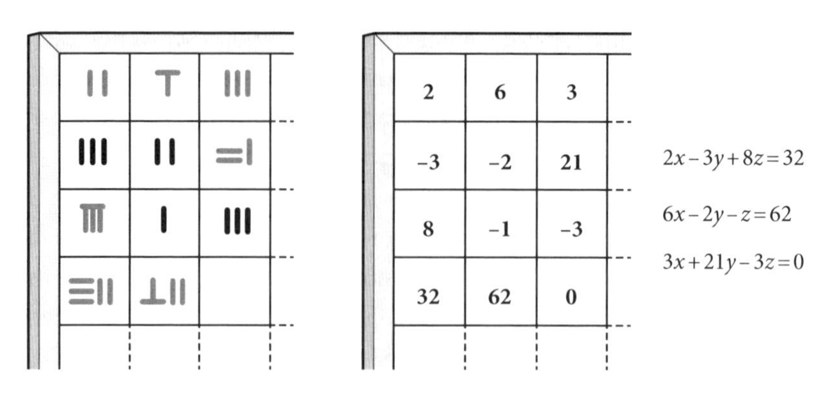

Os chineses punham varetas num tabuleiro — normais para números positivos, pretas para números negativos —, que representava equações.

você cinco rupias, tenho uma dívida de cinco rupias, uma quantidade negativa que só se tornará zero quando eu lhe devolver cinco rupias. O astrônomo do século VII Brahmagupta concebeu regras para a aritmética de números positivos e negativos, que ele chamava de "fortunas" e "dívidas". No mesmo texto, ele introduziu também o moderno número zero.

> *Uma dívida menos zero é uma dívida.*
> *Uma fortuna menos zero é uma fortuna.*
> *Zero menos zero é zero.*
> *Uma dívida subtraída de zero é uma fortuna.*
> *Uma fortuna subtraída de zero é uma dívida.*
> E assim por diante...

Brahmagupta expressou o valor exato de fortunas e dívidas usando o zero e nove outros dígitos, os quais, como comentamos lá atrás, são a origem da notação decimal que usamos atualmente. Os numerais indianos se espalharam pelo Oriente Médio, pelo norte da África e, por volta de século X, chegaram à Espanha. Mesmo assim, passaram-se mais três séculos antes que os números negativos fossem empregados amplamente na Europa, e esse atraso deveu-se a diversos fatores: sua conexão histórica com dívidas, e portanto com a pecaminosa prática da usura; uma suspeita generalizada quanto a métodos pouco conhecidos oriundos de terras muçulmanas, e a influência duradoura do pensamento grego, segundo o qual não se podia ter uma quantidade menor do que nada.

Enquanto os contadores não viam problemas em poder usar números negativos em suas vidas profissionais, os matemáticos continuavam a desconfiar deles. Nos séculos XV e XVI os números negativos eram conhecidos como *numeri absurdi*, ou números absurdos, e mesmo no século XVII eram tidos por muitos como disparates.[3] Os argumentos que se seguem contra os números negativos persistiam ao longo do século XVIII.[4] Considere-se esta equação:

$$\frac{-1}{1} = \frac{1}{-1}$$

É uma declaração aritmeticamente verdadeira, mas também paradoxal, uma vez que estabelece que a razão de um número menor, −1, para um número maior, 1, é igual à razão de um número maior, 1, para um número menor, −1. O paradoxo foi muito discutido, e ninguém conseguiu desenredá-lo. Para formar um conceito de números negativos, muitos matemáticos, inclusive Leonhard Euler, chegaram à bizarra conclusão de que eles eram maiores do que infinito. Esse conceito provém da consideração da seguinte sequência:

$$\frac{10}{3}, \frac{10}{2}, \frac{10}{1}, \frac{10}{1/2}, \ldots$$

que corresponde a:

3,3; 5; 10; 20; ...

Como o número de baixo da fração, o denominador, vai ficando mais baixo, de 3 para 2 para 1 para $\frac{1}{2}$, o valor absoluto da fração vai ficando mais alto. Quando o denominador se aproxima do zero, o valor absoluto da fração se aproxima do infinito. Foi presumido então que, quando o denominador chega a zero, a fração é infinita, e quando o denominador é menor que zero — ou seja, quando é negativo — a fração deve ser maior que o infinito. Atualmente evitamos essa armadilha alegando que não faz sentido dividir um número por zero. A fração $\frac{10}{0}$ não é infinita, e sim "indefinida".

* * *

Uma voz lúcida em meio a essa confusão foi a do matemático inglês John Wallis, que concebeu uma poderosa interpretação visual dos números negativos. Em seu livro *Um tratado de álgebra*, de 1685, ele primeiramente descreveu a "linha de números", abaixo ilustrada, na qual números positivos e negativos representam distâncias de zero em direções opostas. Wallis escreveu que um homem que caminha cinco jardas para a frente a partir de zero e depois oito jardas para trás "avançou três jardas menos do que nada [...]. E consequentemente –3, que está de fato designado [um ponto na linha]; assim como +3 está designado [um ponto na linha]. Não para a frente, como se supunha; mas para trás". Ao substituir a ideia de quantidade pela ideia de posição, Wallis alegava que os números negativos não eram nem "inúteis [nem] absurdos", o que é, em certa medida, uma maneira incompleta de ver a questão. Levou alguns anos para que a ideia de Wallis entrasse na corrente de pensamentos vigente mas em retrospecto é o diagrama elucidativo de maior êxito em todos os tempos. Ele tem infindáveis aplicações práticas, de gráficos a termômetros. Não temos dificuldade conceitual para imaginar números negativos agora que podemos vê-los sobre uma linha.

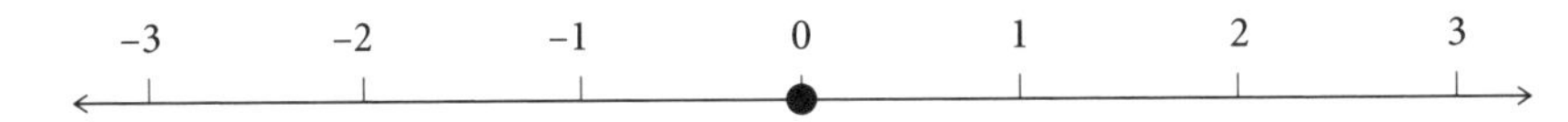

A linha de números.

O filósofo alemão Immanuel Kant entrou no debate sobre números negativos quando declarou, em *Tentativa de introduzir o conceito de quantidades negativas no mundo da sabedoria*, que era inútil usar argumentos metafísicos contra eles.[5] Kant demonstrou que no mundo real muitas coisas podem ter valores positivos e negativos, como duas forças opostas agindo sobre um objeto. Um número negativo não representa uma negação de um número, mas seu oposto compatível.

Mas até mesmo no final do século XVIII alguns matemáticos mantinham a crença de que os números negativos eram "um jargão, do qual o bom senso se retrai, mas, pelo fato de ter sido uma vez adotado, como muitas outras fantasias, conta com os mais estrênuos apoiadores entre aqueles que gostam de aceitar coisas em confiança, e detestam o labor de um pensamento sério".[6] William Frend, o segundo melhor estudante de sua classe em Cambridge, escreveu essas palavras em 1796, num livro que é único na literatura matemática: uma introdução à álgebra que não contém um único número negativo.

Quando estudamos números negativos na escola não ficamos expostos a essas controvérsias do passado. Aceitamos números negativos por analogia com a linha, e então somos presenteados com uma bomba:

Menos vezes menos é igual a mais.

Gulp! A linha de números é maravilhosa ao dar um sentido físico aos números negativos, mas não nos oferece uma noção do que acontece quando multiplicamos um pelo outro. A matemática começa a ficar difícil.

Por que a multiplicação de dois negativos dá positivo? Porque assim são as regras de multiplicação que valem para números positivos. Aceitamos que dois números negativos geram um positivo porque tal resultado conserva a coerência aritmética, e não porque exista algum significado além do sistema. É parte de uma estrutura de sustentação que garante que o mundo dos números não entre em colapso. Considere a linha de números. Se eu caminhar dois passos ao longo dela a partir do zero, chego ao 2. Se repito esses dois passos chego ao 4, e se torno a repeti-los chego ao 6. Da mesma forma, se eu andar duas unidades para trás do zero chego a −2, e se repito isso duas vezes chego a −6. Podemos interpretar esses procedimentos com as seguintes equações:

$$2 + 2 + 2 = 6$$
$$-2 - 2 - 2 = -6$$

que são equivalentes às seguintes multiplicações:

$$3 \times 2 = 6$$
$$3 \times -2 = -6$$

Essas equações nos mostram que positivo vezes positivo é igual a positivo, e positivo vezes negativo é igual a negativo. Para achar o que acontece na multiplicação de dois negativos, vamos substituir 3 por (4 – 1) na última equação, para obter:

$$(4 - 1) \times -2 = -6$$

Podemos reescrever essa equação como:

$$(4 \times -2) + (-1 \times -2) = -6$$

pois sabemos com base na aritmética dos números positivos que quando se multiplica dois termos entre parênteses por um número simples é preciso multiplicar cada número entre parênteses individualmente. (Essa regra é conhecida como "lei distributiva".) A equação se torna:

$$-8 + (-1 \times -2) = -6$$

Assim:

$$(-1 \times -2) = 2$$

E chegamos lá. *Menos vezes menos é igual a mais.*

Um motivo de acharmos a multiplicação de negativos tão perturbadora no aspecto conceitual é o fato de haver muitas situações na vida real em que a aritmética provê o modelo errado. Nem bem o professor nos explicou isso e já somos admoestados com a ressalva de que duas coisas erradas não compõem uma coisa correta. Na linguagem também, uma negativa dupla pode significar coisas negativas ou positivas, dependendo do contexto e do idioma. Quando estudei português, tive de me acostumar com a ideia de que "I know nothing" se diz "não sei nada", o que em inglês seria "I don't know nothing". Nesse caso, as duas negativas reforçam, em vez de se cancelarem mutuamente.

Em inglês, uma dupla negativa expressa uma afirmação. O linguista J. L. Austin disse uma vez numa conferência que não há língua alguma na qual duas afirmações positivas expressem uma negativa. Diz-se que o filósofo Sidney Morgenbesser, presente na plateia, replicou: "Sei, *sei*".

* * *

Um velho defensor do sistema numérico indiano com zero e números negativos foi o matemático árabe Muhammad ibn Mussa al-Khwarizmi (*c.* 750-*c.* 850). Versões latinas de seu sobrenome foram depois usadas para descrever as técnicas aritméticas que ele difundiu, e constituem a raiz da palavra "algoritmo". Al-Khwarizmi também desenvolveu um novo tipo de matemática, a álgebra, termo que vem da palavra árabe "al-jabr", que significa restauração. A álgebra é a linguagem das equações, na qual usam-se símbolos como x e y para representar números. Na álgebra, a declaração "qual o número somado a dois é igual a zero" pode ser reformulada como uma expressão que busca o valor de x quando:

$$x + 2 = 0$$

A resposta é $x = -2$. Acredite você ou não que números negativos são significativos, o termo -2 é a solução dessa equação. Foi graças à álgebra que os matemáticos europeus do Renascimento expandiram a definição de número, para incluí-los. Podem ter sido considerados números absurdos, mas não deixavam de ser números.

Os algebristas logo depararam com outro problema. Empregando apenas números positivos e negativos e as quatro operações aritméticas da adição, subtração, multiplicação e divisão, foram dar num conceito que não conseguiram compreender, que seria a solução para a equação:

$$x^2 = -1$$

A resposta é "a raiz quadrada de menos um", ou seja, $x = \sqrt{-1}$. Mas é aí que mora o problema: "qual é o tipo de número que quando multiplicado por si mesmo dá um resultado negativo?". Ele não pode ser positivo, pois positivo vezes positivo dá positivo. Nem pode ser negativo, pois negativo vezes negativo também dá positivo. A primeira pessoa a considerar a raiz quadrada de um número negativo, o matemático italiano Girolamo Cardano, declarou em 1545 que pensar sobre isso tinha lhe causado "torturas mentais", como causaria a qualquer um que não tivesse deparado antes com o conceito.[7]

Assim, ele o ignorou, afirmando que, se a solução de uma equação era a raiz quadrada de um número negativo, então ela era "tão refinada quanto inútil". Cardano abrira uma porta para um mundo inteiramente novo na matemático, e então tornara a fechá-la.

Algumas décadas depois, um compatriota de Cardano, Rafael Bombelli, reabriu a porta e intrepidamente a atravessou. As raízes quadradas de números negativos estavam aparecendo cada vez mais nos cálculos algébricos, e assim Bombelli decidiu tratá-las da mesma forma como se tratam positivos e negativos, somando-as, subtraindo-as, multiplicando-as e dividindo-as quando apareciam. "É uma ideia estapafúrdia, na opinião de muita gente", ele escreveu. "Toda a questão parecia basear-se mais em sofística do que na verdade." Mas a verdade é que as raízes quadradas de números negativos não só se comportaram bem como lhe permitiram solucionar equações que antes não eram solucionáveis. Quando não há a preocupação de saber o que elas significam, elas podem ser acomodadas no pacote.

Em 1637, René Descartes descreveu as raízes quadradas de números negativos como "imaginárias", palavra que ganhou a chancela da aprovação de Leonhard Euler um século depois: "Todas as expressões tais como $\sqrt{-1}$, $\sqrt{-2}$ etc. são consequentemente números impossíveis ou imaginários, uma vez que representam raízes de quantidades negativas, e quanto a tais números podemos asseverar verdadeiramente que eles não são nem nada, nem maiores que nada, nem menores que nada, o que necessariamente os constitui como imaginários ou impossíveis". Euler deu ao número $\sqrt{-1}$ seu próprio símbolo, i, de "imaginário", e demonstrou que a raiz quadrada de todo número negativo pode ser expressa como um múltiplo de i.[8] Por exemplo, $\sqrt{-4}$ torna-se $2i$, já que $\sqrt{-4} = \sqrt{4 \times -1} = \sqrt{4} \times \sqrt{-1} = 2 \times i = 2i$. Mais genericamente, $\sqrt{-n} = (\sqrt{n})i$. As raízes quadradas de números negativos — que são todas múltiplos de i — são conhecidas coletivamente como "números imaginários".

Números que não são imaginários são conhecidos como "números reais". São reais porque estão presentes na linha de números, e assim podemos ver que estão de fato lá. Os números 2; 3,5; -4 e π são todos reais, mas os números $2i$, $3{,}5i$, $-4i$ e πi são todos imaginários. Os números imaginários formam uma espécie de família "espelho" dos números reais: para cada número real m, existe um número imaginário correspondente, mi.

Quando um número real é somado a um número imaginário, digamos $3 + 2i$, ganha o nome de "número complexo". Todos os números complexos têm o formato $a + bi$, onde a e b são números reais e i é $\sqrt{-1}$. Como não se pode somar um número real e um número imaginário no sentido da soma tradicional, o sinal de adição é apenas um modo de separar as duas partes. Um número complexo é considerado um único número com duas partes, sua parte real e sua parte imaginária. Se a parte real for zero, o número é puramente imaginário; se a parte imaginária for zero, o número é puramente real.

A definição de "número" foi ampliada com a introdução dos negativos, e outra vez ampliada com a introdução dos imaginários. Inevitavelmente levantou-se a questão de a álgebra poder levar a outros tipos de números ainda mais abstratos. Qual é a raiz quadrada da raiz quadrada de menos um, por exemplo? Trata-se de um conceito capaz de virar o cérebro de cabeça para baixo e torcê-lo dentro de você se ficar pensando muito nisso. É a solução da equação:

$$x = \sqrt{(\sqrt{-1})}$$

Ou:

$$x^2 = \sqrt{-1}$$

Que é:

$$x^2 = i^9$$

Surpreendentemente, a solução é $x = \frac{1}{\sqrt{2}} + \left(\frac{1}{\sqrt{2}}\right)i$, que é um número complexo.*

No século XVIII, os matemáticos constataram que não há outros números para além dos imaginários, um resultado tão importante que é conhecido

* Quando fazemos multiplicações de números complexos, seguimos as regras convencionais da aritmética. Não darei provas aqui, mas podemos supor que, para quaisquer números a e b, seja ele real ou imaginário, então $(a + b)^2 = a^2 + 2ab + b^2$. Assim, se $x = \frac{1}{\sqrt{2}} + \left(\frac{1}{\sqrt{2}}\right)i$, então $x^2 = \left(\frac{1}{\sqrt{2}} + \left(\frac{1}{\sqrt{2}}\right)i\right)^2 = \left(\frac{1}{\sqrt{2}}\right)^2 + \left(2 \times \frac{1}{\sqrt{2}} \times \frac{1}{\sqrt{2}}i\right) + \left(\frac{1}{\sqrt{2}}i\right)^2 = \frac{1}{2} + i + (-\frac{1}{2}) = i$.

como Teorema Fundamental da Álgebra. Toda equação escrita com números complexos sempre produzirá uma solução com números complexos. A porta que Rafael Bombelli atravessou para investigar as raízes quadradas de números negativos dava para uma única sala. Mas que sala! A implicância que os matemáticos tinham com os números negativos foi substituída por uma alegria. O conceito de *i* agora é considerado uma extensão bastante natural e eficiente do sistema numérico. Com o custo da introdução de um único símbolo, os matemáticos ganharam todo um universo abstrato e contido em si mesmo. Uma pechincha.

Os números imaginários são protagonistas de dois dos mais famosos exemplos de beleza matemática. Um é um quadro (do qual falaremos mais tarde), e o outro é uma equação, conhecida como identidade de Euler, escrita com spray na lateral de um SUV num ato ecoterrorista numa agência de automóveis em Los Angeles. A natureza da pichação levou à prisão de um estudante de pós-doutorado em física no Caltech. "Todos deveriam conhecer [a identidade de] Euler", ele explicou ao juiz.[10] Ele tem razão, mas isso não significa que se possa pintá-la em automóveis que não lhe pertencem. A identidade de Euler é o "ser ou não ser" da matemática, a linha mais famosa de sua obra e uma amostra de herança cultural que ressoa além de seu âmbito próprio:

$$e^{i\pi} + 1 = 0$$

A equação é instigante. Ela claramente está unindo os cinco números mais importantes da matemática: 1, o primeiro número na contagem; 0, a abstração para o nada; π, a razão da circunferência do círculo para seu diâmetro; *e*, a constante exponencial, e *i*, a raiz quadrada de menos um. Cada um desses números surgiu de uma área diferente de pesquisa, mas eles se unem com perfeição. Não se poderia prognosticar uma síntese mais perfeita do pensamento matemático. A beleza em matemática tem a ver com a elegância da expressão e a criação de conexões inesperadas. Nenhuma outra equação é tão concisa ou profunda.

O que significa, contudo, para um número real, *e*, ter um expoente imaginário, $i\pi$? "Não podemos compreender isso, e não sabemos o que significa", replicou Benjamin Peirce, professor de matemática em Harvard no século XIX. "Mas nós o demonstramos, e portanto sabemos que deve corresponder à verdade." Peirce estava sendo malicioso. Os matemáticos têm como ponto de partida um conjunto de premissas e chegam até onde elas os levam. Essa é a graça do percurso. De fato, foi abrindo mão de significados que Euler fez sua descoberta. Como sua identidade é a equação mais celebrada da matemática, eu estaria cometendo um desserviço ao leitor se não fizesse pelo menos um esboço da história.

Nossa única premissa será assumir, sem demonstrar, as três seguintes equações. As reticências significam que a equação continua por um número infinito de termos:

$$e^x = 1 + x + \frac{x^2}{2!} + \frac{x^3}{3!} + \frac{x^4}{4!} + \frac{x^5}{5!} + \cdots$$

$$\text{sen}\, x = x - \frac{x^3}{3!} + \frac{x^5}{5!} - \frac{x^7}{7!} + \frac{x^9}{9!} - \frac{x^{11}}{11!} +$$

$$\cos x = 1 - \frac{x^2}{2!} + \frac{x^4}{4!} - \frac{x^6}{6!} + \frac{x^8}{8!} - \frac{x^{10}}{10!} + \cdots$$

Se x é igual a 1, então a primeira série nos fornece a fórmula para calcular a constante exponencial e, sobre a qual tratamos no capítulo anterior. (Lembre-se de que o fatorial de um número n, escrito como $n!$, significa que esse número é multiplicado por todos os números entre 1 e n.) As duas séries infinitas seguintes são, para o seno e o cosseno de x, as razões trigonométricas que também nos soam familiares de um capítulo anterior. Para que as séries de seno e cosseno funcionem, no entanto, temos de usar uma unidade

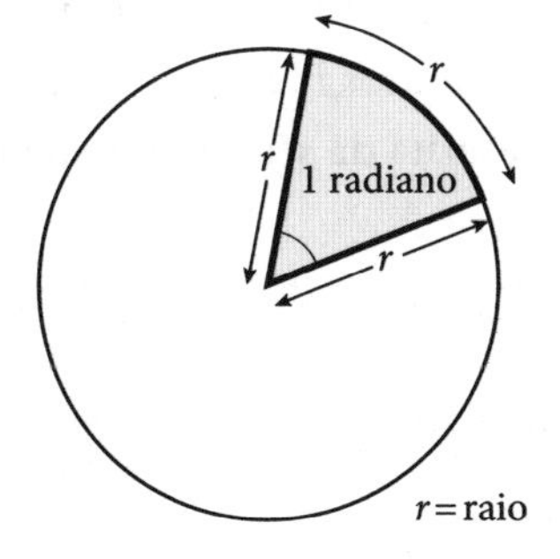

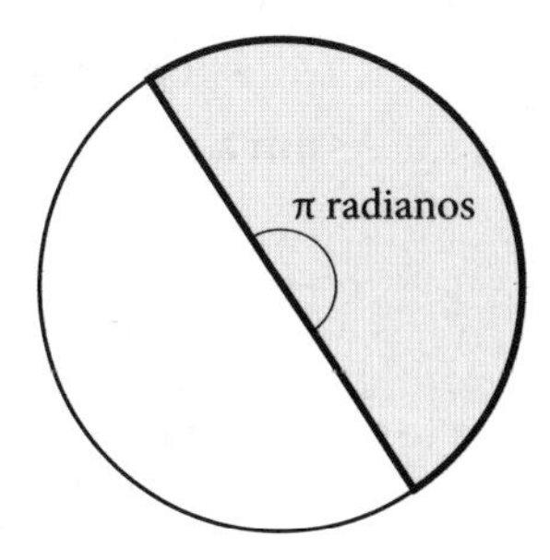

O radiano.

de medida adequada, o radiano, e não a unidade de medida tradicional, o grau. Um círculo completo, ou 360 graus, tem 2π radianos, e meio círculo, 180 graus, tem π radianos. (O radiano é assim chamado porque 1 radiano é o ângulo com vértice no centro do círculo que limita um arco de circunferência igual ao raio, como ilustrado na página anterior. O radiano representa um modo muito mais natural de definir um ângulo do que o sistema de graus inspirado na Babilônia que discutimos num capítulo anterior, e os matemáticos o têm preferido desde o século XVIII.)[11]

Embora não haja um modo intuitivo de compreender o que é elevar um número como *e* a uma potência imaginária, Euler constatou que podemos pelo menos fazer isso algebricamente, usando a série infinita para e^x da página anterior. Se, por exemplo, substituímos *ix* por *x*, obtemos a seguinte equação:

$$e^{ix} = 1 + ix + \frac{(ix)^2}{2!} + \frac{(ix)^3}{3!} + \frac{(ix)^4}{4!} + \frac{(ix)^5}{5!} + \dots$$

que, quando se eliminam os parênteses, torna-se:

$$e^{ix} = 1 + ix + \frac{i^2x^2}{2!} + \frac{i^3x^3}{3!} + \frac{i^4x^4}{4!} + \frac{i^5x^5}{5!} + \dots$$

Podemos simplificar ainda mais, já que por definição $i^2 = -1$, e:

$i^3 = i \times i \times i = i^2 \times i = -1 \times i = -i,$
$i^4 = i^2 \times i^2 = -1 \times -1 = 1,$
$i^5 = i^4 \times i = 1 \times i = i,$
$i^6 = -1$

E assim por diante.

Em outras palavras, podemos substituir os termos i^2, i^4, i^6, i^8... pelos valores -1, 1, -1, 1... e podemos substituir os termos i^3, i^5, i^7, i^9... pelos valores $-i$, i, $-i$, i... Assim a equação pode ser reescrita da seguinte maneira:

$$e^{ix} = 1 + ix - \frac{x^2}{2!} - \frac{ix^3}{3!} + \frac{x^4}{4!} + \frac{ix^5}{5!} - \dots$$

O padrão se torna mais visível com os termos imaginários em negrito:

$$e^{ix} = 1 + \boldsymbol{ix} - \frac{x^2}{2!} - \frac{\boldsymbol{ix^3}}{\boldsymbol{3!}} + \frac{x^4}{4!} + \frac{\boldsymbol{ix^5}}{\boldsymbol{5!}} - \cdots$$

O que se rearranja em:

$$e^{ix} = 1 - \frac{x^2}{2!} + \frac{x^4}{4!} - \frac{x^6}{6!} + \cdots + \boldsymbol{i}\left(\boldsymbol{x} - \frac{\boldsymbol{x^3}}{\boldsymbol{3!}} + \frac{\boldsymbol{x^5}}{\boldsymbol{5!}} - \frac{\boldsymbol{x^7}}{\boldsymbol{7!}} + \cdots\right)$$

Bingo! Os termos são exatamente aqueles nas equações da página 201 para o cosseno e o seno de x:

$$e^{ix} = \cos x + i \text{ sen } x$$

Elevando e a uma potência imaginária, Euler encontrou as razões trigonométricas. Em outras palavras, pegou dois conceitos familiares mas sem relação entre si, misturou-os bem, e num espocar de fumaça apareceu algo inesperado: dois conceitos familiares de um campo que era considerado totalmente diferente. Era matemática, mas parecia alquimia.

Para terminar, Euler afirmou: seja $x = \pi$, que é a medida em radianos para 180 graus. Como $\cos \pi = \cos 180° = -1$, e $\text{sen } \pi = \text{sen } 180° = 0$, o termo imaginário desaparece.

$$e^{i\pi} = \cos \pi + i \text{ sen } \pi$$

Que se reduz para:

$$e^{i\pi} = -1$$

Ou:

$$e^{i\pi} + 1 = 0$$

O trabalho inovador de Euler com números imaginários pode tê-los colocado no centro da matemática, onde têm estado desde então, mas mesmo assim, para Euler e seus contemporâneos do século XVIII, os imaginários continuavam a ser exóticos, animais misteriosos. Um sério obstáculo para a compreensão dos imaginários era seu nome, que implicava a noção de que não existiam. No início do século XVIII, Gottfried Leibniz tinha descrito $\sqrt{-1}$ como "quase um anfíbio entre ser e não ser". Os matemáticos poderiam ter avançado mais depressa se o termo "número anfíbio" entrasse no vocabulário em vez de "imaginário".

Já vimos que os matemáticos só se sentiram completamente confortáveis com relação aos números negativos quando puderam enxergá-los numa página, representados como pontos numa linha. A história repetiu-se com os imaginários. A ansiedade filosófica quanto aos números complexos só desapareceu com a invenção de uma interpretação visual simples.

O "plano complexo", abaixo ilustrado, consiste numa linha horizontal para os números reais, e numa linha vertical para os números imaginários, análogos aos eixos de x e de y no gráfico de coordenadas. O número complexo $a + bi$ representa o ponto no plano complexo com coordenadas (a, b), ou seja, o ponto a para um lado e b na altura. Na ilustração eu marquei o ponto $3 + 2i$, que é o ponto (3, 2). O plano complexo não é uma ideia complicada, e ainda assim os homens que o conceberam estavam todos trabalhando de modo independente às margens do establishment matemático europeu: Caspar Wessel, um topógrafo de Copenhague, Jean-Robert Argand, um contador de Paris, e o abade Adrien-Quentin Buée, um clérigo francês que tinha fugido da Revolução e estava vivendo em Bath. O fato de nenhum dos grandes matemáticos da época ter concebido o plano complexo parece revelar quão imbuídos estavam da doutrina de que números imaginários só existem na imaginação.

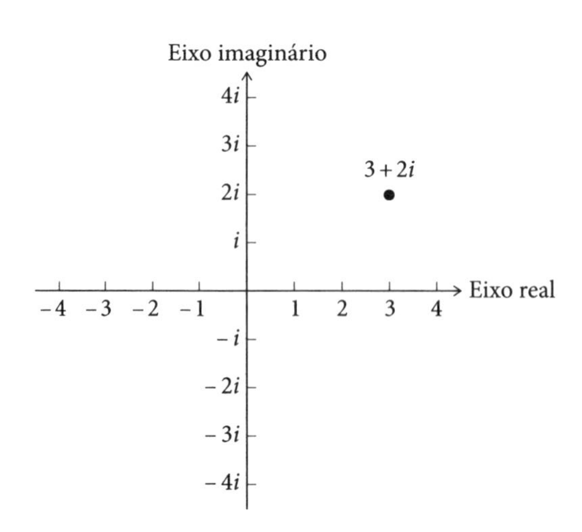

O plano complexo.

* * *

O plano complexo foi uma invenção brilhante. Não só fornece um mapa mostrando onde estão os números complexos, mas também favorece nossa compreensão de como eles se comportam.

Tomemos uma soma básica, digamos somar 1 ao número $3 + 2i$.
A resposta é $4 + 2i$.

Ou somemos i ao número $3 + 2i$.
A resposta é $3 + 3i$.

Olhemos agora a imagem abaixo. Acrescentar 1 ao ponto $3 + 2i$ faz-nos mover uma unidade para o lado, e somar i faz-nos mover uma unidade para cima.

Quanto mais 1s forem somados, mais progredimos horizontalmente, e quanto mais is são somados, mais subimos verticalmente, como ilustrado abaixo. Com efeito, somar o número complexo $a + bi$ equivale a mover-se a unidades para o lado e b unidades para cima. Chamamos esse tipo de movimento geométrico de *translação*.

E agora, multiplicação. Se tomarmos nosso ponto $3 + 2i$ e o multiplicarmos por 1, vamos obter o mesmo número. Claro que sim. É o que o 1 sempre faz. Mas, quando multiplicamos um número por i, algo interessante acontece. Comecemos na próxima página, multiplicando $3 + 2i$ por i.

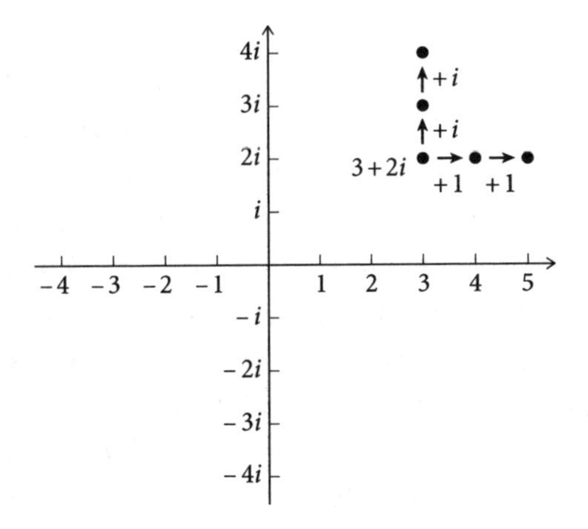

$$(3 + 2i) \times i = 3i + 2i^2 = 3i - 2 = -2 + 3i$$

Veja a imagem abaixo. O ponto $3 + 2i$ girou 90 graus em sentido anti-horário em torno de 0.

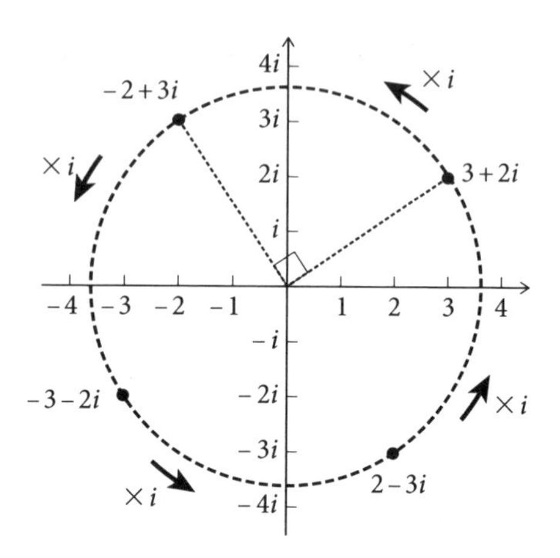

Se multiplicarmos esse novo ponto, $-2 + 3i$, por i, o resultado é de novo um giro de 90 graus em torno de 0.

De fato, quando um número complexo é multiplicado por i, o ponto descrito por esse número no plano complexo gira um quarto de volta em torno da origem. Se mutiplicarmos por $i^2 = -1$, o ponto gira 180 graus, se multiplicarmos por $i^3 = -i$, o ponto gira 270 graus, e se multiplicarmos por $i^4 = 1$, o ponto vai girar de volta à posição de partida.

Agora tome-se um número arbitrário positivo a. Ele fica sobre o eixo real do plano complexo. Multiplique a por -1 e o resultado é $-a$. Esse número também está sobre o eixo real, mas passou para a posição oposta, do outro lado de 0. Multiplique de novo por -1 e o número retorna a a. No entanto, se multiplicarmos a por i, o resultado é ai. O número terá girado 90 graus e agora está sobre o eixo imaginário. Multiplique por i novamente, e o número gira para a posição $-a$, de volta ao eixo real. O plano complexo permite que compreendamos o *vaivém* da multiplicação de números negativos como consequência da multiplicação *giro a giro* dos imaginários. Esse processo não só nos permite uma percepção mais profunda do que são os números, mas também nos provê uma poderosa notação para descrever coisas que giram.

Física de partículas, engenharia elétrica e radares, por exemplo, entre tantos outros campos científicos, tudo isso se baseia em números complexos para expressar rotações. De fato, a equação de onda de Schrödinger — a equação fundamental da mecânica quântica — contém o número imaginário *i*.[12] A equação expressa a probabilidade de uma partícula subatômica ser detectada em certa localização. A probabilidade de algo acontecer deve estar, claro, entre 0 e 1, ou 0% e 100%. Mas a melhor maneira de compreender como interagem as probabilidades inerentes a partículas é tratá-las como números no plano complexo. Em vez de se somarem como números reais, as probabilidades se reforçam ou se anulam umas às outras, dependendo de suas posições relativas numa rotação.

Graças a equações como a de Schrödinger, os físicos usam agora números imaginários para expressar a natureza da própria matéria. Como consequência, os matemáticos não estão mais preocupados em saber se os números imaginários têm ou não um significado. Atualmente é tão natural pensar em, digamos, $2 + 3i$ existindo no plano complexo quanto em, por exemplo, -2 existindo na linha de números.

O plano complexo nos traz novos desdobramentos relacionados à identidade de Euler. Para entendê-los, tenho de apresentar um sistema de coordenadas alternativo para números complexos. O sistema-padrão, como vimos, consiste em fazer com que o ponto (a, b) — onde a é a distância a partir de zero na horizontal e b na vertical) — marque a posição do número complexo $a + bi$. Em nosso segundo sistema, que usa coordenadas "polares", descrevemos o ponto como tendo um ângulo θ e uma distância r em relação à origem. É exatamente como se o comandante de um submarino num filme de ação anunciasse que há um navio a r milhas de distância num ângulo de θ graus (com a diferença de que estamos medindo nosso ângulo em radianos, e no sentido anti-horário a partir do leste, em vez de no sentido horário a partir do norte). Na ilustração a seguir, o ponto representa o número complexo $a + bi$. Marquei o ângulo θ a partir da horizontal e a distância r da origem, o que produz um triângulo retângulo com ângulo θ, hipotenusa r, cateto adjacente a e cateto oposto b.

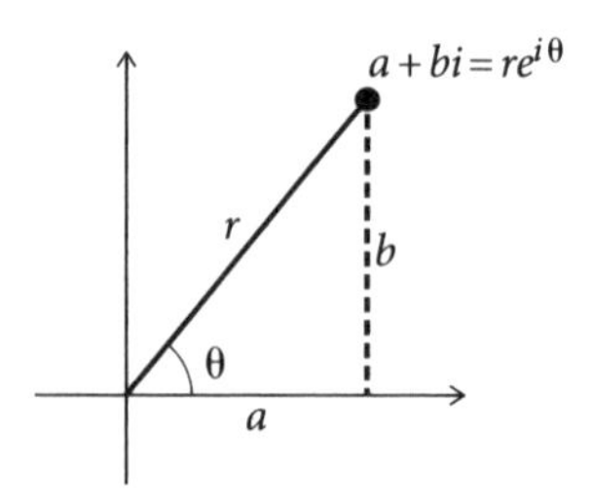

Soh-ca-toa!

A exclamação trigonométrica nos faz lembrar que $\text{seno} = \frac{\text{cateto oposto}}{\text{hipotenusa}}$ e que $\text{cosseno} = \frac{\text{cateto adjacente}}{\text{hipotenusa}}$. O que neste caso significa que:

$$\text{sen}\ \theta = \frac{b}{r}, \text{ e } \cos\theta = \frac{a}{r}$$

O que pode ser reformulado como:

$$b = r\ \text{sen}\ \theta, \text{ e } a = r\cos\theta$$

Nosso número complexo pode, portanto, ser reescrito em termos de r e de θ:

$$a + bi = r\cos\theta + (r\ \text{sen}\ \theta)\ i$$
$$a + bi = r\cos\theta + ri\ \text{sen}\ \theta$$
$$a + bi = r\,(\cos\theta + i\ \text{sen}\ \theta)$$

Espere! Sabemos da equação da página 203 que $\cos\theta + i\ \text{sen}\ \theta = e^{i\theta}$, o que significa que podemos substituir os termos entre parênteses, para obter:

$$a + bi = re^{i\theta}$$

Saboreie essa equação por um momento. O número complexo, que é r a partir da origem num ângulo de θ radianos em relação à horizontal, tem o formato $re^{i\theta}$. Antes, neste mesmo capítulo, perguntei o que significa e ter um expoente imaginário, pois isso parece algo desconcertante. Aqui está nossa resposta. Quando e tem um expoente imaginário, o termo nos fornece uma notação fantasticamente eficiente, no estilo de um comandante de submarino, para uma posição no plano complexo.

Consideremos agora a coordenada (−1, 0) no plano complexo, que representa o número complexo $-1 + 0i$, ou simplesmente −1. O ponto está a 1 unidade da origem a um ângulo de π radianos, como ilustrado abaixo, e como consequência podemos escrevê-lo como $e^{i\pi}$.

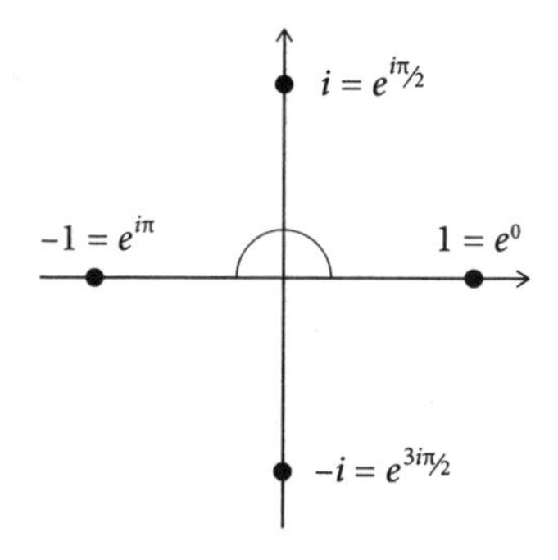

Redescobrimos a identidade de Euler! A declaração que descreve a posição de −1 no plano complexo é:

$$-1 = e^{i\pi}$$

Que pode ser reformulada como:

$$e^{i\pi} + 1 = 0$$

Além disso, uma vez que o ponto i está a 1 unidade da origem a um ângulo de $\frac{\pi}{2}$ radianos em relação à horizontal, podemos deduzir que $i = e^{i\pi/2}$, e uma vez que o ponto $-i$ está a 1 unidade da origem a um ângulo de $\frac{3\pi}{2}$ radianos, podemos deduzir que $-i = e^{3i\pi/2}$.

Inspire profundamente. Podemos usar essa informação para responder a uma pergunta de fazer arregalar os olhos, que apenas algumas páginas atrás poderia parecer uma insanidade embrulhada em loucura: o que é i^i, ou seja, a raiz quadrada de menos um elevada à raiz quadrada de menos um?

Como sabemos que $e^{i\pi/2} = i$, sabemos também que:

$$i^i = (e^{i\pi/2})^i = e^{i^2\pi/2} = e^{-\pi/2} = \frac{1}{e^{\pi/2}} = \frac{1}{\sqrt{e^\pi}} = 0,20787\ldots$$

O i se revelou, deixando um termo que até os gregos entenderiam. Quem diria.

O plano complexo nos permite esquecer a noção perturbadora de que i é a raiz quadrada de um número negativo. A única coisa a que temos de atentar é que cada número $a + bi$ é um par ordenado de números reais, as coordenadas (a, b), onde a e b são números reais, e que quando multiplicamos esses números entre si eles obedecem a certas regras. (Obviamente, essas regras se baseiam nas propriedades da raiz quadrada de menos um, mas a ênfase aqui não é em como elas surgiram, e sim no que elas produzem.) Os matemáticos começaram logo a perguntar se seria possível criar regras para coordenadas tridimensionais que proporcionariam uma forma para descrever rotações no espaço, da mesma maneira que as regras dos números complexos descreviam rotações em duas dimensões. Ninguém se dedicou mais a essa ideia do que o matemático irlandês William Rowan Hamilton, embora não conseguisse chegar a uma resposta. Mas então, enquanto caminhava com sua mulher ao longo do Canal Royal, em Dublin, em 1843, veio-lhe a solução, e ele realizou o mais famoso ato de vandalismo da matemática: rabiscou a seguinte fórmula no muro da Brougham Bridge: $i^2 = j^2 = k^2 = ijk = -1$. Atualmente, há uma placa comemorativa no local.

Hamilton percebeu que era impossível encontrar regras matemáticas válidas para coordenadas com três números, mas que ele poderia fazer funcionar um sistema com quatro. E chamou esses números de "quatérnions", ou "quaterniões". Assim como o número complexo $a + bi$, em que a e b são números e i é $\sqrt{-1}$, pode ser escrito como as coordenadas (a, b), o quatérnion $a + bi + cj + dk$, em que a, b, c e d são números reais, e em que i, j e k são todos $\sqrt{-1}$, pode ser escrito como (a, b, c, d). Todas as unidades imaginárias — i, j e k — são iguais a $\sqrt{-1}$, mas mesmo assim são diferentes entre si, e se relacionam de acordo com a equação escrita na parede. Hamilton precisava de mais uma regra bizarra para seus quatérnions funcionarem — a ordem da multiplicação das unidades imaginárias é importante. Por exemplo, $i \times j = k$, mas $j \times i = -k$.

Por mais heterodoxos que fossem os quatérnions de Hamilton, eles lhe permitiram produzir um modelo de rotações em três dimensões. No quatérnion (a, b, c, d), os números (b, c, d) proporcionam posições coordenadas para três dimensões espaciais, e o número a, segundo ele, indicava o tempo. Os novos números excitaram Hamilton em tal medida que ele dedicou boa parte do resto de sua vida a estudá-los.

Se você acha que os quatérnions soam um tanto estranhos, saiba que não é o único. Os pares de Hamilton o ridicularizaram, mais notadamente Charles Dodgson, grande nome da matemática em Oxford, também conhecido como Lewis Carroll.[13] Seus livros infantis, *Alice no País das Maravilhas* e *Alice através do espelho*, são muito conhecidos por seus quebra-cabeças lógicos e jogos matemáticos. Contudo, recentemente uma crítica alegou que seu humor surreal não provinha de uma floreada imaginação, mas do desejo de satirizar mudanças na matemática vitoriana que ele desaprovava, sobretudo a tendência a uma crescente abstração na álgebra. Melanie Bayley escreve que o capítulo "Um chá maluco" é uma sátira aos quatérnions de Hamilton, e que o título em inglês "*A Mad Tea Party*", é um jogo de palavras com "mad t-party", onde *t* é a abreviação científica para *time*, tempo. Nessa festa do chá, o chapeleiro, a Lebre de Março e o rato silvestre ficam girando em torno da mesa, assim como os números imaginários *i*, *j* e *k* num quatérnion. O quarto convidado, Tempo, está ausente, e assim não há tempo para lavar as louças. Quando a Lebre de Março sugere a Alice que ela devia dizer o que achava, ela replica: "Pelo menos eu acho aquilo que digo — é a mesma coisa, você sabe". Mas a ordem das palavras modifica o sentido, assim como a ordem de *i* e *j* na multiplicação do quatérnion modifica o resultado.

Dodgson ironizava a nova matemática, mas estava no lado errado da história. A expansão que Hamilton fez do conceito de número para incluir quatérnions rompeu o cordão umbilical entre os números e o sentido exterior a eles que sempre tinha existido. Hoje em dia não é controverso, para os matemáticos, criar novos tipos de números baseados puramente em definições formais. Pode-se encontrar um "sentido" — como foi o caso dos números complexos ao se encontrar para eles um sentido como posições num plano complexo — ou não encontrar. O propósito é investigar padrões e estruturas e ver aonde é possível chegar com isso.

A partir do final do século XIX, os quatérnions começaram a ser escanteados por outras teorias matemáticas, mas Hamilton ficaria feliz como um duende irlandês se soubesse que nas últimas décadas os quatérnions voltaram à tona. Eles proporcionam aos computadores o melhor sistema para calcular rolagem, arfagem e guinada, os três eixos de rotação de um objeto em voo. A aeronáutica e a indústria de computação gráfica — da Nasa à Pixar — os usam em seus programas.

É impossível criar um sistema numérico consistente com cinco, seis ou sete números reais ordenados, mas com oito sim, e esse tipo de número chama-se "octônio", e se escreve (a, b, c, d, e, f, g, h). O octônio é uma ideia esperando uma aplicação, embora talvez não por muito tempo. Um dos maiores antagonistas da "teoria de tudo", que concilia a mecânica quântica e a teoria geral da relatividade, é a teoria M, uma versão da teoria das cordas, segundo a qual as partículas fundamentais num átomo são filamentos chamados "cordas".[14] A teoria M requer a noção de onze dimensões, que se alegou serem as oito dimensões dos octônios mais as três dimensões do espaço. Hamilton rabiscou suas ideias na ponte irlandesa, mas talvez elas tenham sido gravadas na tessitura do cosmo.

Bertrand Russell, o único matemático a receber um prêmio Nobel de literatura, descreveu a beleza que há na matemática como "fria e austera, como a de uma escultura, sem apelar para nenhum componente de nossa natureza mais fraca, sem os esplêndidos ornamentos da pintura ou da música, mas de uma pureza sublime, capaz de uma perfeição rigorosa como somente a maior das artes pode apresentar".[15]A identidade de Euler — pura, perfeita e profunda — se encaixa nessa descrição. A beleza matemática também pode ser estética, embora Russell não tenha vivido para ver um importante exemplo disso. Em 1980, uma década após sua morte, foi descoberta uma forma no plano complexo que era tão impactante e tão fora do comum que mudou nossa maneira de pensar não apenas sobre a matemática, mas também sobre a ciência.

Antes de entrarmos nisso, preciso introduzir o conceito de "iteração", que é o processo de repetir uma operação diversas vezes. Já tratamos desse aspecto no capítulo anterior, com a sequência das duplicações:

1, 2, 4, 8, 16, 32, 64, 128...

Em vez de escrever esses termos, eu poderia ter definido essa sequência como a iteração "$x \to 2x$", na qual o primeiro termo é 1, uma vez que:

$1 \to 2$

$2 \to 4$

$4 \to 8$

E assim por diante.

O que faz esse processo ser um processo iterativo é que o output de cada operação — neste caso, de duplicação — é usado como input da operação subsequente. Uma iteração é uma máquina de retroalimentação: o número que sai como produto da máquina a realimenta, o que produz um novo número, que realimenta a máquina, e assim por diante.

Consideremos agora a iteração simples $x \to x^2$.

Se começarmos em 1, vamos gerar:

$1 \to 1^2 = 1$

$1 \to 1$

$1 \to 1$

Em outras palavras, a sequência fica em 1 para sempre.

Se começarmos em 2, vamos gerar:

$2 \to 2^2 = 4$

$4 \to 16$

$16 \to 256$

$256 \to 65\,536 \to \ldots$

A sequência vai em direção ao infinito.

E se começamos em 0,1 vamos gerar:

$0{,}1 \rightarrow (0{,}1)^2 = 0{,}01$
$0{,}01 \rightarrow 0{,}0001$
$0{,}0001 \rightarrow 0{,}00000001 \rightarrow \ldots$
A sequência tende para zero.

Podemos generalizar o comportamento de todos os números positivos nessa iteração. Se o número n é maior do que 1, seu quadrado n^2 é maior do que n, assim o número em iteração vai ficando cada vez maior. Se o número positivo n é menor do que 1, então n^2 é uma fração de n, e assim o número em iteração fica cada vez menor e se aproxima de zero. Como o quadrado de um número negativo é um número positivo, todos os números menores do que -1 tendem para o infinito, e todos os números negativos entre -1 e 0 tendem para zero.

Darei o nome de "fugitivos" aos números que fazem a iteração crescer em direção ao infinito, e de "prisioneiros" aos que não o fazem. No caso de $x \rightarrow x^2$, vemos que 2 é um fugitivo, mas 1 e 0,1 são prisioneiros. Nosso objetivo no restante deste capítulo será encontrar aos prisioneiros em qualquer iteração, que chamaremos de "conjunto prisioneiro". O conjunto prisioneiro de $x \rightarrow x^2$ são os números entre -1 e 1, marcados em negrito na ilustração abaixo:

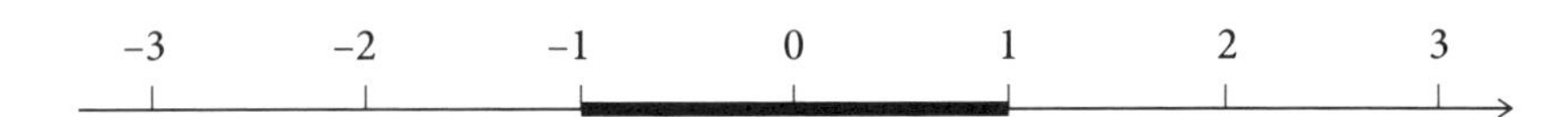

O conjunto prisioneiro de $x \rightarrow x^2$.

Considere-se uma nova iteração $x \rightarrow x^2 + c$, onde c é o número de partida na iteração. Em outras palavras, nossa máquina de retroalimentação está um pouco mais faminta do que o normal. Ela começa com o número c, calcula seu quadrado e acrescenta c, calcula o quadrado desse resultado e acrescenta c, e assim por diante. Essa ligeira modificação na regra de iteração tem consequências drásticas na determinação de quais números de partida serão prisioneiros e quais serão fugitivos.

Comecemos com 1, que, como vimos acima, é prisioneiro na iteração $x \rightarrow x^2$. Na iteração $x \rightarrow x^2 + c$, no entanto, 1 agora é um fugitivo:

note-se que começamos com 1, então $c = 1$

$1 \rightarrow 1^2 + 1 = 2$

$2 \rightarrow 2^2 + 1 = 5$

$5 \rightarrow 26$

$26 \rightarrow 677 \rightarrow 458\,330 \rightarrow \ldots$

Consideremos agora o que acontece com −2, que é um fugitivo na iteração $x \rightarrow x^2$. Mas na iteração $x \rightarrow x^2 + c$, o número −2 é agora um prisioneiro:

note-se que começamos com −2, então $c = -2$

$-2 \rightarrow (-2)^2 - 2 = 2$

$2 \rightarrow 2^2 - 2 = 2$

$2 \rightarrow 2$

$2 \rightarrow 2$

...

Daí se conclui que o conjunto prisioneiro $x \rightarrow x^2 + c$ contém os números entre −2 e 0,25, ilustrados abaixo em negrito.

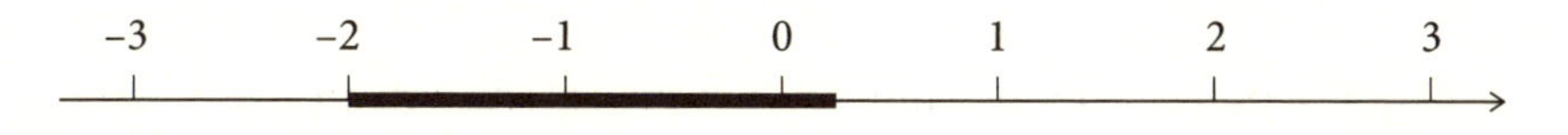

O conjunto prisioneiro de $x \rightarrow x^2 + c$.

Vamos jogar agora um jogo de prisioneiros versus fugitivos no plano complexo, o mapa de coordenadas no qual cada ponto é definido por um número complexo. Primeiro, uma breve recapitulação sobre a multiplicação num plano complexo: a multiplicação por i é equivalente a uma rotação de 90 graus no sentido anti-horário. Mais genericamente, quando dois números complexos são multiplicados um pelo outro, os ângulos que eles fazem com a horizontal se somam um ao outro, e suas distâncias à origem se multiplicam. (Convencionou-se chamar um número complexo de z, em vez de $a + bi$.) Na ilustração a seguir, o número complexo z_1 está a θ graus em relação à horizontal e a uma distância de r, e z_2 está a ϕ graus em relação à horizontal e a uma distância de R. O número complexo $z_1 \times z_2$ está portanto num ângulo de $\theta + \phi$ graus em relação à horizontal e à distância de $r \times R$. Agora podemos compreender por que a multiplicação por i é uma torção de um quarto de volta. A posição de i no plano complexo é (0, 1), uma unidade acima do eixo imaginário, num ângulo reto com a horizontal. Assim, a multiplicação de um ponto por i no plano complexo gira o ponto 90 graus no sentido anti-horário, e multiplica a distância do ponto à origem por 1, o que quer dizer que a distância permanece a mesma — que é a descrição matemática de um quarto de volta.

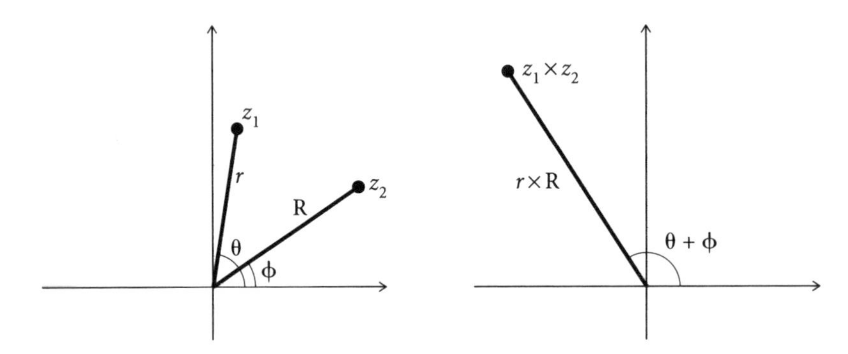

Multiplicação no plano complexo.

O que acontece com os números complexos sob a iteração $z \to z^2$?

Comecemos com a unidade imaginária i:

$i \to i^2 = -1$

$-1 \to 1$

$1 \to 1$

Assim i está no conjunto prisioneiro.

Há um meio mais rápido de trazer à luz o conjunto prisioneiro, utilizando o que acabamos de aprender sobre multiplicação complexa. Quando multiplicamos dois números complexos, adicionamos os ângulos e multiplicamos a distância. Portanto, quando elevamos ao quadrado um número complexo, dobramos o ângulo e elevamos a distância ao quadrado. Consideremos a unidade do círculo, que é o círculo com raio 1 centrado na origem.

Todos os pontos no círculo da unidade estão a uma distância de 1 da origem, o que significa que os quadrados de qualquer um desses pontos estão a uma distância de $1^2 = 1$ da origem. Em outras palavras, o quadrado de um ponto na unidade do círculo permanece na unidade do círculo, e portanto, para a iteração $z \to z^2$, todos os pontos do círculo devem fazer parte do conjunto prisioneiro. Da mesma forma, se a distância de um ponto até a origem é menor do que 1, o quadrado desse ponto está mais próximo da origem, e ficará cada vez mais próximo sob iteração, então tudo dentro da unidade do círculo também está no conjunto prisioneiro. Mas, se a distância do ponto até a origem for maior do que 1, o quadrado desse ponto está afastado da origem, e vai se afastar cada vez mais sob iteração. O conjunto prisioneiro para a iteração $z \to z^2$ é o disco da unidade, conforme abaixo ilustrado.

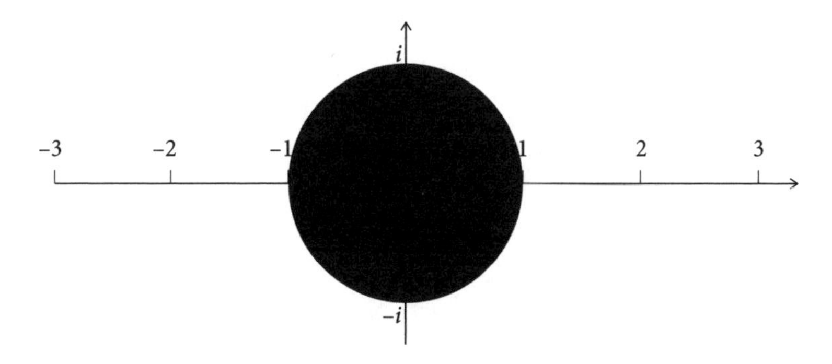

Conjunto prisioneiro de $z \to z^2$.

Agora se prepare. Queremos saber qual é o conjunto prisioneiro de $z \to z^2 + c$, onde c é o ponto de partida na iteração. Vamos pensar sobre o que a iteração significa no plano complexo. Tomamos um ponto, c, e o elevamos ao quadrado, o que causa a rotação do ponto em torno da origem, e elevamos ao quadrado sua distância à origem. Então *somamos* c, o que movimenta o ponto pelo plano a uma distância c. A iteração é uma infindável e alternada série de rotação, extensão e translação; o plano está sendo rodado, esticado e deslocado em cada ponto. Não há um modo inteligente de deduzir como se apresentará o conjunto prisioneiro. A única maneira é iterando milhares e milhares de pontos, o que era inexequível antes da era do computador.

Em 1979, Benoit B. Mandelbrot, um matemático francês que trabalhava para a IBM, ficou interessado em $z \to z^2 + c$. Seus primeiros resultados impressos mostravam um conjunto prisioneiro que parecia uma bolha, mas também havia pequenos borrões que pareciam manchas de poeira desconectadas da bolha principal. Ele deixou mensagens a seus assistentes, dizendo que as imperfeições não eram um defeito da máquina, como um alerta para que não as apagassem dos impressos. Quando Mandelbrot usou o zoom e ampliou essas áreas, ele viu que elas consistiam de padrões admiravelmente floreados, conectados ao conjunto prisioneiro por minúsculas ramificações. Pouco a pouco emergiu a figura geral de um conjunto prisioneiro. Parecia um besouro com um focinho na ponta e uma pelagem espinhenta, e era diferente de qualquer objeto geométrico visto antes.

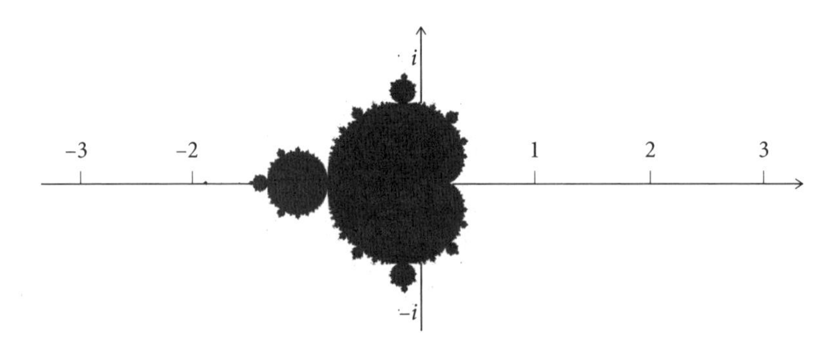

O conjunto prisioneiro de $z \to z^2 + c$: o conjunto de Mandelbrot.

Numa escala maior, o conjunto de Mandelbrot, como é conhecida essa forma, é feio, até mesmo assustador. Mas, quando se olha mais de perto para qualquer ponto em suas bordas, aparecem imagens de intricada beleza. A série de oito imagens nas páginas 220 e 221 mostra um zoom no Vale do Cavalo-Marinho, nome que se deu à área entre a cabeça e o corpo. As corrugações verrugosas ao longo do perímetro são como filigranas de tecido escocês com espirais em forma de cavalos-marinhos. Dentro dessas espirais há mais espirais, e depois mais espirais dentro de espirais, até que aparece uma miniatura no formato do conjunto de Mandelbrot, incrustada como um inseto conservado em âmbar. “Isso faz com que não possamos ficar entediados, porque o tempo todo aparecem coisas novas, nem ficar perdidos, porque coisas familiares reaparecem mais e mais uma vez", escreveu Mandelbrot. As variações são ao mesmo tempo infinitamente profundas e infinitamente amplas: onde quer que se olhe dentro desses limites, um zoom irá revelar uma paisagem que muda infinitamente. A batalha entre prisioneiros e fugitivos é tão perfeitamente equilibrada que há escaramuças rodopiando em cada ponto e em cada escala.

O conjunto de Mandelbrot é um "fractal", palavra cunhada por ele para designar qualquer forma que contenha versões em miniatura de si mesma. (Havia a piada de que o B. em Benoit B. Mandelbrot queria dizer Benoit B. Mandelbrot.) Fractais aparecem com frequência na natureza — um flósculo de couve-flor tem a mesma forma de uma couve-flor inteira, e um ramo de samambaia se parece com toda a planta —, e são as propriedades do conjunto fractal de Mandelbrot que fazem esse infindável padrão de desdobramento parecer tão orgânico. A descoberta de Mandelbrot foi um momento raro em que um avanço na matemática pura foi igualmente um evento na cultura popular. O fractal estampou-se em capas de revistas e tornou-se um adesivo em paredes de dormitórios, um genuíno ícone da década de 1980, como Adam Ant ou ombreiras. E ainda tem seus devotos. À medida que os computadores tornaram-se mais poderosos, seus exploradores penetraram nele ainda mais profundamente do que antes, e cada jornada era agora uma busca tão artística e espiritual quanto matemática.

Pode-se fazer o conjunto de Mandelbrot ficar mais bonito graduando os fugitivos em cores diferentes, em função de quão rápido eles se aproximam do infinito, e pode-se animar com zooms para criar o efeito de uma queda através do mundo. Orson Wang, um engenheiro automotivo de Detroit, comprou três computadores para ir mais longe num zoom do que tinha ido antes qualquer mandelbrotiano. Ele passou três meses escolhendo o melhor lugar de onde partir, e acabou depois ficando num ponto perto do número complexo $-1,7 + 0,2i$ no mini-Mandelbrot, bem na ponta em ferrão. Wang programou seus computadores para trabalhar durante seis meses e produzir um zoom que amplia 10^{275} vezes, mais ou menos o equivalente a seis vezes um zoom a partir do tamanho do universo observável até dentro de um próton. O resultado é fascinante. Uma ponta aguda e espinhosa transforma-se num filamento horizontal, numa cruz, numa estrela de oito pontas numa intersecção irregular de talos retorcidos, e subitamente círculos concêntricos explodem no centro como um olho em remoinho. É impossível

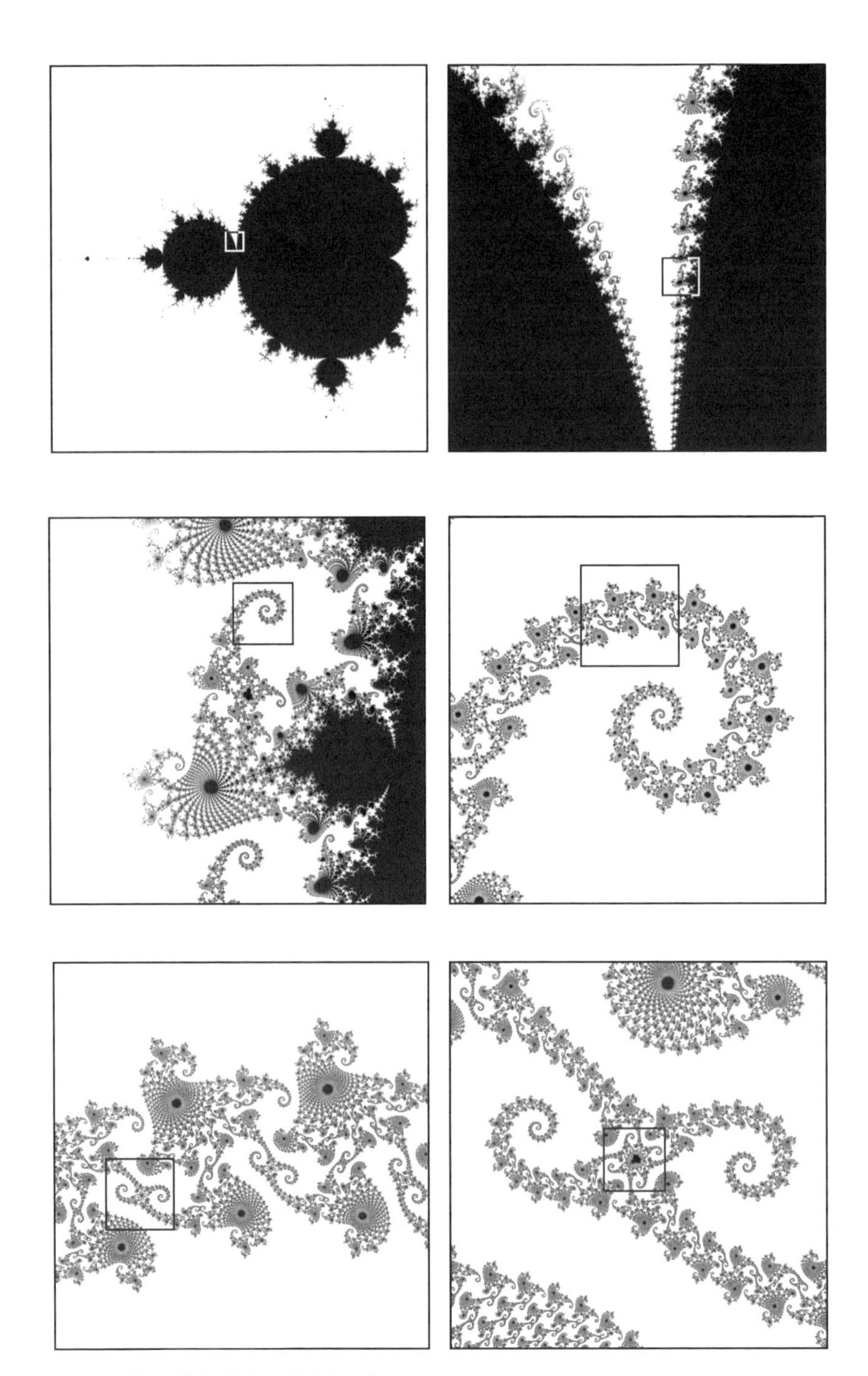

Uma jornada no Vale do Cavalo-Marinho.

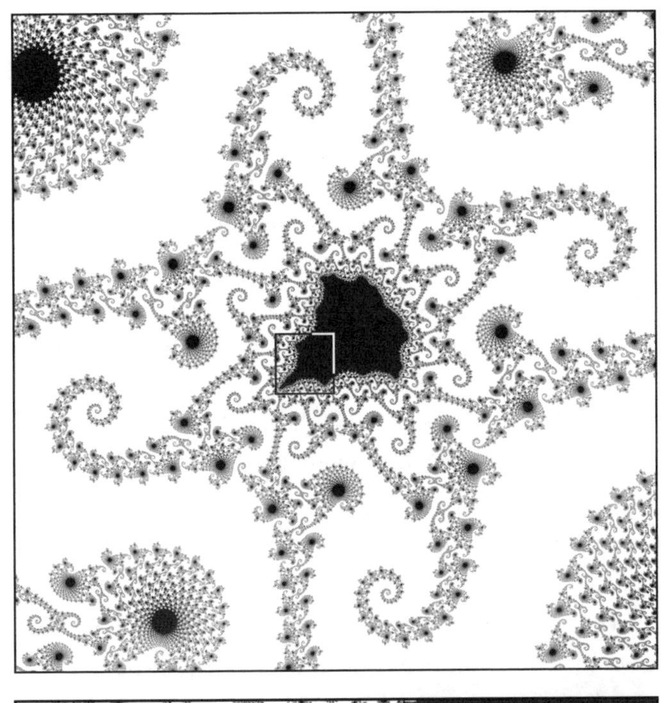

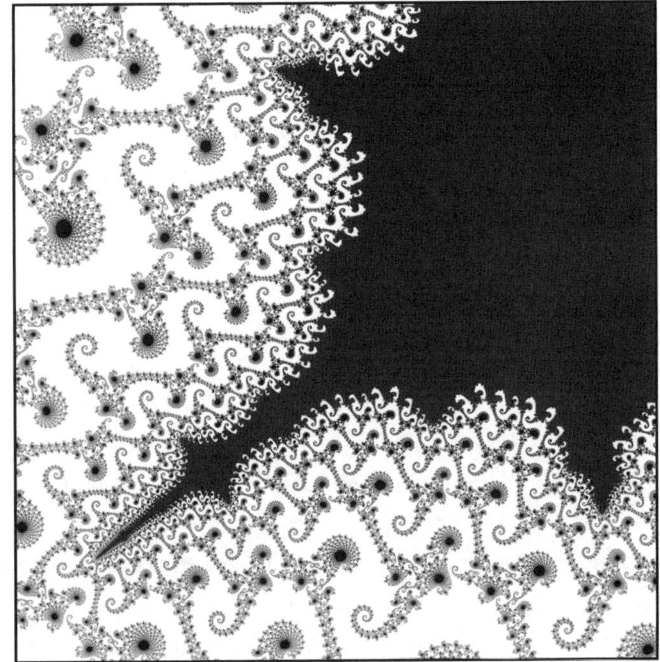

não ficar pasmado. "Para mim [o conjunto de] Mandelbrot é o epítome tanto de uma complexidade intransponível quanto de esperança", disse Wang.

A descoberta do conjunto de Mandelbrot foi uma vitória para os computadores, uma vez que demonstrou que eles poderiam criar uma nova matemática. Também marcou uma mudança mais ampla na ciência. Antes de Mandelbrot, a visão corrente e aceita era que, quanto mais de perto se olhasse para alguma coisa, mais simples ela se tornava. A inquirição científica tinha como objetivo decompor as coisas em seus elementos básicos. Mas agora surgia uma forma que se tornava mais complexa à medida que era observada em menores detalhes. Além disso, demonstrou que se pode produzir uma complexidade ilimitada a partir de uma simples regra. A mais espantosa propriedade do conjunto de Mandelbrot é o fato de ser criado apenas por multiplicação e soma, duas operações básicas que uma criança de sete anos de idade pode compreender.

O fundo do Vale do Cavalo-Marinho é o ponto −0,75. Em 1991, o matemático Dave Boll estava tentando demonstrar que não há prisioneiros diretamente acima desse ponto, e começou a iterar pontos cada vez mais próximos dele.[16] Começou com $-0{,}75 + 0{,}1i$, e fez as iterações necessárias até que o número complexo na sequência estivesse a mais de duas unidades da origem, uma vez que quando você chega a duas unidades da origem pode ter certeza de que o ponto original é um fugitivo. Ele então fez a mesma coisa para $-0{,}75 + 0{,}01i$, e assim por diante, até produzir a seguinte tabela:

PARTE IMAGINÁRIA	NÚMERO DE ITERAÇÕES	PARTE IMAGINÁRIA × ITERAÇÕES
0,1	33	3,3
0,01	315	3,15
0,001	3143	3,143
0,0001	31 417	3,1417
0,00001	314 160	3,14160

Você consegue ver aonde isso está levando? A última coluna se aproxima cada vez mais de pi.

Algumas questões profundas quanto ao conjunto de Mandelbrot permanecem sem resposta, mas durante muitos anos o desafio que mais atraiu o interesse dos matemáticos nas horas vagas foi o de saber se seria possível recriar um conjunto desses em três dimensões. Uma vez que não existe um modelo tridimensional para o plano complexo, não havia uma solução óbvia. No entanto, em 2009, Daniel White detonou o problema. Esse professor de piano de 31 anos de idade, de Bedford, transportou os princípios que regem a multiplicação complexa de duas para três dimensões.

Um ponto no plano pode ser definido por sua distância da origem e pelo ângulo com a horizontal.

Da mesma maneira, um ponto no espaço pode ser definido por sua distância da origem e por dois ângulos, um em relação ao eixo horizontal e um em relação ao eixo vertical, da mesma forma que um ponto no globo pode ser especificado por uma latitude (ângulo vertical) e uma longitude (ângulo horizontal).

Quando se multiplicam dois números complexos, está se somando seus ângulos e multiplicando suas distâncias. Dan definiu a multiplicação de dois pontos no espaço como sendo a soma de dois ângulos horizontais, a soma de dois ângulos verticais e a multiplicação das distâncias.

Munido dessa definição, ele observou em 3-D o conjunto prisioneiro de $z \to z^2 + c$. O resultado era decepcionante. "Aquilo parecia creme chantilly", disse ele. A vivacidade infinita do conjunto de Mandelbrot não estava mais lá, e ele expressou seu desalento com colegas num fórum da internet para fãs dos fractais. A ruptura desse impasse aconteceu quando um engenheiro mecânico de Los Angeles, Paul Nylander, sugeriu que Dan usasse seu método na iteração $z \to z^8 + c$. Essa sacudidela transformou o chantilly num planeta fractal com uma crosta de crustáceo, depressões profundas, montanhas em remoinho e fendas em forma de estrela, agora chamado Mandelbulb. "Fiquei pasmado", disse Dan, "era como se tivesse sido descoberto um novo universo."

Não se pode olhar para o Mandelbulb sem estremecer de espanto. O objeto poderia ser uma nave espacial, uma criatura do mar, um vírus alienígena... o que se quiser que ele seja. Sua superfície é mais detalhada e fantástica do que qualquer coisa que a imaginação humana possa conceber, embora a estrutura inteira seja determinada com exatidão por uma simples linha de código: $z \to z^8 + c$.

A descoberta do conjunto de Mandelbrot reconectou a matemática com as ciências naturais. A geometria fractal representou uma nova abordagem para a compreensão de formatos complexos em fenômenos naturais, desde sistemas climáticos até linhas costeiras, de organismos a cristais. Trezentos anos antes, outra descoberta revolucionária da matemática tivera um impacto ainda maior em nossa maneira de enxergar o mundo à nossa volta.

8. Professor cálculo

O professor de matemática francês Cédric Villani não tem a aparência habitual de um professor universitário. Bonito e esbelto, com um rosto de menino e uma cabeleira ondulada que lhe chega até o pescoço, mais parece um dândi da belle époque, ou um membro de uma pretensiosa banda de rock formada por estudantes. Está sempre vestindo um terno de três peças, um colarinho branco engomado, uma gravata *lavallière* — do tipo que tem um gigantesco e extravagante laço — e um broche brilhante do tamanho de uma tarântula. "De algum modo, eu tinha de fazer isso", dizia ele de sua aparência. "Era instintivo."

Eu me encontrei com Villani pela primeira vez em Haiderabade, na Índia, no Congresso Internacional de Matemáticos (International Congress of Mathematicians, ou ICM) de 2010, o encontro quadrienal da tribo. Entre os 3 mil delegados, Villani foi o foco da maior atenção, não por ser o que estava vestido com mais esmero, mas porque tinha sido agraciado com a Medalha Fields na abertura de gala. A Fields é a mais alta honraria da matemática. Villani estava sendo tratado como uma estrela de primeira grandeza, sem poder atravessar uma sala sem ser acossado por pedidos de autógrafos e fotos. Eu o encontrei uma tarde e perguntei se uma celebridade entre os matemáticos atraía *groupies*. "Você sabe, as da matemática são um pouco tímidas, por isso elas não me assediam", ele riu. "Infelizmente."

As medalhas Fields são concedidas, em cada ICM, a dois, três ou quatro matemáticos com menos de quarenta anos. (Em Haiderabade, os outros medalhistas foram Elon Lindenstrauss, de Israel, Stanislav Smirnov, da Rússia, e Ngô Bảu Châu, do Vietnã.) A regra da idade é em reconhecimento à motivação original de J. C. Fields, o matemático canadense que concebeu o prêmio. Fields queria reconhecer não só o trabalho já realizado, mas também estimular êxitos futuros. No entanto, a aclamação que uma Medalha Fields suscita é tamanha que, desde que as duas primeiras medalhas foram outorgadas, em 1936, elas ajudaram a estabelecer um culto da juventude — ou seja, se chegou aos quarenta você já está fora. Isso não é justo. Muitos matemáticos produzem seus melhores trabalhos depois dos quarenta, embora os medalhistas Fields possam ter dificuldade em retomar o foco, já que a fama traz consigo outras responsabilidades. A comunidade de matemáticos não concede honrarias ao conjunto da obra, como fazem as comunidades da física e da química com o prêmio Nobel.[1]

O primeiro ICM foi realizado em 1897, em Zurique. No segundo, em 1900, em Paris, o alemão David Hilbert deu uma palestra na qual listou 23 problemas matemáticos não resolvidos, que determinariam a direção a seguir nos próximos séculos. Os matemáticos reúnem-se no ICM para inventariar e avaliar o que foi realizado, e a outorga da Medalha Fields propicia uma percepção mais rápida e fácil dos trabalhos recentes mais estimulantes. Lindenstrauss foi condecorado "por seus resultados no rigor de medição na teoria ergódica e suas aplicações na teoria dos números"; Stanislav Smirnov, "pela demonstração da invariância conformal da perculação e pelo modelo planar Ising da física estatística", e Ngô, "por sua demonstração do Lema Fundamental na teoria das formas automórficas por meio da introdução de novos métodos algébricos-geométricos". Talvez você fique tão aturdido quanto eu fiquei quando essas menções foram anunciadas no congresso — e, de fato, muitos dos delegados também ficaram, mesmo durante as palestras subsequentes destinadas a explicá-las. O matemático britânico Timothy Gowers, um laureado com a Fields de 2006, escreveu em seu blog: "Se você quiser impressionar seus amigos, veja como você pode fingir que entende [o trabalho de Ngô]. Se alguém perguntar qual foi sua principal ideia, você pode responder: 'Bem, seu profundo insight foi mostrar que a fibração Hitchin da parte anisotrópica da fórmula-traço é uma pilha de Deligne-Mumford'. Se isso não funcionar, tente então soltar a expressão 'feixes perversos' na conversa — ao que tudo indica eles são relevantes".[2] Em seu estágio mais avançado, a matemática é tão conceitualmente difícil que talvez apenas poucas centenas de pessoas no mundo possam entender o que cada um desses homens fez. Quando se trata de Ngô, que era o pensador mais abstrato, talvez ainda menos.

A menção a Villani, contudo, não foi tão impenetrável quanto as outras. Ele ganhou a medalha "por suas demonstrações da atenuação linear de Landau e da convergência para o equilíbrio da equação de Boltzmann". Aqui, finalmente, havia algo que o não especialista poderia entender. A equação de Boltzmann, concebida pelo físico austríaco Ludwig Boltzmann em 1872, diz respeito ao comportamento de partículas num gás, e é uma das equações mais famosas da física clássica. Villani não era só um adepto de adereços para pescoços do século XIX, era também uma autoridade mundial em sua matemática aplicada.

A equação de Boltzmann é o que se conhece como equação diferencial parcial, e tem o seguinte aspecto:

$$\frac{\partial f}{\partial t} + v.\nabla_x f = \int_{\mathbb{R}^3} \int_{\mathbb{S}^2} | v - v_* | [f(v')f(v'_*) - f(v)f(v_*)] dv_* \, d\sigma$$

Quem estudou cálculo na faculdade poderá reconhecer alguns dos símbolos acima, especialmente o distendido ∫ ou o encaracolado ∂. Se você não estudou cálculo, não tenha medo, pois já vou explicar o que esses símbolos significam. O cálculo foi a conquista intelectual que coroou o Iluminismo, e a Medalha Fields de Villani demonstra que continuou a ser uma área fértil para estudo matemático avançado. Voltaremos mais tarde a esse francês resplandecentemente vestido e à sua equação, mas, para nos equiparmos com as necessárias ferramentas conceituais e terminológicas, precisamos primeiro nos transportar do sul da Índia em 2010 para a Sicília por volta do século III a.C.

Na face principal da Medalha Fields está o retrato barbado de Arquimedes, ostentando sua reputação como o mais ilustre matemático da Antiguidade. No entanto, Arquimedes é usualmente lembrado por suas contribuições à física. Quando ele soltou na banheira seu grito *Eureka!*, por exemplo, não foi para comemorar uma descoberta matemática. Ele se dera conta de que podia determinar o volume de qualquer objeto de formato irregular submergindo-o na água. Suas invenções mais conhecidas incluem uma garra gigante que destruiu navios que invadiam Siracusa, sua cidade natal, e um parafuso capaz de transportar água quando girado manualmente. Mas o historiador Plutarco escreveu que Arquimedes considerava a engenharia "sórdida e ignóbil".[3] A geometria era o objeto de "toda a sua afeição e sua ambição". Na hora do banho, quando não se distraía com a física, "ele estava sempre desenhando figuras geométricas, até mesmo nas cinzas da chaminé. E enquanto [seus criados] o untavam com óleo e aromas delicados, ele desenhava com os dedos em seu próprio corpo nu, tão distraído de si mesmo ele ficava, e era levado ao êxtase ou ao transe, tal era o prazer que sentia com o estudo da geometria".

A tarefa inicial da geometria foi o cálculo de área. (O historiador Heródoto foi o primeiro a usar o termo "geometria", ou *medição da terra*, descrevendo-a como uma prática concebida por inspetores de imposto egípcios para calcular as áreas de terra destruídas pelas enchentes anuais do Nilo.) Como todos sabemos, a área do retângulo é a largura multiplicada pela altura, e dessa fórmula podemos deduzir que a área de um triângulo é metade da base vezes a altura. Os gregos inventaram métodos para calcular as áreas de formas mais complicadas, e a realização mais impressionante foi a "quadratura da parábola" de Arquimedes, ou seja, a área limitada por uma parábola e uma linha. Para determinar a área dessa maneira, Arquimedes desenhou primeiro um grande triângulo dentro de uma parábola, como ilustrado a seguir, e a partir de cada um dos dois lados desse triângulo ele desenhou outro triângulo.[4] A partir dos dois lados desses triângulos menores, ele desenhou um triângulo ainda menor, e assim por diante, de modo que os três vértices de cada triângulo estejam sempre sobre a parábola. Quanto mais triângulos desenhava, mais a área somada de todos os triângulos se aproximava da área da parábola. Se o processo continuasse por um número infinito de triângulos, cobriria com perfeição a área desejada.

Arquimedes continuou demonstrando que, se a área do triângulo grande é T, a área de cada um dos dois triângulos desenhados a partir de seus lados é

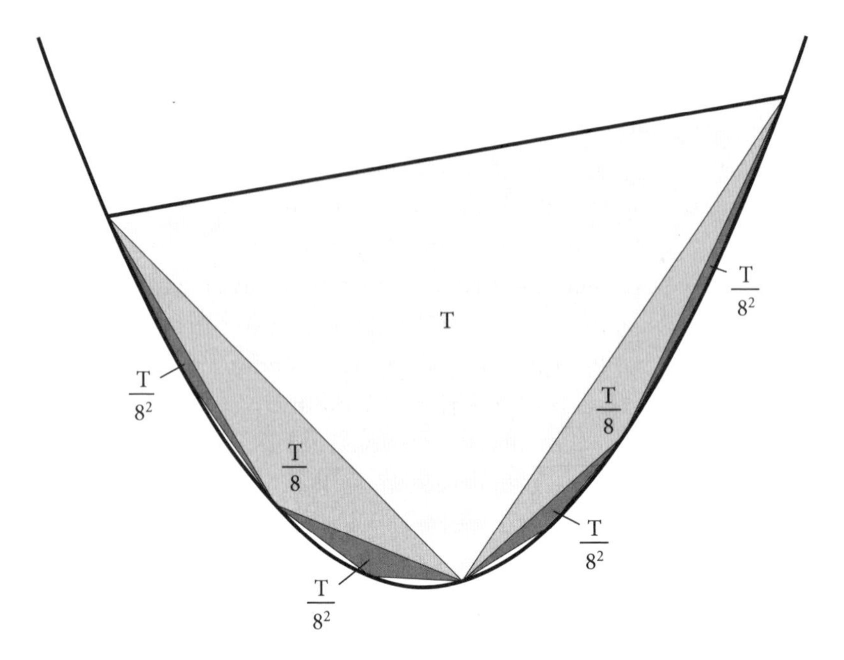

A quadratura da parábola.

$\frac{T}{8}$, a área de cada um dos quatro triângulos desenhados a partir de seus lados é $\frac{T}{8^2}$, e assim por diante. Em outras palavras, a área da seção parabólica, que é a soma combinada de todos os triângulos, é a série infinita:

$$T + \frac{2T}{8} + \frac{4T}{8^2} + \frac{8T}{8^3} + \cdots$$

ou

$$T\left(1 + \frac{1}{4} + \frac{1}{16} + \frac{1}{64} + \cdots\right)$$

ou

$$T\left(1 + \frac{1}{4} + \frac{1}{4^2} + \frac{1}{4^3} + \cdots\right)$$

Para terminar, ele provou que essa série era igual a $\frac{4T}{3}$. Assim, se quisermos medir a área entre uma linha e uma parábola, desenhamos um triângulo, medimos sua base e sua altura, calculamos sua área e multiplicamos o resultado por $\frac{4}{3}$. Não vou apresentar a demonstração de Arquimedes, mas, em vez disso, mostro uma figura que contém uma demonstração dentro dela. Este tipo de diagrama matemático chama-se "demonstração sem palavras", e a ilustração abaixo é provavelmente a minha favorita neste livro. Ela diz que:

$$\frac{1}{3} = \frac{1}{4} + \frac{1}{4^2} + \frac{1}{4^3} + \cdots$$

Olhe um instante para isso e veja se consegue deduzir por quê. (E, se não conseguir, veja o Apêndice Seis. Se essa equação é verdadeira, então a área total $T\left(1 + \frac{1}{4} + \frac{1}{4^2} + \frac{1}{4^3} + \cdots\right) = T\left(1 + \frac{1}{3}\right) = \frac{4T}{3}$. CQD.

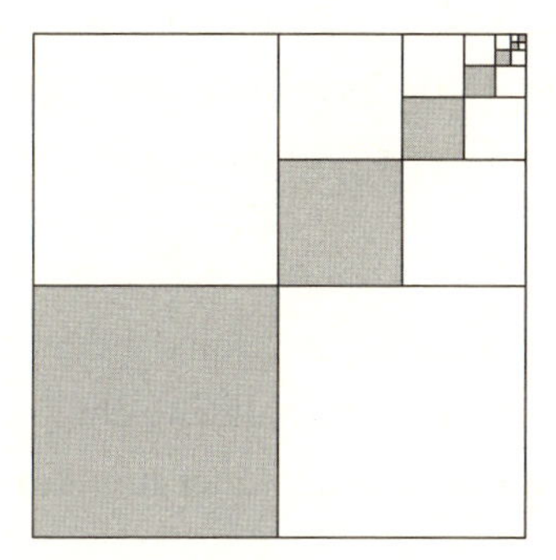

A quadratura da parábola de Arquimedes é o exemplo mais sofisticado na era clássica do *método de exaustão*, a técnica de somar uma sequência de pequenas áreas cujo total converge para uma área maior. A demonstração é considerada seu momento maior, porque representa a primeira visão "moderna" do infinito matemático. Duzentos anos antes de Arquimedes, o filósofo Zenão tinha advertido contra a noção de infinito numa série de paradoxos, o mais famoso dos quais, o de Aquiles e da tartaruga, mostrava que somar um número infinito de quantidades leva a um contrassenso.

Imagine, dizia Zenão, que Aquiles está correndo para alcançar uma tartaruga. Quando o atleta atinge o lugar no qual a tartaruga estava no momento em que começou a correr, o animal já se deslocou um pouco para a frente. Quando ele alcança essa segunda posição, de novo a tartaruga avançou um pouco. Aquiles pode continuar o quanto quiser, mas, sempre que atingir o lugar no qual a tartaruga estava no início de sua arremetida mais recente, a tartaruga ainda estará à sua frente. Tratando o movimento como um número infinito de corridas durante um número infinito de intervalo, Zenão argumentava que o célere Aquiles nunca alcançaria sua preguiçosa rival. Os gregos jamais conseguiram desfazer esse nó lógico de Zenão, e como resultado os matemáticos evitavam o infinito em seu trabalho. Mesmo Arquimedes, quando usou o método da exaustão, nunca se referiu tão cruamente quanto eu a uma entidade completa chamada "série infinita". Sem embargo, a diferença está mais na terminologia do que nas ideias. Arquimedes foi o primeiro pensador a desenvolver o mecanismo da série infinita com um limite finito, que foi importante não só para chegar às áreas de figuras significativamente mais exóticas do que a parábola, mas porque abriu o caminho conceitual para o cálculo. Entre os gigantes em cujos ombros Isaac Newton iria posteriormente se apoiar, Arquimedes foi o primeiro.

Se infinito é o maior dos números, qual é o menor? No século XVII, os matemáticos introduziram um novo conceito chamado "infinitesimal", uma quantidade que era menor do que qualquer montante real, mas ainda assim maior do que zero.

O infinitesimal era ambas as coisas, algo e nada: grande o bastante para ser de uso matemático, mas pequeno o bastante para desaparecer quando você precisar que ele o faça. Por exemplo, considere o círculo ilustrado abaixo. Dentro dele há um dodecágono, uma figura com doze lados feita de doze triângulos idênticos que compartilham um vértice, ou ponto, comum. A área somada

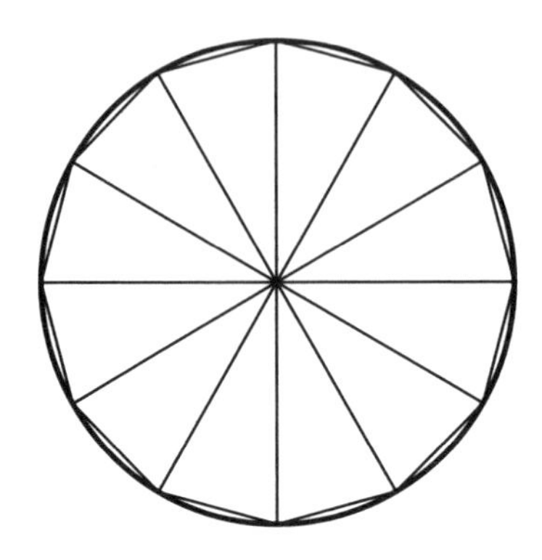

dos triângulos é aproximadamente a área do círculo. Se eu desenhar dentro do círculo um polígono com um número maior de lados, contendo mais e mais estreitos triângulos, sua área somada vai estar ainda mais próxima da área do círculo. E, se eu continuar aumentando o número de lados, no limite terei um polígono com um número infinito de lados contendo um número infinito de triângulos infinitamente estreitos. A área de cada triângulo seria infinitesimal, mas suas áreas somadas formam a área do círculo.

Já nos encontramos duas vezes com o astrônomo alemão Johannes Kepler. Ele foi o homem a constatar que os planetas orbitam em elipses, e foi o homem que marcou onze encontros antes de encontrar sua segunda mulher. Uma vez tendo feito o pedido à futura Frau K., surgiu a pequena questão de organizar a festa de casamento. Ao adquirir as bebidas, ele viu que os vinhateiros avaliavam quanto vinho havia em cada barril inserindo uma pequena vara diagonalmente pela boca do barril e medindo-a depois que atingia o outro lado. Era um método rudimentar e aproximativo, que desagradou a Kepler, já que a mesma medida de comprimento era usada em barris de tamanhos diferentes, como ilustrado abaixo.

Ele começou a pensar em como calcular volumes com maior precisão, de modo a determinar o formato que conteria mais vinho para um comprimento fixo da vara.[5] Inspirado em Arquimedes, desenvolveu um método no qual dividia cada barril em um número infinito de volumes infinitesimalmente pequenos, e demonstrou que para uma vara de comprimento l que ia da boca do barril até o canto mais afastado, o barril terá um volume máximo se sua altura for $\frac{2l}{\sqrt{3}}$. Kepler foi o pioneiro de toda uma geração de matemáticos que usaram os infinitesimais para calcular áreas e volumes. Da Inglaterra à Itália, houve uma explosão de atividade nesse campo, e isso refletia a

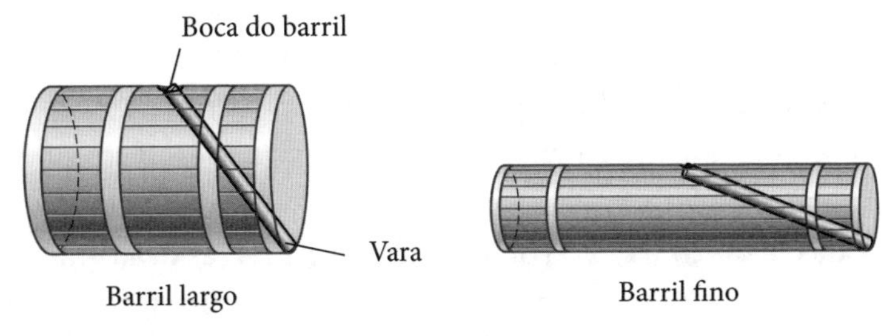

Medição do tamanho de barris de vinho.

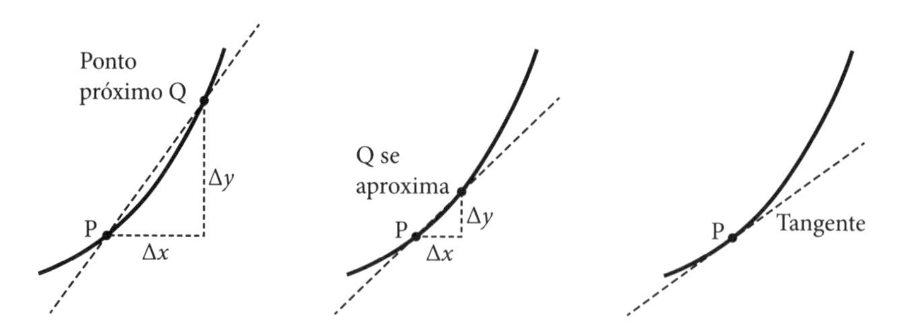

Aproximação a uma tangente.

mudança mais significativa na cultura matemática desde a Grécia antiga. O dogma euclidiano do rigor lógico foi abandonado em benefício daquilo que trazia resultados. O infinitesimal não era peixe nem ave, era algo que ao mesmo tempo existia e não existia. Mas ninguém iria desistir dele. De tão poderoso que era.

O infinitesimal forneceu um método extremamente bem-sucedido para o cálculo de tangentes, que são linhas que tocam uma curva num único ponto, mais a beijando do que a cortando. Imagine que queremos achar a tangente num ponto P na curva acima ilustrada. A estratégia é fazer uma aproximação à tangente, e depois incrementar a aproximação até ela coincidir com a linha desejada. Fazemos isso desenhando uma linha que passa por P e corta a curva num ponto próximo Q, e depois trazemos Q para cada vez mais perto de P. Quando Q chegar a P, a linha reta é uma tangente.

Como já vimos, o gradiente de uma linha reta é a distância com que ela avança para cima dividida pela distância que ela avança horizontalmente, e o gradiente de um ponto em uma curva é o gradiente da tangente desse ponto. Os matemáticos estavam interessados em tangentes porque estavam interessados em gradientes. Na ilustração, o gradiente da linha entre P e Q é $\frac{\Delta y}{\Delta x}$. (A letra grega delta, Δ, é um símbolo matemático que significa um pequeno incremento.) À medida que Q fica mais próximo de P, o valor $\frac{\Delta y}{\Delta x}$ aproxima-se do gradiente da tangente. Mas temos um problema. Se deixarmos Q alcançar de fato P, então $\Delta y = 0$ e $\Delta x = 0$, e isso quer dizer que o gradiente da curva em P é $\frac{0}{0}$. Toque de alerta! As regras da aritmética proíbem a divisão por zero! A solução é manter Q a uma distância infinitesimal de P. Se assim o fizermos, podemos dizer que, quando Q fica *infinitesimal-*

mente próximo de P, o valor de $\frac{\Delta y}{\Delta x}$ é *infinitesimalmente* próximo ao gradiente da tangente, que também é o gradiente da curva em P.

Em 1665, Isaac Newton, recém-graduado em Cambridge, voltou a morar com a mãe em sua fazenda em Lincolnshire.[6] A Grande Peste estava devastando as cidades. A universidade tinha fechado, para proteger suas equipes e os estudantes. Newton fez por si mesmo um pequeno estudo e começou a preencher com pensamentos matemáticos um gigantesco caderno de anotações, que ele chamou de *Livro de refugos*. Durante os dois anos seguintes, o solitário escriba, sem perder o foco, concebeu novos teoremas que se tornaram os fundamentos dos *Philosophiae Naturalis Principia Mathematica*, seu tratado de 1687 que, mais do que qualquer outra obra anterior ou subsequente, transformou nossa compreensão do universo físico. Os *Principia* estabeleceram um sistema de leis naturais que explicava por que objetos, desde maçãs que caíam de árvores até planetas em órbita em torno do Sol, movimentam-se daquela maneira. Mas esse rompimento de padrões na física requeria um igualmente fundamental rompimento de padrões na matemática. Newton formalizou todo o trabalho feito no meio século anterior sobre infinitesimais num sistema geral com uma notação unificada. Ele o chamou de *método de fluxões*, mas ficou popularmente conhecido como "cálculo infinitesimal", e hoje em dia como "cálculo diferencial e integral", ou simplesmente "cálculo".

Um corpo em movimento muda de posição, e sua *velocidade* é a mudança de posição por tempo decorrido.[7] Se um corpo se move com uma velocidade fixa, ao mudar de posição ele está percorrendo uma medida de espaço fixa para cada determinado período de tempo. Um carro em velocidade constante que percorre cem quilômetros entre quatro e cinco da tarde está se movendo a cem quilômetros por hora. Newton tinha de resolver um problema diferente: como se calcula a velocidade de um corpo que não está se movendo a uma velocidade constante? Por exemplo, digamos que o carro citado, em vez de se mover de modo constante a cem quilômetros por hora, está continuamente desacelerando e acelerando, por causa do trânsito. Uma estratégia para calcular a velocidade do carro, digamos, às 16h30 é considerar qual foi a distância que ele percorreu entre 16h30 e 16h31, o que nos dará a distância por minuto. (Só precisamos multiplicar essa distância por cem para obter a medida em quilômetros por hora.) Mas essa cifra representa apenas a velocidade média naquele minuto, não a velocidade instantânea às 16h30. Poderíamos visar a um intervalo mais curto, como a distância percorrida entre 16h30 e um segundo mais tarde, o que nos daria a distância por segundo. (Teríamos de multiplicar por 3600 para obter o valor em quilômetros por hora.) Mas, novamente, essa medida é a velocidade média naquele segundo. Poderíamos medir em intervalos de tempo cada vez menores, mas nunca chegaremos à velocidade instantânea até que o intervalo seja menor do que qualquer outro — em outras palavras, até que seja igual a zero. Mas quando o intervalo de tempo é zero o carro não se move, está totalmente parado!

Essa linha de raciocínio deveria soar familiar, porque eu a usei três parágrafos atrás, ao explicar como calcular o gradiente de um ponto numa curva. Para encontrar o gradiente dividimos uma quantidade infinitesimalmente pequena (comprimento) por outra quantidade infinitesimalmente pequena (outro comprimento). Para obter a velocidade instantânea, também dividimos uma quantidade infinitesimalmente pequena (distância) por outra quantidade infinitesimalmente pequena (tempo). Em termos matemáticos, os problemas são equivalentes. O método de fluxões de Newton era um método para calcular gradientes, o que lhe permitiu calcular velocidades instantâneas.

Vejamos como Newton usou esse método para calcular o gradiente da curva $y = x^2$, nossa velha amiga, a parábola. É um processo um tanto técnico, mas não é difícil se você prosseguir devagar. Vou mostrar como ele usou o infinitesimal para encontrar uma fórmula para o gradiente de cada ponto ao longo da curva.

Vamos proceder como fizemos na ilustração da página 234, tomando um ponto arbitrário P, depois aproximando da tangente com uma linha que cruza o ponto Q, que fica a uma pequena distância da curva. Em seguida vamos aproximar Q infinitesimalmente de P. O gradiente da tangente P é o gradiente da curva em P. Para começar, vamos introduzir uma nova quantidade, o, que é a distância horizontal entre P e Q, como ilustrado anteriormente. Se as coordenadas de P são (x, x^2), isso quer dizer que as coordenadas de Q são $(x + o, (x + o)^2)$. A distância vertical entre P e Q é portanto $(x + o)^2 - x^2$, e assim o gradiente da linha — a distância vertical dividida pela distância horizontal — é:

$$\frac{(x+o)^2 - x^2}{o}$$

Que se expande para:

$$\frac{x^2 + 2xo + o^2 - x^2}{o}$$

Que se anula para:

$$\frac{2xo + o^2}{o}$$

E se divide para ser:

$$2x + o$$

À medida que Q fica infinitesimalmente próximo de P, *o* torna-se infinitesimalmente pequeno, e assim o gradiente fica infinitesimalmente próximo de $2x$. Newton afirmou que podemos deixar Q coincidir com P, e que

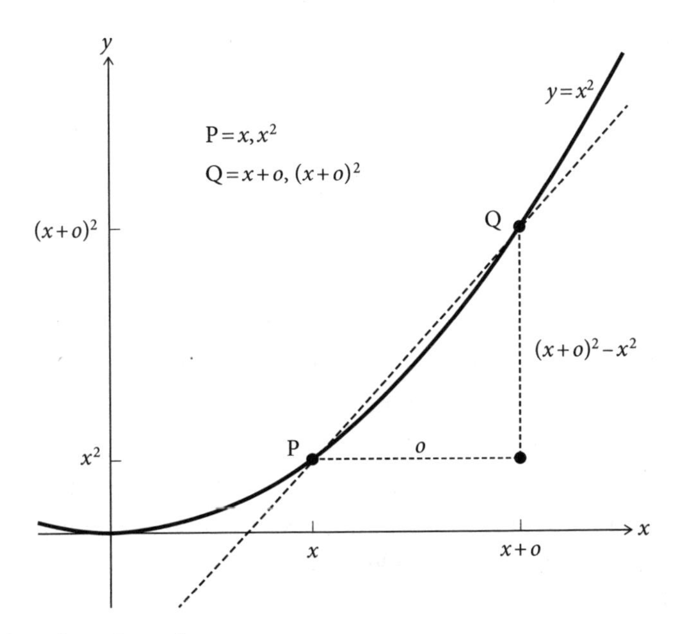

Cálculo do gradiente de $y = x^2$.

quando isso acontece podemos descartar o infinitesimal o e declarar com segurança que o gradiente em P é $2x$. Tendo o infinitesimal feito seu trabalho, ele pode deixar a cena.

Em outras palavras, para a curva $y = x^2$, o gradiente na posição horizontal x é igual a $2x$.

Mesmo que você considere a álgebra aqui complicada demais, ainda assim pode apreciar o feito de Newton. Ele extraiu a propriedade mais importante da curva — seu gradiente — e derivou uma expressão, $2x$, que nos permite calculá-lo em qualquer ponto ao longo da curva. Se fizermos y' o símbolo do gradiente, teremos criado uma nova equação: $y' = 2x$, que também é conhecida como a "derivada" da curva original.

Na ilustração a seguir à esquerda desenhei a curva original $y = x^2$, e diretamente abaixo dela, $y' = 2x$, seu gradiente, que é uma linha reta. Quando x é 1, a curva tem o valor 1, o gradiente é 2. Quando x é 2, a curva tem o valor 4, e o gradiente é 4. A curva eleva-se com a forma de uma parábola e o gradiente eleva-se linearmente. Esqueça agora a geometria e pense em mecânica. As duas imagens podem, da mesma maneira, descrever o comportamento de um objeto em movimento. Se a curva original traça a posição do objeto ao longo do tempo, então a derivada traça a velocidade instantânea do objeto. O gráfico mostra que, quando decorreu 1 unidade de tempo, o objeto moveu-se 1 unidade, e a velocidade é 2. Quando decorreram 2 unidades de tempo, o objeto moveu-se 4 unidades, e a velocidade é 4, e assim por diante. A curva de cima, de fato, modela a posição de um objeto quando ele cai livremente sob a ação da gravidade: a distância percorrida é proporcional ao quadrado do tempo decorrido. Usando o cálculo, Newton mostrou que a velocidade instantânea de um objeto em queda livre aumenta linearmente à medida que cai.

Escolhi a curva $y = x^2$ porque a derivada é diretamente calculável, mas o método de Newton pode ser aplicado a todas as curvas suaves, contanto que haja uma equação para cada uma delas. Na próxima página à direita está a ilustração de outra curva, e diretamente abaixo dela a curva de seu gradiente, ou derivada. Deixei de fora as equações para essas curvas, no entanto as chamei de A e B, porque quero que você fique maravilhado com a poesia da transformação. Em cada ponto ao longo de A, o gradiente é mapeado diretamente abaixo, em B. Vamos percorrer A da esquerda para a direita. A curva ascende, chega ao pico, descende, chega ao fundo e então ascende ou-

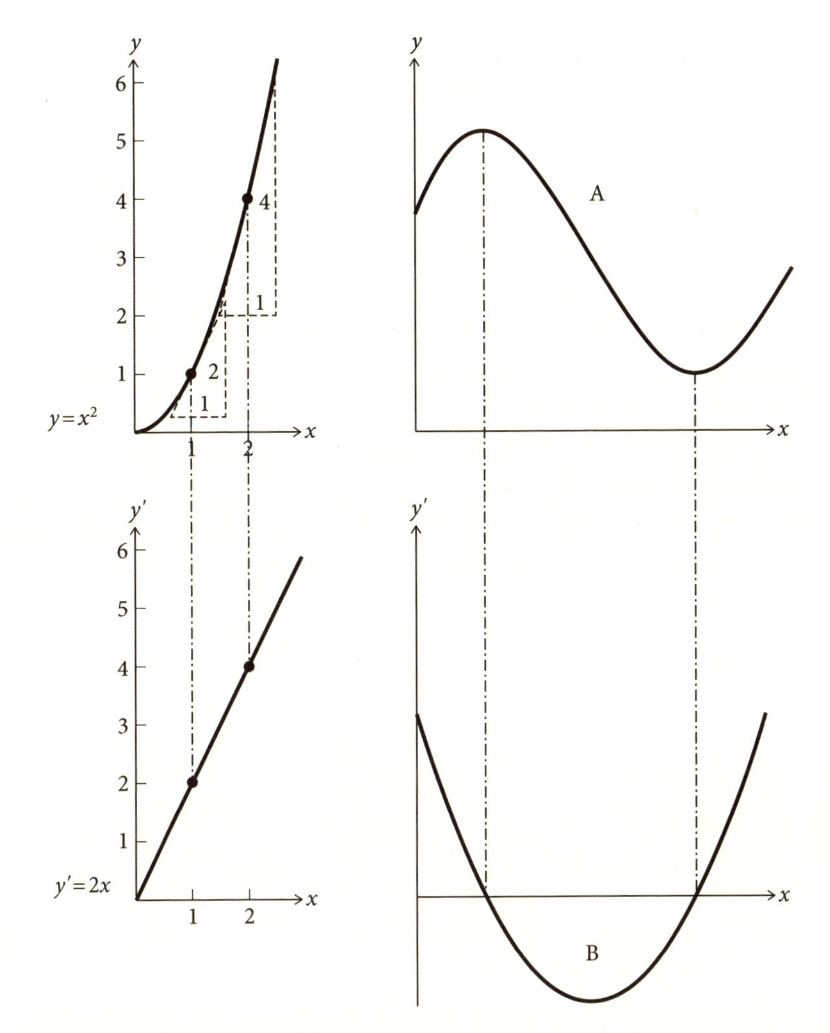

O gradiente da parábola representada no alto à esquerda é uma linha reta, e o gradiente da curva A é a curva B.

tra vez. Em outras palavras, o gradiente é positivo, chega a zero quando a curva fica momentaneamente horizontal, torna-se negativo, atinge zero e fica positivo de novo. Essa cronologia é exatamente o que acontece em B! Começa positiva, cruza o eixo horizontal para o território negativo, então irrompe de novo no lado positivo. (As linhas tracejadas verticais mostram como os sinais de marcação no topo correspondem às posições do gradiente zero.) Quando vi pela primeira vez uma curva como essa junto com a curva de seus gradientes fiquei petrificado. Que uma quantidade que variava numa curva pudesse ser captada tão perfeitamente por outra curva, parecia mágica.

Os infinitesimais proporcionaram um método para descobrir gradientes. E também um método para descobrir áreas. Vimos anteriormente como Arquimedes calculou a área coberta por uma parábola e uma linha acrescentando triângulos cada vez menores, e como os matemáticos do Renascimento refinaram essa técnica dividindo as áreas em subseções de tamanho infinitesimal. O método de fluxões de Newton proporcionou uma maneira de calcular a área coberta por uma curva, dividindo-a em um número infinito de seções infinitamente pequenas.

Por exemplo, se soubermos a equação da curva C abaixo, usando cálculo podemos calcular uma equação para a área sombreada A entre a origem e x no eixo horizontal.

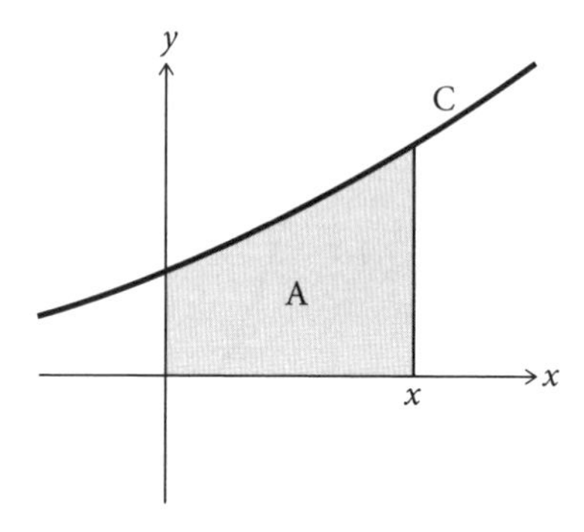

Portanto, dada uma curva, o cálculo nos oferece duas opções: podemos achar uma equação para seu gradiente, ou podemos achar uma equação para a área que ela cobre. Mas aí está a coisa: esses procedimentos são o inverso um do outro. Gradiente e área são a mesma coisa vista de direções diferentes. É uma reviravolta na trama digna de um desenho do Scooby-Doo — no ato final do drama da matemática, é revelado que dois personagens distintos são um só. O resultado é chamado de Teorema Fundamental do Cálculo, e foi uma das mais surpreendentes descobertas do século XVII.

Em termos genéricos, o teorema declara que se a área sob a curva C é A, então o gradiente da curva A é C. Se isso parecer confuso, lembre-se de que curvas, áreas e gradientes são todos escritos em forma de equações. C é uma curva e também uma equação. Usando o cálculo podemos achar a equação A para a área abaixo dela. O Teorema Fundamental do Cálculo nos diz que a derivada, ou gradiente, da equação A é C.

Vejamos como isso funciona quando a curva C é a linha $y = 2x$, ilustrada abaixo à esquerda. A fórmula para a área de um triângulo é metade da base vezes a altura. (Poderíamos ter dividido isso em infinitesimais, mas não precisamos, pois já sabemos a resposta.) Assim, a área A sob a linha de 0 a x é $\frac{1}{2}x \times 2x$, ou x^2, o que nos dá a equação $A = x^2$ para a área sob a linha. Essa equação é também a curva abaixo à direita, a parábola. Veja o diagrama na página 239 que mostra como, considerando o gradiente de uma curva, vamos da parábola para uma linha reta. As ilustrações abaixo mostram como, ao considerar a área sob uma curva, podemos ir da linha reta para a parábola. Gradiente e área são duas faces da mesma moeda.

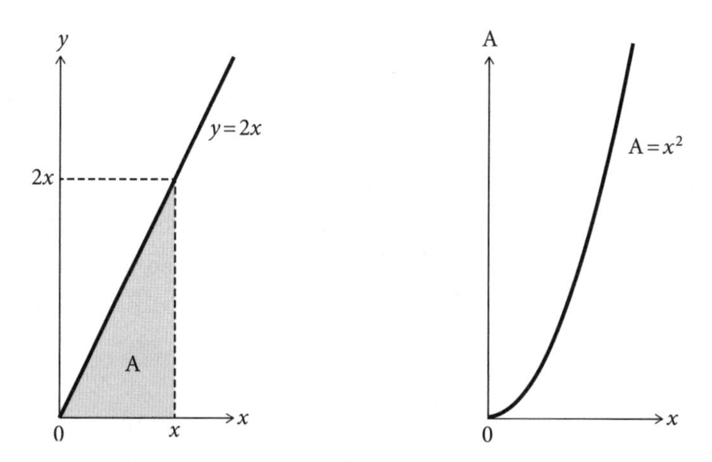

Calculando a área sob y = 2x e traçando-a como uma curva.

O cálculo permitiu a Newton tomar uma equação que determinava a posição de um objeto e dela obter uma segunda equação sobre sua velocidade instantânea. Também lhe permitiu tomar uma equação que determina sua velocidade instantânea e dela obter uma equação secundária sobre sua posição. O cálculo deu-lhe as ferramentas matemáticas para desenvolver suas leis de movimento. Em suas equações ele chamou as variáveis x e y de "fluentes" e os gradientes de "fluxões", representados por essas mesmas letras com um pontinho em cima, $\dot{x}$ e $\dot{y}$.

Quando Newton retornou a Cambridge, dois anos depois de ter evitado a peste em Lincolnshire, ele não contou a ninguém sobre os fluxões, decisão da qual acabou se arrependendo. No continente, Gottfried Leibniz estava desenvolvendo um sistema equivalente. Leibniz era alemão de nascimento, mas um homem do mundo — advogado, diplomata, alquimista, engenheiro e filósofo. Era também o matemático mais obcecado por notação. Os símbolos que empregava em seu sistema de cálculo eram mais claros que os de Newton, e são os que usamos hoje.

Leibniz introduziu os termos dx e dy para as diferenças infinitesimais em x e y. O gradiente, que é uma diferença infinitesimal dividida pela outra, ele anotou como $\frac{dy}{dx}$. Graças a esse uso da palavra "diferença", o cálculo do gradiente ficou conhecido como "diferenciação". Leibniz introduziu também o bem característico "s" esticado, $\int$, como símbolo para o cálculo da área, uma abreviação de *summa*, ou soma, uma vez que, como vimos, o cálculo da área é baseado num número infinito de somas de infinitesimais. Por sugestão de seu amigo Johann Bernoulli, Leibniz chamou essa técnica de *calculus integralis*, cálculo integral, e o cálculo da área ficou conhecido como "integração". A vantagem de um símbolo tão extenso (e extensível) é que ele dá espaço para se incluírem os dois valores horizontais que marcam a área a ser calculada. A área A, como ilustrado na figura da página 240, é expressa por $\int_0^x C$, e lê-se "integral de C de 0 a x". O $\int$ de Leibniz é um forte candidato ao título de mais belo símbolo da matemática, e lembra a abertura de um violoncelo ou um violino.

Por mais de duas décadas, Leibniz e Newton trocaram correspondências de maneira amigável e respeitosa sobre infinitesimais.[8] Como Leibniz publicou detalhes de seu sistema de cálculo primeiro, ninguém suspeitou que ele não o tivesse concebido de forma independente. Então, em 1699, alguns anos após Newton ter saído a público com seus fluxões, um jovem matemático suíço que vivia na Inglaterra acusou Leibniz de ter roubado as ideias de Newton. A resposta demorou cinco anos: um artigo (possivelmente escrito por Leibniz) nas *Acta Eruditorum* sugerindo que, ao contrário, fora Newton quem plagiara Leibniz. Esse toma lá dá cá entre a comunidade científica britânica e a do continente foi ficando cada vez mais ríspido, e a disputa dominou os últimos anos de vida dos dois homens. Litígios quanto a primazias eram comuns naqueles dias, mas nenhuma tinha envolvido pessoas da estatura de Newton e Leibniz, nem foram tão amargas e duradouras. Quando os dois homens morreram, o rancor permaneceu. A Grã-Bretanha — onde, como se fosse uma questão de orgulho nacional, os fluxões de Newton eram usados em vez das diferenças — ficou isolada dos avanços ocorridos na Europa durante a maior parte de um século. Somente quando os ingleses adotaram a notação de Leibniz — passando "da era dos pontinhos dos fluxões para o *de-ismo* do cálculo", como escreveu Augustus De Morgan — foi que a Grã-Bretanha recuperou seu status na matemática.[9]

Em 1891, a companhia alemã Bahlsen começou a produção dos biscoitos amanteigados retangulares com bordas acaneladas chamados Leibniz, nome do mais famoso dos filhos de Hanover. Coincidentemente, no mesmo ano um padeiro na Filadélfia fez o primeiro Fig Newton, um biscoito recheado com geleia de figo, com o nome da cidade de Newton, em Massachusetts. Hoje em dia, Newton versus Leibniz é uma discussão reservada para a hora do chá da tarde.

Como já vimos, o cálculo consiste de dois procedimentos: diferenciação (cálculo de gradiente) e integração (cálculo de área). Em termos gerais, gradiente é a taxa de mudança de uma quantidade que se transforma em outra, e área é a medida do quanto uma quantidade se acumula em relação a outra. O cálculo proporciona assim aos cientistas um recurso para modelar o comportamento de quantidades que variam uma em relação a outra. É um instrumento formidável para explicar o mundo físico, porque tudo no universo, desde os mais minúsculos átomos até as maiores galáxias, está num estado de fluxo permanente.

Quando sabemos qual é a relação entre duas quantidades que variam, podemos descrevê-las numa equação com os símbolos da diferenciação e da integração. Uma equação em x e y que inclua o termo $\frac{dy}{dx}$ é chamada "equação diferencial simples". Se houver mais do que duas quantidades que variam, digamos, x, y e t, as taxas de mudança são escritas $\frac{\partial y}{\partial x}$, ou $\frac{\partial y}{\partial t}$, com o arredondado ∂. A equação é chamada "equação diferencial parcial", ou EDP, uma vez que termos como $\frac{\partial y}{\partial x}$ nos mostram como uma variável muda em relação a outra, mas não a todas. As EDPs dominam a matemática aplicada. Elas permitem que cientistas façam previsões. Se soubermos como duas quantidades variam ao longo do tempo, podemos prever exatamente quais serão essas quantidades em qualquer momento do futuro. As equações de Maxwell, que explicam o comportamento dos campos elétrico e magnético, a equação de Schrödinger, que é fundamental na mecânica quântica, e as equações de campo de Einstein, base da relatividade geral, são todas EDPs.

A primeira EDP importante descreveu o comportamento de uma corda de violino quando friccionada pelo arco, um problema que atormentara cientistas durante décadas. Foi descoberta em 1746 por Jean le Rond d'Alembert, a celebridade matemática de seu tempo. D'Alembert, fruto de uma breve ligação entre um general da artilharia e uma ex-freira, foi abandonado logo depois de nascer, deixado na escadaria da igreja St. Jean Le Rond, perto da catedral de Notre-Dame de Paris, e cujo nome ele adotou. Criado pela mulher de um vidraceiro, contra todas as probabilidades chegou a se tornar o secretário permanente da Academia Francesa. Além de um matemático sério, foi também um veemente apologista dos valores do Iluminismo. Era uma figura pública, frequentador dos salões da aristocracia e editor da obra que marcou uma época, a *Encyclopédie*, para a qual escreveu o prólogo e mais de mil artigos.

D'Alembert foi o protótipo do intelectual cientista francês, papel agora desempenhado com muita satisfação por Cédric Villani.

A segunda vez que encontrei Villani foi em Paris. Ele era, desde 2009, diretor do Instituto Henri Poincaré, o instituto da elite matemática francesa, situado entre as universidades do Quartier Latin. Seu gabinete é uma confortável barafunda de livros, papel, canecas de café, prêmios, quebra-cabeças e formas geométricas. A aparência de Villani não mudara desde nosso encontro na Índia, no Congresso Internacional de Matemáticos: gravata bordô, terno azul de três peças e uma aranha de metal brilhando na lapela. Ele contou que essa sua maneira de se apresentar tinha começado quando estava na casa dos vinte anos. Primeiro usou camisas com mangas largas, depois com um laço, depois uma cartola... "Era como um experimento científico, e gradativamente passou a ser 'isto sou eu'." E a aranha? Ele gosta de sua ambiguidade. "Algumas pessoas acham que a aranha é um símbolo maternal. Outras pensam que a teia é um símbolo do universo, ou que a aranha é o grande arquiteto do mundo, como se fosse um modo de personificar Deus. As aranhas não deixam as pessoas indiferentes. Você tem imediatamente uma reação." A aranha é um arquétipo rico de interpretações, penso eu, assim como a matemática é uma linguagem abstrata com inúmeras aplicações.

O campo de Villani são as EDPS. Apesar de as EDPS já estarem por aí há quase três séculos, ele diz que elas "em grande parte ainda são mal compreendidas. Cada EDP parece ter sua própria teoria. Existem muitas sub-ramificações de EDPS com apenas um pequeno fundamento comum e nenhuma classificação geral. Tem-se tentado classificá-las, mas até os melhores especialistas fracassaram". A EDP à qual Villani dedicou a maior parte de seu tempo foi a equação de Boltzmann, que foi o tema de seu ph.D. e parte do trabalho subsequente que lhe valeu a Medalha Fields. Ele agora olha para ela com ternura e devoção. "É como a primeira garota por quem você se apaixona", confidenciou. "A primeira equação que você vê — você logo pensa que ela é a mais bonita do mundo." Aí está ela novamente, um deleite para seus olhos:

$$\frac{\partial f}{\partial t} + v.\nabla_x f = \int_{\mathbb{R}^3}\int_{\mathbb{S}^2} |v - v_*| [f(v')f(v'_*) - f(v)f(v_*)] dv_* \, d\sigma$$

A equação de Boltzmann pertence ao campo da mecânica estatística: o ramo da física matemática que investiga como o comportamento individual de moléculas influencia propriedades macroscópicas tais como temperatura e pressão. A equação expressa como uma nuvem de gás se dissemina, considerando a plausibilidade de estar cada uma de suas partículas em uma posição específica, numa velocidade específica, num tempo específico.[10] O modelo pressupõe que partículas num gás agitam-se e entrechocam-se segundo as leis de Newton, mas em direções aleatórias, e descreve os efeitos das colisões entre elas usando cálculos de probabilidade. Villani apontou para o lado esquerdo da equação. "Isto são só partículas movendo-se em linhas retas." Apontou para o lado direito da equação: "E isto são elas se chocando. Tik ding! Ding tik!". Ele bateu um punho contra o outro diversas vezes. "Com frequência, nas EDPs, existe tensão entre vários termos. A equação de Boltzmann é o estudo de um caso perfeito, porque os termos representam fenômenos completamente diferentes, e também habitam mundos matemáticos completamente diferentes."

Se você filmasse uma única partícula de gás chocando-se com outra partícula de gás, e mostrasse a um amigo ou amiga, não haveria como ele ou ela saber se você estava passando o filme para a frente ou para trás, uma vez que as leis de Newton são reversíveis no tempo. Mas, se você filmasse um gás espalhando-se de um bico de gás para seu entorno, o observador seria capaz de dizer na mesma hora em que direção se estava passando o filme, uma vez que os gases não se sugam a si mesmos de volta para os bicos de gás. Boltzmann estabeleceu um fundamento matemático para a aparente contradição entre um comportamento microscópico e um macroscópico ao introduzir um novo conceito, o da entropia. É a medida da desordem — em termos teóricos, o número de possibilidades de posições e velocidades das partículas em qualquer tempo. Boltzmann então mostrou que a entropia sempre aumenta. O trabalho inovador de Villani era sobre em que medida, exatamente, a entropia aumentava antes de atingir o estado de equilíbrio da desordem total.

A equação de Boltzmann tem aplicações diretas, tais como as da engenharia aeronáutica, que lida com aviões que voam através de gases. Foi sua utilidade que atraiu Villani quando ele embarcou em seu ph.D. Mas, à medida que ficava mais íntimo da equação, sua beleza o seduzia. Ele compara a equação a uma escultura de Michelangelo: "Não pura e etérea e elegante, mas muito humana, muito sofrida, com a força da energia do mundo. Na equação pode-se ouvir o roncar das partículas, cheias de fúria". Acrescentou que prefere passar anos estudando equações bem conhecidas, tentando descobrir nelas novos aspectos, a investigar novos conceitos. "É disso que eu gosto, e é parte de uma atitude mais genérica que diz: 'Ei, gente! Física de alta energia, o bóson de Higgs, a teoria das cordas, ou seja o que for, tudo pode ser fascinante, mas lembrem-se de que ainda não compreendemos a mecânica newtoniana'. Ainda existem muitos, muitos problemas em aberto." Ele abriu um livro e apontou para uma EDP. "Será que esta equação tem soluções elegantes? Nem no inferno há alguém que saiba isso!" Ele deu de ombros, a testa marcada por linhas entrecruzadas.

* * *

Na parede atrás de Villani há um pôster de sua cantora favorita, a ardente *chanteuse* de rock progressivo Catherine Ribeiro, braços bem abertos, punhos cerrados. Sobre a mesa, um busto do matemático francês Henri Poincaré, barbado e sombrio. "Essa é a dualidade de fazer as coisas se moverem e pensar", gracejou. Poincaré, que viveu na virada do século XIX, tinha a reputação de ser o último matemático com domínio de todos os campos em seu assunto, que é uma das razões pelas quais o instituto que Villani dirige leva seu nome. Hoje em dia, diz Villani, uma só pessoa consegue entender apenas cerca de um terço da matemática, e apenas num sentido geral. Em profundidade, ninguém consegue dominar mais do que uma pequena porcentagem. À medida que a matemática se expande, as torres de seu conhecimento tornam-se mais altas e mais amplas, o que significa que os que seguem a carreira têm de assumir de cara uma especialidade. Como consequência, a matemática passou a ser predominantemente uma disciplina colaborativa. O clichê do solitário excêntrico não tem mais cabimento, se é que algum dia teve. "A matemática com frequência está na interface, e na interface é melhor ter dois especialistas, um de cada lado. Eu fui particularmente bom em explorar colaborações de outras pessoas e encontrar ressonâncias." Villani acredita que a matemática está atravessando hoje um rico processo de fertilização cruzada. "No começo você só tem uma estirpe, depois ela se divide, esta aqui se especializa, você obtém várias etnicidades e assim por diante. Depois cruza-se novamente. E é interessante haver um cruzamento após a especialização. Estamos numa época na qual campos matemáticos diferentes estão se juntando, e também juntando-se a outros campos da ciência de um modo muito melhor do que era antes."

Henri Poincaré é talvez mais lembrado por uma declaração que fez em 1904 sobre uma propriedade topológica da esfera, que ficou conhecida como a conjectura de Poincaré. (E que é complicada demais para ser explicada em termos leigos numa frase.) Durante quase um século, a conjectura foi um dos mais famosos problemas não resolvidos na matemática, até que em 2002 um russo de 36 anos fez o upload de uma demonstração na internet. Na época em que seus pares verificaram a demonstração, quatro anos depois, Grigori Perelman tinha abandonado a matemática. Ele estava recluso, vivendo com sua mãe nos arredores de São Petersburgo. Em 2006, Perelman estarreceu a comunidade matemática recusando uma Medalha Field e dizendo que, além de as pessoas compreenderem que a demonstração estava correta, não era necessário nenhum outro reconhecimento. Foi a maior controvérsia desde que a premiação fora concedida pela primeira vez, em 1936. O Instituto de Matemática Clay concedeu a Perelman um prêmio de 1 milhão de dólares por sua demonstração de Poincaré em 2010, mas ele recusou também. O prêmio não reclamado de Perelman, uma lâmina curva de vidro num pedestal de pedra, está hoje numa prateleira no escritório de Villani, e a quantia em dinheiro foi redirecionada para financiar uma nova cátedra no Instituto Henri Poincaré.

"Perelman é um tremendo mistério", concordou Villani. Eu lhe perguntei se tinha lido a demonstração de Perelman. "Com algum trabalho, consegui ler. Não está tão longe de minha área", ele respondeu. "Em matemática, as pessoas pensam que, como temos uma demonstração, deveríamos ser capazes de decidir na hora se ela é verdadeira ou falsa. Mas isso não é verdade." Entrar na cabeça de Perelman, disse ele, levaria muito tempo.

Perelman é um dos seis russos que ganharam a Medalha Fields desde 1994, mais do que qualquer outra nação nesse período. A França vem em segundo lugar, com cinco. No entanto, se incluirmos o belga que trabalhou na França e o vietnamita e o russo que tinham cidadania francesa, a França lidera com oito medalhistas, de um total de dezoito. Além disso, todos os medalhistas franceses trabalham em Paris. A cidade tem mais matemáticos profissionais do que qualquer outra no mundo. "Cerca de mil [moram lá]", disse Villani. "Uma quantidade assombrosa!" Uma razão dessa quantidade de medalhas para a França é o elitismo de seu sistema educacional: todos os medalhistas Fields franceses, com exceção de um, foram estudantes de graduação na ultracompetitiva École Normale Supérieure, que só aceita 41 ou 42 estudantes de matemática por ano. Mas tem a ver também com a história. O último teorema de Fermat, as coordenadas cartesianas, o triângulo de Pascal, as transformadas de Fourier: o estudo da matemática é como uma lista de chamada para os franceses, uma questão de orgulho nacional. Nenhum medalhista Fields é uma figura pública tão importante em seu próprio país quanto Villani é na França.

Villani esteve discutindo recentemente com alguns físicos sobre Nicolas Carnot (1796-1832), que foi a primeira pessoa a explicar teoricamente como funciona o motor a vapor. "Carnot não quis nem por um segundo construir uma máquina. Não ligou a mínima para isso", exclamou Villani. "Sim, ele era francês! Os ingleses queriam *construir* a máquina, mas os franceses queriam *compreendê-la* em nível teórico. Tem sido assim durante centenas de anos!" E assim continuará a ser. *Vive la différence.*

A integração é a parte do cálculo que diz respeito ao cálculo da área, portanto, quando em 1876 o engenheiro escocês James Thomson concebeu uma máquina para medir área, ele a chamou de "integrador". Seu maquinismo era uma versão melhorada de um instrumento científico do século XIX chamado "planímetro", usado comumente por topógrafos para calcular áreas de seções de formato irregular do mapa. O planímetro consistia de um ponteiro conectado a um mecanismo de roda e disco de modo que, quando se acompanha com o ponteiro o perímetro da área, o mecanismo faz uma leitura acurada da área contida nesse perímetro.

Thomson mostrou planos de seu integrador a seu irmão mais novo, William, mais tarde Lorde Kelvin, que logo viu seu potencial para mecanizar a computação. Como a integração é um componente na equação diferencial, Kelvin percebeu que integradores poderiam ser usados como componentes de uma máquina de resolver equações diferenciais. Kelvin pôs imediatamente integradores para funcionar em seu "analisador harmônico de marés", uma máquina que inventara para calcular a periodicidade das marés.

Baseando-se na percepção de Kelvin de que uma cadeia de integradores poderia modelar uma equação diferencial, em 1927 Vannevar Bush construiu no MIT um "analisador diferencial", um computador destinado somente a resolver equações diferenciais. O monstro de cem toneladas continha oito integradores mecânicos num gabinete da largura de uma sala, e foi uma das primeiras máquinas capazes de realizar cálculos matemáticos avançados, precedendo de uma década os primeiros computadores digitais eletrônicos.

O analisador diferencial era um computador "analógico", porque suas partes mecânicas eram análogas a interações no sistema físico que estavam modelando. A máquina de Bush forneceu o modelo para muitos computadores analógicos até a década de 1970, quando a era digital os tornou, juntamente com a régua de cálculo, obsoletos.

* * *

Vimos anteriormente que o cálculo foi o esteio das leis de Isaac Newton do movimento e da gravitação. Suas inovações matemáticas lhe permitiram estabelecer um corpo coerente de fórmulas que descrevem como as forças que atuam sobre um objeto determinam sua posição, velocidade e aceleração. Nos *Principia*, ele introduziu um novo conceito, a força centrípeta, que é a força "pela qual os corpos são puxados ou empurrados, ou de qualquer modo tendem, para um ponto no centro". É a força que faz os objetos moverem-se em círculo. Imagine uma bola de tênis amarrada num pedaço de fio. Segure uma ponta do fio acima da cabeça e gire-o de modo que a bola faça círculos no ar. O fio está puxando a bola para o centro (o ponto em que seus dedos seguram o fio) com a força centrípeta.

A fórmula para a força centrípeta é $\frac{mv^2}{r}$, onde m é a massa do objeto, v é sua velocidade e r é o raio do círculo, como ilustrado abaixo. A velocidade a cada instante é perpendicular ao fio, e a força age sobre o fio na direção do centro. A principal preocupação de Newton nos *Principia* eram as forças centrípetas que atuavam sobre os planetas. No século XVIII, no entanto, essa força era preocupação dos engenheiros de transporte.

As primeiras ferrovias empregavam apenas seções retas ou circulares de trilhos. Essa combinação era problemática, pois quando se passava de uma seção reta para uma circular os passageiros sentiam uma guinada desagradável. Um trem que viaja a uma velocidade constante por um trilho retilíneo

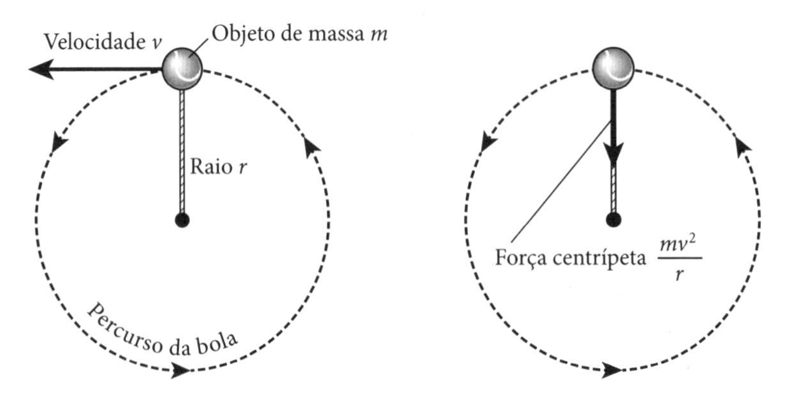

A força centrípeta mantém a bola de tênis movendo-se num círculo.

não tem forças agindo sobre ele. Mas, no momento em que depara com um trilho circular, está sujeito à força centrípeta. A força se exerce para dentro, o que transmite a sensação de se estar sendo jogado para fora. (Os passageiros não estão sendo *movidos* para fora. Estão sendo desviados de uma trajetória retilínea para uma circular, o que, como os pontos de referência dentro do vagão permanecem os mesmos, produz a ilusão de uma força que empurra para fora.)

"Depois de meio século viajando em ferrovias ainda estamos usando em nossos trilhos apenas linhas retas e círculos", escreveu o engenheiro americano Ellis Holbrook em 1880. "Os homens das ferrovias [...] parecem aceitar essa combinação bárbara como final, muitos sem sequer perguntar por que tem de ser assim."[11] A solução de Holbrook era uma curva de transição entre as seções reta e circular, ao longo da qual um trem que viajasse em velocidade constante estaria sujeito a uma força centrípeta que aumentaria linearmente. Uma vez que a força é $\frac{mv^2}{r}$, e m e v são constantes, a curva de transição de Holbrook requeria o valor $\frac{1}{r}$ para que a força com o tempo aumentasse linearmente.

Antes de olharmos a curva de Holbrook, vamos examinar mais de perto o conceito de $\frac{1}{r}$. Os matemáticos chamam esse valor de "curvatura" de um círculo de raio r, e é a medida do quanto o círculo se desvia de uma linha reta. Ilustrados abaixo à esquerda há um círculo pequeno de raio r e um grande de raio R, tocando a linha tracejada em um ponto. A curvatura do círculo pequeno é *maior* do que a curvatura do círculo grande, porque se

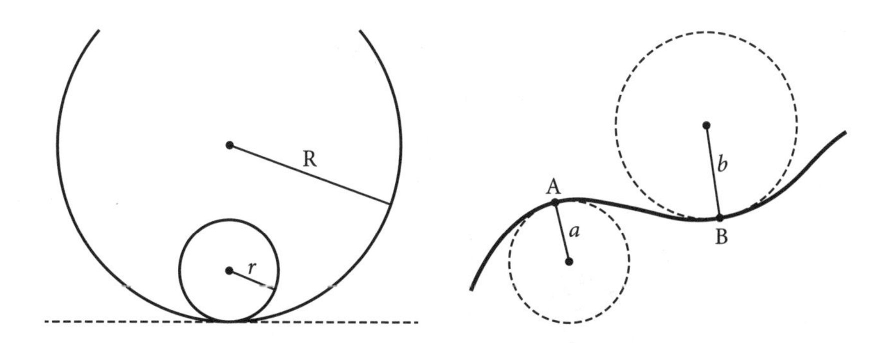

Quanto menor o raio do círculo, maior a curvatura.

desvia mais da linha reta. Um modo intuitivo de pensar na curvatura de um círculo é vê-la como uma medida de "aperto" — quanto menor o raio de um círculo, mais apertada é a curva que ele faz e maior é a curvatura.

A curvatura de um círculo com raio r é $\frac{1}{r}$ em qualquer de seus pontos. A curvatura de uma curva como a mostrada na página anterior, à direita, no entanto, muda continuamente à medida que se move ao longo dela. Para calcular a curvatura em qualquer ponto, considera-se o círculo que "melhor se ajusta", que é o círculo que toca a curva aproximadamente naquele ponto. Desenhei os círculos que melhor se ajustam em A e B. Os raios dos círculos são a e b, assim as curvaturas em A e B são $\frac{1}{a}$ e $\frac{1}{b}$, respectivamente. Uma maneira intuitiva de pensar no círculo que melhor se ajusta é imaginar que a curva é uma estrada. Você está dirigindo por ela e o volante trava, digamos, em A. Se continuar dirigindo, o carro vai seguir pelo círculo que melhor se ajusta em A.

A ideia de Holbrook para uma curva de transição foi, portanto, a de um pedaço de pista cuja curvatura aumenta linearmente enquanto você se move ao longo dela, já que essa é a curva na qual a força centrípeta aumenta linearmente.[12] Ele podia estar ou não consciente de que estava, de fato, descrevendo uma curva famosa que fora primeiramente investigada por Leonhard Euler no século XVIII, a clotoide, abaixo ilustrada. No ponto zero, a curva é uma linha reta, e à medida que você se afasta de zero (em ambas as direções)

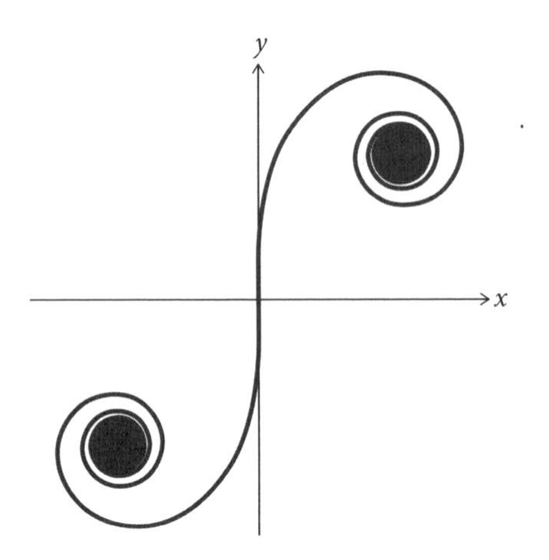

A clotoide.

a curva vai ficando continuamente mais apertada, o que significa que a curvatura está aumentando proporcionalmente à distância que se percorre nela. O resultado é uma espiral que se enrosca em círculos cada vez menores até convergir em dois pontos. A espiral é chamada clotoide em alusão a Cloto, a mais jovem das três Moiras da mitologia grega, que faziam girar os fios da vida, assim como a curva gira ao redor de seus dois polos.

A partir do fim do século XIX, a clotoide tornou-se curva de transição padrão de ferrovias. Ou melhor, a seção central da clotoide é que se tornou. Imagine que os trilhos em linha reta chegam à curva em 0 e então a percorrem. A curvatura aumenta lentamente até se igualar à curvatura de uma seção seguinte, em que os trilhos descrevem uma curva circular. Quando, no século XX, o automóvel substituiu o trem como método predominante de transporte motorizado, a clotoide, inevitavelmente, tornou-se a base dos projetos de estradas, uma vez que é a curva mais confortável para atravessar as seções retas e curvas da estrada.[13] A malha viária é um museu de clotoides, onde ainda são usadas para retornos e desvios na rota, em estradas escorregadias e, mais acentuadamente, em junções espaguete com muitas transições entre seções retas e circulares. Se você fosse um alienígena voando baixo sobre regiões campestres com autopistas e estradas de ferro, poderia muito bem concluir que a clotoide é a curva favorita da civilização humana.

A clotoide também resolveu um problema nos projetos de parques de diversões: qual é o formato mais seguro para os *loops* com reversão total da montanha-russa? Em meados do século XIX, o engenheiro parisiense M. Clavières projetou uma pista num parque de diversões na qual um único carro descia velozmente em linha reta, realizava uma reversão em torno de um *loop* circular com quatro metros de altura antes de percorrer uma reta menor até a estação de chegada.[14] Vários desses "trilhos aéreos" foram construídos na França, mas essas pistas foram fechadas porque causavam muitas lesões de pescoço, e por mais de um século os empreendedores de parques de diversões estavam convencidos de que *loops* seguros eram inexequíveis. Foi apenas quando o engenheiro alemão Werner Stengel examinou o problema, no início da década de 1970, que se constatou que a clotoide era a solução. Stengel projetou o primeiro *loop* com reversão total da era moderna, a Great American Revolution, que foi inaugurada no Six Flags Magic Mountains, na Califórnia, em 1976. O carro desce por um trecho da pista

Loop *com reversão total, Le Havre, 1846.*

com um ligeiro declive e entra numa clotoide até chegar a uma curva com um raio de sete metros, exatamente quando a curva começa a se reverter, repetindo-se para trás, como ilustrado acima. O carro fica no círculo de sete metros de raio por uma meia revolução, quando uma versão espelhada da primeira clotoide leva o carro, da curva circular, de volta à reta. "A transição é muito suave", disse Stengel. "Uma mudança nas forças caracteriza uma boa montanha-russa, mas a mudança deve ser aceitável para o corpo."

A Great American Revolution obteve um sucesso imediato, ganhando um tributo típico da década de 1970: foi o tema de um filme-catástrofe, *Terror na montanha-russa*, no qual os vilões planejam explodi-la no dia da inauguração. Desde então foram construídas cerca de duzentas montanhas-russas no mundo inteiro, todas empregando o princípio de Stengel. O formato de lágrima invertida dos *loops* em clotoide das montanhas-russas é ao mesmo tempo um símbolo moderno de nosso insaciável apetite por emoções fortes e um monumento à matemática de Isaac Newton. Ela é a curva mecânica reencarnada como um deslumbrante monstro de aço.

As leis newtonianas da física floresceram a partir da minúscula semente do infinitesimal, uma quantidade menor que qualquer outra, mas maior que zero. Apesar de sua fecundidade na produção de novos conhecimentos

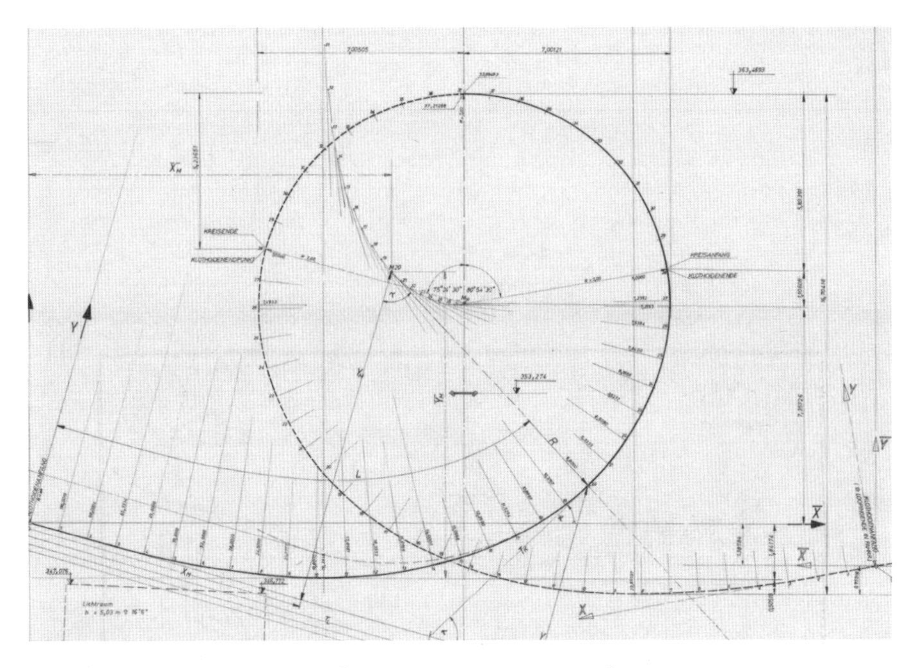

Desenho original de Werner Stengel para a Great American Revolution.

científicos, os infinitesimais também foram ridicularizados por conterem contradições em si mesmos. "O que são esses [...] incrementos evanescentes?", questionou o filósofo e bispo George Berkeley poucos anos depois que Newton morreu.[15] "Eles não são nem quantidades finitas nem quantidades infinitamente pequenas, nem são nada. Quem sabe podemos então chamá-los de fantasmas de quantidades que já se foram?" As observações provocadoras de Berkeley causaram furor entre cientistas, que consideravam, corretamente, o cálculo como o grande avanço da matemática desde o Iluminismo. No entanto, o clérigo levantara uma questão válida. O infinitesimal não era uma ideia rigorosamente concebida, mesmo tendo produzido as respostas certas. O debate que ele provocara pôs a matemática num caminho de introspecção e autorreflexão. Quais são os conceitos permitidos, e quais os não permitidos? A matemática precisa mesmo ser tão lógica?

325631
211
2 3 5 7

9. O títlo deste capítulo contém três eros

Eis um teste: um dia eu escalo uma montanha, durmo no cume, e no dia seguinte torno a descer. Alguma vez estarei à mesma altitude e ao mesmo tempo, em dias diferentes?

Pense nisso por um segundo.

Ou dois.

Gosto deste problema porque é simples de formular e tem uma solução simples.

Agora vire a página.

A resposta é sim. Imagine que essas duas jornadas se realizem no mesmo dia. Estou, simultaneamente, subindo a partir da base e descendo do topo. É inevitável que em algum ponto vou colidir comigo mesmo, e quando o fizer, tempo e altitude vão coincidir.

Se você aceitar esse argumento como demonstração de que, sim, deve haver um tempo em que em ambos os dias estou à mesma altitude, então já fico satisfeito. Minha demonstração funcionou. A demonstração matemática é simplesmente um dispositivo que uma pessoa usa para convencer outra de que uma declaração matemática é verdadeira, e eu convenci você.[1]

Um matemático mais rabugento, no entanto, pode não aceitar minha argumentação. Ele ou ela poderá rejeitá-la por não ser suficientemente rigorosa. Onde está a prova de que vou colidir comigo mesmo? Desenhemos um diagrama que traça minha ascensão do pé da montanha, na altitude A, para o topo, na altitude B, e sobrepor a ele minha descida no dia seguinte, como ilustrado abaixo. A questão agora é: existe um ponto onde os dois caminhos se cruzam? A maioria dos leitores vai responder que certamente existe! O matemático rabugento ainda não estará convencido.

Até o final do século XVIII presumia-se que se uma curva como essa do diagrama vai da altitude A para a altitude B, então ela terá de passar por cada uma das altitudes entre A e B. Essa declaração, intuitivamente, parece ser evidente por si mesma. De fato, é parte daquela que define uma curva. Mas,

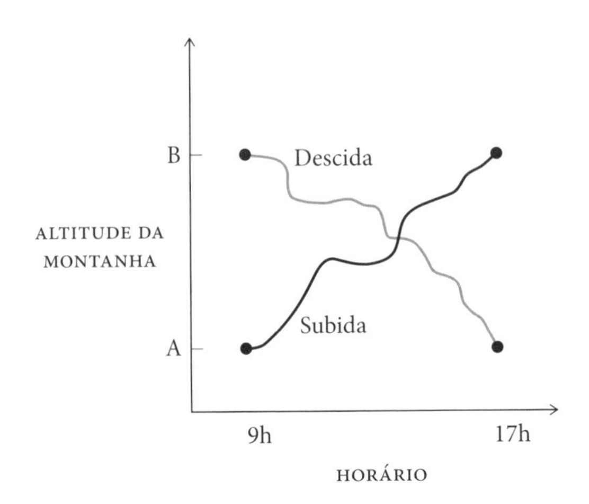

O inglês que subiu a montanha e depois desceu novamente.

quando os matemáticos examinaram com mais cuidado as propriedades das curvas contínuas, concluíram que eram necessárias definições mais claras. Declarações que antes eram tidas como inequívocas foram reclassificadas como teoremas que requeriam demonstrações até mesmo de suas assunções mais básicas. Uma delas foi a declaração mencionada, de que uma curva com o valor mínimo A e o valor máximo B tem de passar por cada valor intermediário, e hoje ela é chamada "teorema do valor intermediário". A demonstração é complicada, e só é ensinada em nível universitário, mas será suficiente para convencer nosso amigo rabugento. Consequentemente, ele ou ela vai aceitar que as duas curvas cruzam-se num ponto, pois em poucos passos a demonstração vai levar a essa declaração.

Experimentos conduzem a ciência. Demonstrações conduzem a matemática. Há muitíssimas maneiras de conduzir experimentos, e há muitíssimos métodos de demonstração. Vamos considerar alguns deles nas próximas páginas. Vamos examinar também como as atitudes em relação à demonstração mudaram, e falar com um membro anônimo de uma sociedade secreta que se dedica ao rigor matemático. Mas antes: comida.

O teorema do valor intermediário pode parecer óbvio, porém leva rapidamente a alguns resultados interessantes. Um dos corolários é o teorema da panqueca, mas prefiro descrevê-lo em termos mais palatáveis. Se você derramar sal sobre uma mesa (ou servir uma panqueca) podemos provar que existe uma linha que divide o sal (ou a panqueca) em duas seções de áreas iguais, em qualquer ângulo que se queira.[2] O método é mostrado na ilustração seguinte. Primeiro, desenhe uma linha fora da área do sal, no ângulo que preferir, marcada como X, e depois mova-a na direção do sal mantendo-a paralela à posição de partida. A linha começa a cruzar o sal em A, onde não cobre nenhuma área, e deixa o sal em B, depois que toda a área foi coberta. A área de sal coberta pela passagem da linha muda continuamente à medida que a linha atravessa de A a B. Segundo o teorema de valor intermediário, a linha tem de passar por uma posição na qual a área já coberta é exatamente a metade da área total. Nossa demonstração não nos diz onde fica esse corte, apenas afirma que esse corte tem de existir.

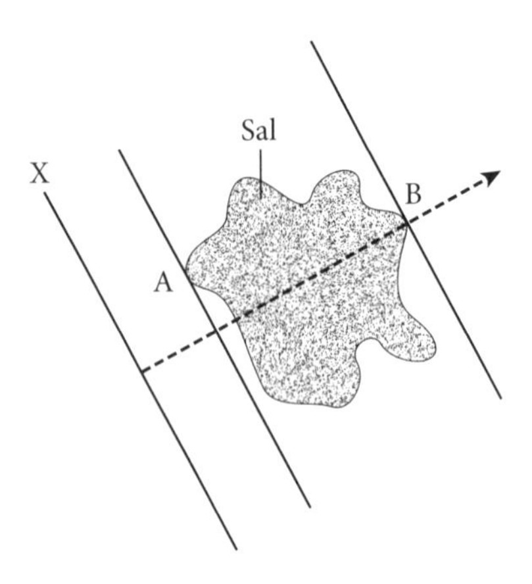

O teorema do sal.

Agora digamos que você derrame sal *e* pimenta sobre a mesa. Também podemos provar que existe uma linha que divide tanto o sal quanto a pimenta em duas seções com áreas iguais. Comece definindo uma linha X que corta a área do sal ao meio e não toca a pimenta, como ilustrado em seguida. Agora vá girando a linha em sentido horário, sempre numa posição tal que continue dividindo o sal em duas áreas iguais. Sabemos que podemos fazer isso porque, como vimos, há uma bissecção possível do sal para cada ângulo que a linha assuma. Nossa linha em rotação toca a pimenta em A e a deixa em B. A área que a linha varre na pimenta aumenta continuamente de zero até o máximo, e assim a linha tem de passar por uma posição na qual ela divide a pimenta também em duas partes iguais. Na ilustração, as áreas de sal e pimenta estão separadas, mas mesmo que estejam superpostas sempre haverá uma linha que divide ambas em áreas iguais.

Entre a Primeira e a Segunda Guerra Mundial, um grupo de matemáticos em Lwów, na Polônia, encontrava-se regularmente num café, o Café Escocês, para discutir "petiscos" matemáticos, tais como o teorema da panqueca.[3] Hugo Steinhaus, o principal membro do grupo, perguntava a si mesmo se o teorema poderia ser generalizado para três dimensões. "Será que podemos pôr um pedaço de presunto sob um cortador de carne de tal modo que a carne, o osso e a gordura sejam cortados todos pela metade?", perguntava. Seu amigo Stefan

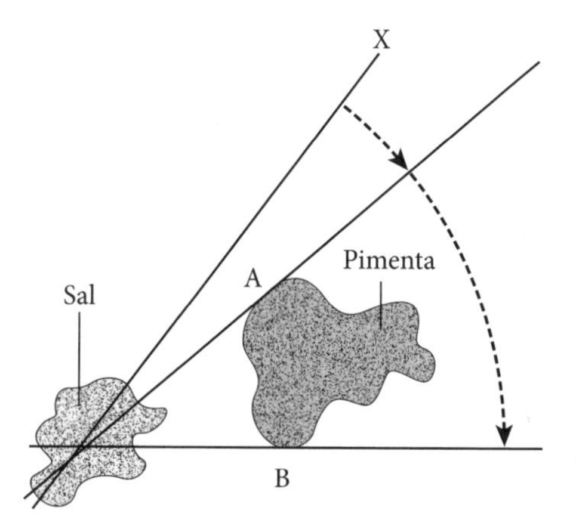

O teorema do sal e da pimenta.

Banach provou que esse corte é possível, usando um teorema atribuído a dois outros membros do grupo, Stanislaw Ulam e Karol Borsuk. A solução de Banach foi posteriormente popularizada como o "teorema do sanduíche de presunto", porque equivale a declarar que se pode cortar um sanduíche de presunto em dois com um simples corte que divide a fatia superior de pão, o presunto e a fatia inferior de pão em dois tamanhos iguais, não importa como esteja posicionada cada peça e qual seja seu formato.

Os matemáticos que se reuniam no Café Escocês mantinham um grosso caderno com todas as questões apresentadas, o qual eles, quando iam para casa, deixavam aos cuidados do chefe dos garçons. Ficou conhecido como o *Livro Escocês*, e é uma obra colaborativa única, não apenas por causa do modo como foi escrita. (Nunca foi publicada como livro, mas alguns problemas apareceram mais tarde em periódicos especializados.) Steinhaus, Banach e Ulam foram relevantes matemáticos, um trio de um talento que jamais surgiu novamente em qualquer lugar e em qualquer tempo. Poucos dias depois que Steinhaus escreveu aquele que viria a ser o último problema no *Livro Escocês*, em 1941, os alemães invadiram Lwów, e Steinhaus, que era judeu, teve de se esconder, sobrevivendo à guerra numa cidadezinha próxima a Cracóvia, usando a identidade de um guarda florestal falecido. Durante esses anos, ele reconstruiu de memória a maioria da matemática que conhecia e trabalhou em novos problemas, inclusive num também inspirado em comida.

Steinhaus queria saber qual era a melhor maneira de dividir um bolo entre pessoas que queriam obter, cada uma, o máximo possível. Se fossem apenas duas pessoas, o procedimento, desde os tempos antigos, teria sido: uma corta, a outra escolhe. Isso obriga o cortador a ser o mais preciso possível, pois se houver uma diferença perceptível entre as porções ele ficará com a menor. Steinhaus foi o primeiro a conceber como *três* pessoas podem dividir um bolo equitativamente. (Isso está descrito no Apêndice Sete.) Desde Steinhaus, a matemática do corte de bolo tornou-se um vasto campo, com aplicações na economia e na política, com muitas variações em função de quantas pessoas querem fatias do bolo, e de como elas valorizam cada parte dele. Um método engenhoso inventado na década de 1960 diz respeito a uma faca em movimento, e pode ser usado com qualquer número de pessoas. Deve-se posicionar a faca num lado do bolo e então movimentá-la muito lentamente varrendo sua superfície. Quando alguém grita "PARE!" a faca corta nessa posição. A pessoa que gritou recebe a primeira fatia. A faca então continua com os demais participantes.

Steinhaus é lembrado por duas metáforas com comida que talvez sejam as mais difundidas na matemática — o teorema do sanduíche de presunto e a divisão equitativa de bolos. Ele estava sempre pensando em comida. Tragicamente, na maior parte de sua vida, pouco usufruiu dela.

O método de demonstração mais comum é a *demonstração por contradição*, no qual uma declaração é considerada verdadeira porque se for falsa implicará uma contradição. Por exemplo:

> TEOREMA: *Todo número é interessante.*
>
> DEMONSTRAÇÃO: Suponhamos que o teorema seja falso: existem alguns números desinteressantes. Então existe o menor dos números desinteressantes. Mas o "menor dos números desinteressantes" é, por causa desse simples fato, um número interessante. Em outras palavras, o termo "menor dos números desinteressantes" contradiz a si mesmo. Temos nossa contradição. O teorema não pode ser falso, então deve ser verdadeiro.[4]

O pensador grego Aristóteles foi o primeiro a estudar a natureza da demonstração, desenvolvendo um sistema de raciocínio lógico sobre premissas verdadeiras precisarem de conclusões verdadeiras. Sua preocupação era a filosofia, mas a ideia de que a verdade pode fluir de premissas para conclusões através da dedução lógica teria uma influência mais duradoura na matemática. Na verdade, desde os gregos, a matemática vem sendo o estudo exatamente disto: a maneira como premissas verdadeiras levam a conclusões verdadeiras através da demonstração.

No século III a.C., Euclides escreveu *Elementos*, um tratado-chave sobre a geometria. Seu estilo literário é único, e seu modelo conceitual, revolucionário. Euclides começou com um punhado de verdades presumidas, os axiomas, e a partir delas deduziu outras verdades, os teoremas. Sua maneira de sistematizar o conhecimento ficou conhecida como "método axiomático".

Elementos é como um livro de receitas culinárias para quem quer aprender geometria. Começa com uma lista de ingredientes, as definições de 26 termos, e dez assunções que são admissíveis como verdades, como por exemplo o fato de que, dados dois pontos, pode-se desenhar uma linha entre eles. Euclides diz então quais são os pratos que quer cozinhar, que são os "teoremas", juntamente com instruções passo a passo, que são as "demonstrações". O primeiro teorema serve para a construção de "um triângulo equilátero dada uma linha reta finita". O segundo diz como "traçar uma linha reta igual a uma dada linha reta que termine num dado ponto". Em cada demonstração, Euclides usa apenas os ingredientes que listou no início do livro, e cada passo é uma continuação lógica do passo anterior. O estilo de declarar uma suposição e depois construir lentamente conhecimento por meio de teoremas e demonstrações tornou-se o modelo de todos os trabalhos subsequentes na matemática.

Um dos teoremas mais conhecidos em *Elementos* utiliza uma demonstração por contradição.

TEOREMA: *Existe um número infinito de números primos.*

DEMONSTRAÇÃO: Primeiramente, uma advertência. Uma demonstração não pode ser lida com tanta fluência como um texto de prosa. É perfeitamente normal que seja lida diversas vezes antes de ser assimilada. Em segundo lugar, sejamos claros quanto ao que Euclides está tentando demonstrar. Os números primos — 2, 3, 5, 7, 11, 13... — são aqueles que só são divisíveis por eles mesmos e por 1. Euclides vai mostrar que, dado um conjunto finito de números primos, sempre é possível gerar um que não esteja no conjunto. Desse resultado podemos deduzir que o número de primos não pode ser finito, e portanto deve ser infinito.

PASSO 1: Seja a, b, c ... k um conjunto finito de primos.

PASSO 2: Multiplique todos os números desse conjunto entre eles para criar um número $a \times b \times c \times \ldots \times k$. Chamemos esse número de M.

PASSO 3: Aumente esse número em uma unidade, para M + 1.

PASSO 4: M + 1 é primo?

(i) Se M + 1 é primo, então atingimos nosso objetivo de encontrar um primo que não pertence ao conjunto original.

(ii) Se M + 1 não é primo, tem de haver um número primo p pelo qual é divisível. Ou p está em nosso conjunto finito de números primos ou não está. Se não está, aí temos nosso novo primo. Se está, sabemos que p é um divisor de M, já que todos os primos no conjunto finito são divisores de M. Mas agora temos uma situação na qual p divide ao mesmo tempo M e M + 1, o que é impossível, uma vez que o único número que divide dois números com diferença de uma unidade entre eles é 1, que não é primo.

Concluindo, ou M + 1 é um novo primo, ou M + 1 é divisível por um novo primo. Seja como for, a tarefa de Euclides estava realizada. Ele provou que o conjunto finito não cobre todos os primos.

A demonstração de Euclides usou uma tática chamada *reductio ad absurdum*, na qual uma conclusão absurda demonstra a falsidade da premissa. Nesse caso a conclusão absurda é que p tem de dividir tanto M quanto M + 1, e a premissa falsa é a de que p está no conjunto finito de primos. Em *Apologia de um matemático*, o professor de Cambridge G. H. Hardy escreveu que a demonstração de Euclides está "tão fresca e significativa quanto quando foi descoberta — 2 mil anos não criaram [nela] uma ruga". A demonstração é breve e concisa, e não requer conceitos além da soma, multiplicação e divisão. "*Reductio ad absurdum*, que Euclides tanto ama, é uma das melhores armas do matemático", ele acrescentou. "É um gambito muito mais sofisticado do que qualquer gambito do xadrez. Um jogador de xadrez pode oferecer como sacrifício um peão ou até uma outra peça, mas o matemático oferece *o jogo*."

O *reductio* é também uma das melhores armas de um comediante. O uso da ironia para levar a conclusões cada vez mais absurdas, fazendo com isso a premissa parecer cada vez mais ridícula, é o fundamento da sátira.

De fato, vejo a demonstração de Euclides sobre a infinitude dos primos como inerentemente cômica. Para achar um novo número primo, Euclides tem de criar primeiro um número, M, que não apenas é ridiculamente grande, mas é também o exato oposto do que ele está procurando, uma vez que é divisível por todos os primos no conjunto. Depois, adicionando 1, o menor número possível, ele vira a situação de cabeça para baixo. Esse sútil elemento extra solapa o megadivisível e gigantesco M e seus componentes primos, expondo ferozmente suas limitações. Como a sarcástica frase capciosa popularizada pelo filme *Quanto mais idiota melhor*, Euclides está dizendo: "Esse grupo de primos cobre todos os números... *só que não*!".

A matemática está cheia de piadistas.

Desde o dia em que os humanos aprenderam a empunhar uma pena, eles têm prazer em rabiscar. Um modo comum de fazer isso é cruzar muitas linhas no papel e começar a sombrear as regiões assim criadas. Esse estilo é particularmente prazeroso porque o rabisco sempre pode ser coberto de maneira tal que as regiões sombreadas só confinam com regiões não sombreadas, e vice-versa, as regiões não sombreadas só confinam com regiões sombreadas. Esse tipo de sombreamento é chamado de "bicolor", pois no modelo inteiro empregam-se apenas duas cores. Para demonstrar que podemos sempre rabiscar em duas cores, precisamos introduzir outra ferramenta matemática comum: *demonstração por indução.*

Na filosofia e na ciência empírica, indução é o princípio que afirma que, se um evento foi observado no passado muitas e muitas vezes, podemos assumir que ele será novamente observado no futuro. O sol, por exemplo, até onde sabemos, tem nascido toda manhã. É razoável supor que nascerá amanhã. Não podemos provar que o sol vai nascer amanhã, mas podemos confiar nisso. Na matemática, por outro lado, não podemos assumir que existe um padrão só de observar instâncias passadas.

Considere-se os cinco círculos a seguir. O primeiro tem um único ponto marcado na circunferência; o segundo tem dois; o terceiro, três; o quarto quatro e o quinto, cinco. Una os pontos com linhas, e conte as regiões em cada círculo. Os círculos podem ser divididos em 1, 2, 4, 8 e 16 regiões. O modelo é impactante. É a sequência da duplicação! Será que podemos supor com segurança que, se ligarmos seis pontos marcados numa circunferência, o número de regiões será de 32?

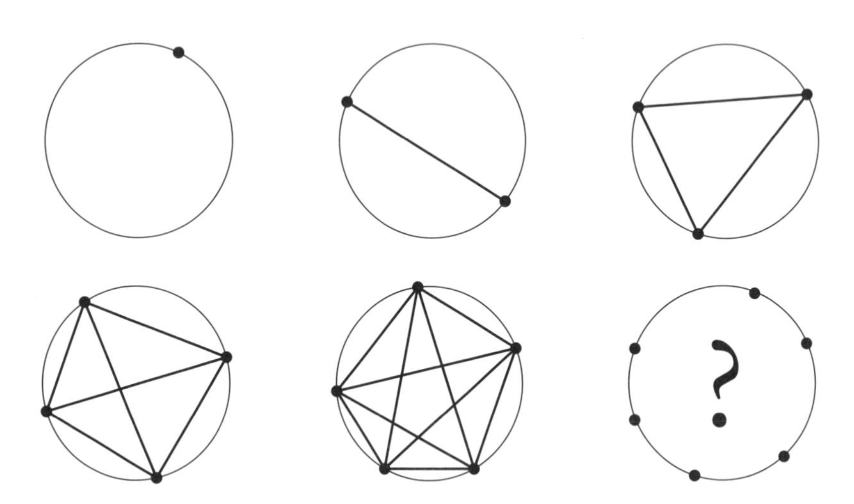

Conte as regiões em cada círculo e adivinhe o que vem depois.

Um retumbante NÃO! Com seis pontos haverá 31 regiões, e à medida que acrescentamos mais pontos a sequência continua assim: 57, 99, 163, 256, 386... Há um padrão, mas não é o da sequência de duplicação.[5] Não se deve tirar uma conclusão a partir de um número limitado de observações, não importa quão promissora pareça ser.

Em matemática, a demonstração por indução é um método que nos informa que um padrão vai se manter para sempre. Se tivermos uma sequência de declarações de modo que:

(a) A primeira declaração é verdadeira,

E

(b) Se a $n^{\text{-ésima}}$ declaração é verdadeira então a $(n + 1)^{\text{-ésima}}$ é verdadeira.

Poderemos então inferir que *todas* as declarações são verdadeiras.

A demonstração por indução é análoga à derrubada de pedras de dominó. Se as pedras de dominó são postas de pé numa linha tal que se a $n^{\text{-ésima}}$ pedra cai ela empurra a $(n + 1)^{\text{-ésima}}$ pedra, então para que toda pedra caia só temos de derrubar a primeira.

Voltando a nosso objetivo original, para demonstrar que todos os rabiscos podem ser bicolores, temos de demonstrar que:

(a) Um rabisco com 1 linha pode ser bicolor.
(b) Se um rabisco com n linhas pode ser bicolor, então um rabisco com $n + 1$ linhas pode ser bicolor.

Demonstrar que a declaração (a) é verdadeira é trivial: desenhe uma linha cruzando uma página e sombreie um dos lados. Demonstrar que a declaração (b) é verdadeira exige um pensamento mais elaborado.

Começamos a demonstração considerando um rabisco com $n + 1$ linhas, como ilustrado abaixo em (i). (Obviamente, para permitir representar isso numa ilustração, tive de optar por um valor para n, por isso devemos ter o cuidado de assegurar que o que se segue aplica-se genericamente a qualquer valor de n.)

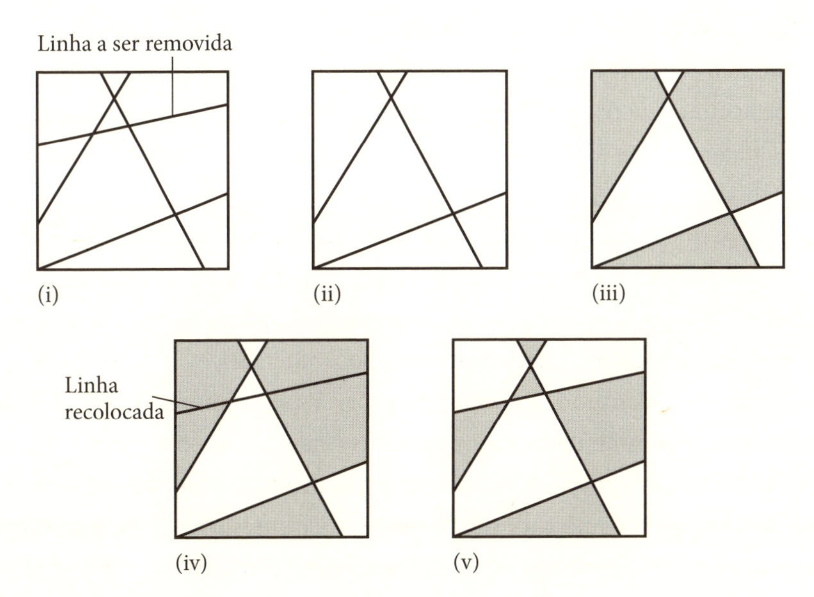

Demonstração do teorema do rabisco em duas cores por indução.

Quando removemos uma linha, temos um rabisco com n linhas (ii). Suponha que um rabisco com n linhas possa ter duas cores (iii).

Agora reinsira a linha que removemos antes (iv). Em um lado da linha, troque as cores, de modo que o branco fique sombreado e o sombreado fique branco. Cada região acima da linha agora é adjacente a uma seção abaixo da linha que tem uma cor diferente. Temos agora um rabisco com $n + 1$ linhas que pode ter duas cores (v).

Em outras palavras, demonstramos que a declaração (b) é verdadeira. Nossa demonstração por indução está completa: todos os rabiscos podem ter duas cores. (A demonstração só concerne a rabiscos de linhas retas que se cruzam num quadrado. E também é o caso de quaisquer rabiscos que consistam em linhas que começam num ponto e retornam a ele, mesmo com *loopings*, espirais e intersecções no caminho, que também podem ter duas cores. A demonstração disso é um pouco mais complicada.)

Elementos se tornou o texto mais influente na história da matemática não pelo que fez — revelar fatos sobre números primos, triângulos etc. —, mas pela maneira como o fez. A beleza de suas páginas está em seu rigor. Euclides é meticuloso. Não toma atalhos, não expressa opiniões e nada afirma que não possa provar. Se aceitar seus axiomas como verdadeiros, então terá de aceitar que os 465 teoremas do livro são verdadeiros, e sempre vão ser. *Elementos* é a grande vitrine do método axiomático, um testamento do poder da dedução lógica.

Diz-se que *Elementos* foi publicado em mais edições durante mais séculos do que qualquer outro livro com exceção da Bíblia. Essa comparação faz sentido. Por quase dois milênios, *Elementos* foi tratado como um texto sagrado, e seu método axiomático, aceito pelos matemáticos como um dogma. No século XVII, contudo, começaram os primeiros rumores de profanação. Euclides fazia questão de que seus axiomas e suas definições fossem tão autoevidentes quanto possível, e, claro, que não produzissem contradições. No entanto, como vimos no capítulo anterior, o infinitesimal, uma quantidade que é alguma coisa e nada ao mesmo tempo, é contraditório por si só. Newton e seus contemporâneos se valeram do infinitesimal porque proporcionava toda uma gama de novos teoremas, mas tiveram de fechar os olhos para a heresia euclidiana envolvida nesse processo.

Mais tarde, porém, os matemáticos perceberam que, para livrar o cálculo de contradições, era preciso ter um fundamento mais firme. A solução foi basear o cálculo não no infinitesimal, mas no conceito mais sólido de um limite. As assunções foram simplificadas, as definições foram tornadas mais claras e um novo campo nasceu — a "análise", que é o termo ora usado para cobrir todos os assuntos ligados a processos de cálculo, continuidade e infinito. Uma das realizações que marcam a análise em seus primórdios é o teorema do valor intermediário, mencionado no início do capítulo, segundo o qual uma curva contínua percorrerá valores entre seus valores máximo e mínimo.

O interesse no rigor manifestado no século XIX refletiu-se em outros campos além da análise. A geometria euclidiana, por exemplo. Moritz Pasch, um matemático alemão, investigou em detalhes os *Elementos* e fez uma descoberta impressionante: havia furos no raciocínio de Euclides que ninguém havia notado, apesar de se tratar de um dos livros de matemática mais estudados de todos os tempos. Euclides toma como certo que, se três pontos distintos estão alinhados, então um deles necessariamente está entre os outros dois — uma observação completamente óbvia, mas, se vamos nos guiar pelos padrões de Euclides, deveríamos declará-la um axioma. Euclides cometeu o erro de se deixar influenciar por seu próprio processo dedutivo. Um novo e blindado sistema euclidiano foi proposto em 1899 por David Hilbert, com 21 axiomas.

Os números também foram colocados sob um novo tipo de escrutínio. Eles são o cerne de toda a matemática, na verdade de toda a ciência. Mas o que exatamente *é* um número, e por que 1 + 1 = 2?

Em 1879, o matemático alemão Gottlob Frege publicou *Begriffsschrift*, ou "Escrita conceitual". O livro introduzia um cálculo elaborado, com sua notação própria, para expressar a verdade ou falsidade de declarações. Foi o nascimento da "lógica matemática", o emprego do raciocínio matemático para investigar o raciocínio matemático.

Frege queria dar uma resposta rigorosa à pergunta "o que é um número?". Para enfrentar esse desafio, tomou emprestado outro conceito, o de conjunto, que tinha sido primeiramente usado por seu contemporâneo Georg Cantor. Na matemática, muitas vezes uma palavra que soa simples significa algo complicado. Não é o caso de "conjunto". Um conjunto é somente um grupo de coisas, uma coleção de coisas unidas por uma propriedade comum. Um conjunto pode ser uma caixa de maçãs, um pelotão de ciclistas ou uma galáxia de estrelas. O número 2, escreveu Frege, refere-se ao conjunto de todos os conjuntos que têm duas coisas dentro deles.

Frege concebeu um sistema no qual números são definidos como conjuntos, axiomas são escritos em sua escrita conceitual, e as leis da aritmética podem ser demonstradas como verdadeiras. Sua ideia era reduzir a aritmética a uma estrutura estanque de operações lógicas baseadas em assunções intuitivas e incontroversas, tais como, por exemplo, "a negação da negação da declaração A implica a declaração A".[6] Como números e somas são conceitos fáceis de dominar, pode-se imaginar que a tarefa de Frege era simples. Na verdade era difícil e cerebralmente estressante. Ao contrário de todos os matemáticos que o antecederam, que tinham se utilizado de números e das pontes entre eles para construir a casa da matemática, Frege estava escavando suas fundações.

Frege publicou sua teoria em *Leis básicas da aritmética*. O primeiro volume apareceu em 1893. Quando o segundo volume estava no prelo, no entanto, ele recebeu uma verdadeira bomba. Bertrand Russell, um graduado em filosofia na Universidade de Cambridge, enviou-lhe uma carta em que apontava uma contradição. Uma vez que o objetivo de reduzir a aritmética à lógica era prover uma estrutura livre de contradições, nada mais devastador do que encontrar uma. Frege escreveu às pressas um adendo: "Dificilmente um cientista depara com algo mais indesejável do que ter seus fundamentos desmoronados assim que terminada a obra". O emprego da palavra "indesejável" tem sido chamado de a maior subestimação declaratória na história da matemática.

Russell tinha revelado a maldição da autorreferência.

Algumas de minhas frases favoritas são autorreferentes:

eu deveria começar com letra maiúscula.

Isto é para ser ou na verdade não ser duas sentenças, eis a questão, combinadas.

Esta sentença é um sinal de pontuação !!! prematuro.[7]

A ancestral de todas as sentenças autorreferentes, contudo, é creditada a Epimênides, de Creta, que disse: "Todos os cretenses são mentirosos". Além de se referir a si mesmo, Epimênides também está se contradizendo. Se está dizendo a verdade, sendo mentiroso, está mentindo, e se está mentindo, então está dizendo a verdade. Esse seu dito — o "paradoxo do mentiroso" — tem sido reinterpretado muitas vezes. Responda à seguinte pergunta com um sim ou um não: "A próxima palavra que você vai pronunciar será 'não'?".

Bertrand Russell percebeu que um paradoxo autorreferente comprometia gravemente o projeto de Frege, se é que não o matava por completo. A beleza de usar conjuntos como base da aritmética é que eles são fáceis de entender: um conjunto é simplesmente uma coleção de coisas. No entanto, Russell imaginou o seguinte conjunto:

O conjunto de todos os conjuntos que não contêm a si mesmos.

A maioria dos conjuntos não contém a si mesmos. O conjunto dos sapatos não é um sapato. Mas alguns contêm. O conjunto dos conceitos, por exemplo, *é* um conceito. Agora consideremos o conjunto imaginado por Russell. Será que ele contém a si mesmo? Se assumirmos que sim, contém, somos levados à conclusão de que não contém, e se assumirmos que não contém, teremos de concluir que contém! O conjunto implode numa contradição de si mesmo. Russell ofereceu uma analogia com um barbeiro num povoado que tem o seguinte aviso pendurado numa parede: "Só barbeio homens que não se barbeiam sozinhos". Quem barbeia o barbeiro? Se ele se barbeia sozinho, não pode ser barbeado pelo barbeiro, e se não se barbeia, precisa ser barbeado pelo barbeiro. Ficamos perdidos num ciclo infinito de autocontradições.

O paradoxo de Russell mostra que conjuntos, como Frege os imaginou, são mal equipados para prover uma base logicamente sólida para a aritmética. A autorreferência permite que haja contradições que contaminam o sistema. Mas, em vez de descartar o projeto de Frege por ser falho, Russell tornou-se seu maior defensor. O sonho de apoiar a matemática num sólido fundamento lógico era inebriante demais para ser abandonado, e durante os dez anos seguintes, junto com seu colega Alfred North Whitehead, Russell trabalhou para corrigir esse sistema. Eles aceitaram a premissa de Frege de que o conjunto poderia prover um fundamento válido para os números. Para eliminar os paradoxos da autorreferência, no entanto, propuseram uma estrita hierarquia de conjuntos. No primeiro nível estão os objetos, como livros e gatos. No segundo nível estão conjuntos de objetos do nível um, como os livros em minha estante ou os gatos em minha rua. No terceiro nível estão os conjuntos dos conjuntos do nível dois, como as estantes de livros dos autores de matemática, ou o conjunto dos gatos de Londres agrupados por ruas. O paradoxo de Russell não pode acontecer, uma vez que um conjunto só pode ser membro de um conjunto de um nível superior, e assim nunca poderá ser membro de si mesmo.

Russell e Whitehead introduziram notação, definições e axiomas que explicaram com clareza e suprema diligência e cuidado. Mas, para ser tão simples e claros quanto possível, acabaram escrevendo um dos mais complicados e ilegíveis entre os grandes textos da história da matemática. Somente quando chegam à página 379 conseguem declarar que $1 + 1 = 2$. Quando apresentaram *Principia Mathematica* para publicação, o editor o rejeitou, por não achar que haveria leitor capaz de compreendê-lo. Russell e Whitehead pagaram pela publicação do próprio bolso. Escrever os *Principia* foi tão mentalmente exaustivo que Russell nunca mais voltou a escrever sobre matemática ou lógica.

O lógico polonês Alfred Tarski propôs uma hierarquia de linguagem, muito semelhante à hierarquia de Russell para conjuntos, que resolve o paradoxo do mentiroso.[8] Existe um nível 1 de linguagem, e um nível 2 de "metalinguagem", que fala das declarações no nível 1 de linguagem, e um nível 3 de metametalinguagem, que fala sobre declarações no nível 2 de metalinguagem, e assim por diante. A verdade ou falsidade de uma declaração só pode ser abordada no nível "meta" seguinte, e assim não tem sentido uma declaração atribuir a condição de verdade ou de falsidade a si mesma. Como Russell explicou uma vez, se Epimênides declarar "Estou dizendo uma mentira de nível n", ele está dizendo uma mentira, mas uma mentira de nível $n + 1$.

Os comediantes, assim como os lógicos, se baseiam em metalinguagem.[9] Se uma piada não dá certo, muitas vezes pode-se resgatar algum humor fazendo uma piada sobre a piada.

Principia Mathematica continua a ser usado mais como peso de papel do que como material de leitura. No entanto, seu objetivo de dar à aritmética um fundamento axiomático livre de paradoxos foi entusiasticamente assumido por outros. A teoria axiomática dos conjuntos é tida hoje como um dos grandes triunfos intelectuais do começo do século XX, e levou a obras maravilhosas na matemática, na lógica e na filosofia.[10] O sistema-padrão de axiomas é chamado ZFC, calcado nos nomes dos matemáticos Ernst Zermelo e Abraham Fraenkel, e na palavra "choice", de "axiom of choice". O axioma da escolha declara que, se você tem um número infinito de conjuntos, cada um contendo pelo menos um item, então pode criar um novo conjunto que contém exatamente um item de cada conjunto. O axioma parece bastante razoável, mas é imensamente controverso. Um dos debates mais apaixonados na teoria dos conjuntos trata da possibilidade de aceitá-lo no sistema ou não, porque, se aceitar, coisas muito estranhas começam a acontecer.

Stefan Banach, o polonês que solucionou o teorema do sanduíche de presunto no Café Escocês, e Alfred Tarski, o lógico que propôs uma hierarquia russelliana da linguagem, mostraram que, caso o axioma da escolha seja aceito, então o seguinte teorema é verdadeiro:

> É possível dividir uma esfera sólida num número finito de peças que você pode remontar de maneira diferente de modo a criar duas cópias idênticas da esfera original.

Esse teorema é mais conhecido como o paradoxo de Banach-Tarski. Usa-se a palavra "paradoxo" porque ele parece contradizer as leis da física, embora a demonstração não contenha contradições lógicas. A remontagem é fisicamente impossível porque os pedaços não são fragmentos contínuos, e sim dispersões infinitas de pontos. Ainda assim, o teorema é surpreendente. Dele se segue que qualquer objeto sólido pode ser cortado e remontado para formar qualquer outro objeto, e portanto uma ervilha por ser fatiada e remontada como o Sol. (No entanto, apesar de tão bizarras consequências, a maioria dos matemáticos atualmente aceita o axioma da escolha.)

Se as piadas se baseiam em conclusões inesperadas, então o paradoxo de Banach-Tarski é o teorema mais engraçado da matemática.

No final da década de 1970, quando eu tinha uns oito anos de idade, o foco das aulas de matemática deixou de ser os números para ser os conjuntos. Lembro-me disso muito bem. Uma forma oval com alguns pontos dentro era um conjunto, e outra forma oval com pontos dentro formava outro. Quando ligávamos os pontos dos dois conjuntos, verificaríamos se os dois tinham o mesmo número de pontos. Nunca vi nenhum sentido nesses exercícios, e acho que meus professores também não. Depois de um ano, os conjuntos desapareceram da sala de aula, e só os encontrei de novo no segundo ano de faculdade. Se você frequentou a escola nas décadas de 1960, 1970 ou 1980, também pode ter tido um breve encontro com a teoria dos conjuntos. Sua presença no currículo escolar pode ser atribuída a Nicolas Bourbaki, o mais prolífico entre os matemáticos do século XX.

Em 1939, Bourbaki publicou o primeiro livro de uma série ambiciosa chamada *Éléments de mathématique*. "Enquanto no passado pensava-se que todo ramo da matemática dependia de suas intuições particulares, as quais proviam seus conceitos e suas verdades primárias", ele escreveu, "sabe-se hoje que é possível, falando logicamente, derivar quase toda a matemática humana de uma única fonte, a teoria dos conjuntos."[11] O título era um aceno a Euclides. Assim como os *Elementos* tinham sistematizado o conhecimento matemático grego num sistema axiomático, baseado nas propriedades de pontos e linhas, os *Éléments* de Bourbaki visavam a sistematizar o conhecimento matemático moderno num sistema axiomático baseado nas propriedades dos conjuntos. A opção pela palavra "mathématique", no singular,* enfatiza sua crença na unicidade do tema. *Éléments* contém dezenas de livros, não somente sobre teoria dos conjuntos, mas sobre temas variados, como álgebra, análise e topologia. A série estende-se por mais de 7 mil páginas e é um dos textos cien-

* Em inglês (*mathematics*) e francês o conceito é no plural. (N. T.)

tíficos mais influentes do século XX. Bourbaki tem também uma característica distinta que o faz ser único entre seus contemporâneos. Ele nunca existiu.

No início da década de 1930, um grupo de jovens matemáticos franceses decidiu que seus livros universitários estavam datados, e que iria escrever livros novos coletivamente. Resolveram adotar como nome literário Nicolas Bourbaki, uma alusão a Charles Denis Bourbaki, um general francês que em 1862 tinha declinado do trono da Grécia e depois, após sofrer humilhante derrota na guerra franco-prussiana, tentou se matar com um tiro e errou. Nicolas Bourbaki, eles diziam, era da Poldávia, país mencionado numa aventura de Tintim, *O lótus azul*.[12] O grupo adotou um código secreto e uma regra que obrigava os membros a uma retirada compulsória ao completarem cinquenta anos de idade. Assim como os matemáticos poloneses que se reuniam no Café Escocês em Lwów por volta da mesma época, o grupo Bourbaki comprazia-se em misturar diversão com matemática. Durante o primeiro de seus congressos regulares, que se realizavam no campo, alguns membros foram até um lago local no qual todos pularam nus gritando "Bourbaki!".[13]

A matemática de Bourbaki, no entanto, era extremamente séria. O grupo concebeu um método de escrita que fez com que levassem anos para escrever os livros. Após longas discussões sobre o conteúdo de cada volume, um membro compunha um rascunho. Num congresso subsequente, o rascunho era lido linha por linha, e cada linha precisava ser aprovada por todos os membros. O estilo também era único. O objetivo da série era deduzir tudo a partir de princípios primários, sem nenhum recurso a uma intuição física ou geométrica. Não usavam ilustrações, pois acreditavam que poderiam ser enganosas. "O rigor é para o matemático o que a mortalidade é para os homens", dizia André Weil, um dos membros fundadores. Não havia analogias, digressões, omissões, desenhos ou exercícios para o leitor. A insistência na pureza axiomática era tamanha que no primeiro livro foram usadas duzentas páginas antes de o número 1 ser definido, e mesmo assim só de forma abreviada. (Em sua forma totalmente expandida, diz o livro, o número 1 iria requerer muitas dezenas de milhares de símbolos. Em 1999, o britânico e teórico dos conjuntos A. R. D. Mathias alegou que o método Bourbaki requereria na verdade 4 523 659 424 929 símbolos e 1 179 618 517 981 conectores entre esses símbolos.)[14]

A série foi estruturada seguindo uma ordem. Cada livro só poderia se referir a material existente em livros anteriores a ele, e a nada que fosse de livros de outros autores, construindo assim um gigantesco edifício lógico baseado na teoria dos conjuntos. Apesar de o grupo ser formado por jovens, eram todos matemáticos respeitados, que também publicavam obras individualmente. André Weil, irmão da filósofa e ativista Simone Weil, era talvez o mais talentoso. Em 1939, ano em que foi publicado o primeiro livro dos *Éléments*, irrompeu a guerra, e Weil fugiu para a Finlândia. A polícia fez uma batida em seu apartamento em Helsinque e o deportou por suspeita de espionagem, depois de encontrar uma carta em russo (com descrições matemáticas) e um pacote com cartões de visitas pertencentes a Nicolas Bourbaki, da Academia Real da Poldávia. De volta à França, Weil foi preso por não ter se apresentado para o serviço militar. Ele acabou gostando disso. "Meu trabalho em matemática está progredindo além de minhas mais desvairadas esperanças, e estou até um pouco preocupado", ele escreveu para sua mulher, "pois se é só na prisão que trabalho tão bem, tenho de dar um jeito de ficar dois ou três meses por ano trancafiado."

O segundo livro dos *Éléments* foi publicado em 1940, e o terceiro em 1942. Depois de um hiato, devido à guerra, foram publicados mais volumes no final da década. Um novo grupo foi convocado quando o antigo atingiu o limite de idade, e os livros continuaram a aparecer. Por volta da década de 1950, a biblioteca Bourbaki dominava a matemática de universidades na França, o que continuaria pelas duas décadas seguintes. A seita começou a se parecer com uma máfia, à medida que membros e ex-membros — inclusive muitos dos mais brilhantes matemáticos franceses — assumiram altos postos na universidade. Traduzindo, Bourbaki também tinha considerável influência no mundo da língua inglesa.

O apogeu de Bourbaki coincidiu com a escalada da Guerra Fria. Os governos ocidentais se deram conta de que deveriam incrementar a educação científica para se equiparar aos soviéticos, que tinham acabado de lançar o Sputnik, o primeiro satélite artificial.[15] A ideologia bourbakista de que as estruturas formais abstratas eram mais importantes que a intuição e a resolução de problemas foi passando das universidades para as escolas. Educadores decidiram que a teoria dos conjuntos era a resposta à ameaça vermelha. O ensino de matemática foi reformulado, e nas décadas de 1960 e 1970 uma geração de crianças foi apresentada à "nova matemática": a alegria dos conjuntos.

* * *

A influência direta de Bourbaki nos bancos universitários e nas salas de aula das escolas já declinou. Áreas de pesquisa como os fractais, por exemplo, que se baseiam em computadores e imagens, fizeram com que a preocupação de Bourbaki com a estrutura parecesse algo datado. Nas últimas décadas, a matemática vem interagindo cada vez mais com outras ciências, em vez de se isolar delas. Como consequência, a teoria dos conjuntos não é mais ensinada às crianças. Mas, contrariando os prognósticos, Nicolas Bourbaki, ora aproximando-se de seu octogésimo aniversário, continua vivo e saudável.

Cinco matemáticos formam hoje o núcleo do grupo. Encontrei um deles num café em frente aos Jardins de Luxemburgo, em Paris. O código de segredo ainda está em vigor, e tudo que estou autorizado a relatar é que ele tem uma barba, vestia uma camisa roxa e usava um chapéu de palha. Também é um eminente professor. Perguntei quantas pessoas sabiam de sua participação em Bourbaki. "Muitos colegas sabem disso, mas eu não admito. Há bastante ressentimento", afirmou ele. "Algumas pessoas dizem que Bourbaki se tornou inútil, que deveria parar."

O livro mais recente da série dos *Éléments*, sobre álgebra, foi publicado em 2012, e está sendo preparado um novo, sobre topologia. O que existe contra Bourbaki é que a obsessão com o rigor acabou prestando um desserviço aos matemáticos. Os livros são difíceis, e portanto uma ferramenta educacional ruim, e não deixam espaço para a criatividade e a intuição. "Mesmo colegas muito próximos acreditam que não é de livros que a matemática atual necessita", ele diz. E ele, acredita que é? "A resposta não é clara. Mas o que, *sim*, é claro é que nesse tipo de obra — em que estamos todos juntos, lendo juntos linha por linha, e em que cada um usa o tempo de que precisar para contradizer e corrigir — algo fora do comum acaba aparecendo, e espera-se que seja algo bom. As ideias no livro são uma mistura de contribuições de muita gente. Matemáticos não podem fazer tudo sozinhos."

Perguntei se ele achava que os níveis bourbakistas de rigor estavam ultrapassados. "Acho que o rigor é mais relevante do que nunca", ele respondeu, acrescentando: "Há uma diferença entre rigor e aridez. Tentamos ser rigorosos, mas não áridos". De fato, ele acredita que os livros teóricos universitários modernos, todos eles, devem algo a Bourbaki. "Agora é uma prática-padrão admitir que sua demonstração não é rigorosa o bastante, por causa do nível do livro. De certa maneira, o nível de rigor praticado por matemáticos é este [o de Bourbaki]." Contudo, uma crítica ele aceita, com relação ao primeiro livro. "Alguns livros de Bourbaki são bons. Outros são extremamente bons. Mas o livro sobre teoria dos conjuntos é um disparate." Ele encolhe-se todo quando eu lembro a ele como Bourbaki define 1. "Essa parte não é boa. Não é preciso saber o que é 1. O que se precisa saber é o que se pode fazer com 1."

Meu entrevistado contou-me, entretanto, que se sente imensamente orgulhoso de estar no grupo Bourbaki. Tinha trinta anos e fora nomeado professor recentemente quando recebeu seu primeiro ditame: Nicolas Bourbaki ordenou-lhe que se apresentasse no próximo congresso, a ser realizado num castelo no Loire. Quando convidadas, a maioria das pessoas aceita, ele disse, embora as poucas mulheres convidadas tenham recusado. Agora membro do grupo, ele se sente imbuído do dever histórico de ajudar a concluir o trabalho ao qual o grupo se propôs, ou seja, completar a série dos *Éléments*. Os quatro últimos livros já estão planejados. Ele sabe que é pouco provável que sejam todos publicados antes que ele chegue aos cinquenta anos e tenha que sair. O limite de idade é uma coisa boa, ele diz, pois mantém o grupo vivo.

A teoria dos conjuntos é uma abordagem para a construção de um fundamento para a matemática. Outra abordagem está atualmente em curso, o uso de computadores. Um "assistente de demonstração" é um software que confere se as inferências lógicas numa demonstração estão corretas.[16] Espera-se que um dia os computadores possam demonstrar toda a matemática.[17] Quando se quiser saber se um teorema é verdadeiro ou não, bastará apertar um botão.

O primeiro grande teorema a ser demonstrado com a ajuda de um computador foi o teorema do mapa de quatro cores. Lembre-se de que vimos que todos os rabiscos podem ser "bicolores", ou seja, podemos sombrear todo rabisco de maneira que duas regiões adjacentes nunca terão a mesma cor. Em 1852, Francis Guthrie, um sul-africano que morava em Londres, estava colorindo um mapa dos condados da Inglaterra. Ele notou que eram necessárias quatro cores para que nenhum confinasse com outro condado que tivesse a mesma cor. O experimento parecia demonstrar que quatro cores seriam suficientes para colorir todos os mapas, mas durante mais de cem anos ninguém foi capaz de prová-lo, até que, em 1976, Kenneth Appel e Wolfgang Haken, na Universidade de Illinois, o fizeram, usando um supercomputador para checar todas as configurações possíveis de mapas. Os matemáticos reagiram com inquietação.[18] Por princípio, uma pessoa deveria ser capaz de conferir linha por linha uma demonstração. Mas o computador realizara cálculos demais para que uma verificação fosse possível, transgredindo o paradigma para demonstrações existente desde Euclides. Mas, assim como havia objeções filosóficas à demonstração, havia outras preocupações mais práticas. Programas de computador estão cheios de bugs. Como poderiam Appel e Haken ter certeza de que não havia bugs em seu software? Eles não podiam, e, de fato, erros foram encontrados em sua demonstração, embora tenham sido todos corrigidos. Em 1995, uma equipe da Universidade Princeton, com uma linha de computadores, produziu mais uma demonstração do teorema do mapa de quatro cores, e em 2004, Georges Gonthier, no Microsoft Research Cambridge, na Inglaterra, verificou-a com um assistente de demonstração, embora, para fazer isso, tivesse de traduzir todos os conceitos para uma linguagem especial de programação que o assistente pudesse entender. Levanta-se então a questão: como ter certeza de que o assistente está livre de bugs? Não se pode ter certeza absoluta, mas pode-se ter um grau de certeza maior do que o das demonstrações originais, uma vez que o assistente já passou por testes cuidadosos em muitas tarefas. O teorema do mapa de quatro cores é hoje uma das demonstrações mais meticulosamente verificadas na matemática.

Após uma resistência inicial às demonstrações com ajuda de computador, hoje elas são aceitas pela maioria dos matemáticos. Alguns até mesmo chegam a sonhar que um dia todo teorema será traduzido para uma linguagem universal de computador que propicie uma verificação universal de demonstração, criando um gigantesco sistema formal que conterá todo o conhecimento matemático demonstrável, no qual cada declaração será rigorosamente derivada de um conjunto de linhas de código básicas. Quando isso acontecer, pularemos todos juntos e nus num lago gritando “Bourbaki!”.

Os computadores mudaram a maneira de fazer demonstrações. E foram um catalisador para uma nova e fascinante matemática.

10. Companheiros de célula

Num dia muito frio em Londres, fui conversar com um homem sobre uma nave espacial. Paul Chapman estava sentado do lado de fora de um restaurante italiano, vestindo um casaco escuro, seu chapéu-panamá brilhando, em sua cor laranja, sob uma lâmpada de aquecimento. Suas sobrancelhas escuras emolduravam óculos grandes sem aro, encimando uma barba cinzenta e desgrenhada. Paul pertence a um grupo exclusivo que se dedica a uma recreação matemática chamada Jogo da Vida. Ele estava impaciente para contar-me sobre sua última descoberta.

"A grande notícia", ele declarou, enquanto tirava um caderninho preto do bolso e desdobrava uma surrada folha de papel. "Levo isso comigo aonde quer que eu vá." O Jogo da Vida foi inventado há quarenta anos por um jovem conferencista em Cambridge, John Conway, que criou as leis de um universo de fantasia no qual certos padrões formados por quadrados numa grade de quadrados evoluem e sofrem mutações de modos eletrizantes e imprevisíveis. Objetos conhecidos como pavios, armas, sopradores de fumaça e naves espaciais povoam agora esse universo, e no pedaço de papel de Paul estava a imagem da Gemini, uma nave espacial formada por quase um milhão de células quadradas, um dos maiores e mais sofisticados modelos construídos. A Gemini parecia um diamante feito de espinha de peixe. Paul apontava excitadamente para diferentes seções para explicar por que era tão especial. Gemini é a primeira estrutura capaz de construir uma cópia idêntica de si mesma, e assim se autorreplicar. A nave espacial está *viva*. A Vida tinha finalmente gerado vida. "É espantoso", disse ele. "Em quarenta anos, nunca tínhamos visto isso."

A ideia de que uma grade matemática possa produzir um padrão digno de ser contemplado vem pelo menos desde o "crivo de Eratóstenes", batizado em nome do polimatemático grego que já encontramos antes, fazendo a primeira estimativa decente do tamanho da Terra. Seu crivo é a máquina para identificar números primos. Contamos para cima a partir de 1, e ao chegarmos ao próximo número disponível eliminamos os seus múltiplos. (O método é muito semelhante ao processo usado pelo sábio autista Jerry Newport, no capítulo de abertura deste livro.) Nosso primeiro primo é 2, e neste ponto eliminamos todos os números pares. Nosso segundo primo é 3, e assim eliminamos todos os restantes múltiplos de 3. Quatro já foi eliminado porque é par, o que faz do 5 o próximo primo, e assim por diante.

O crivo de Eratóstenes pode ser extraído da série de números de 1 a 100 de forma elegante, numa grade de seis fileiras, ilustrada abaixo. As linhas horizontais a partir de 2, passando por 4 e 6, capturam os pares, e a linha

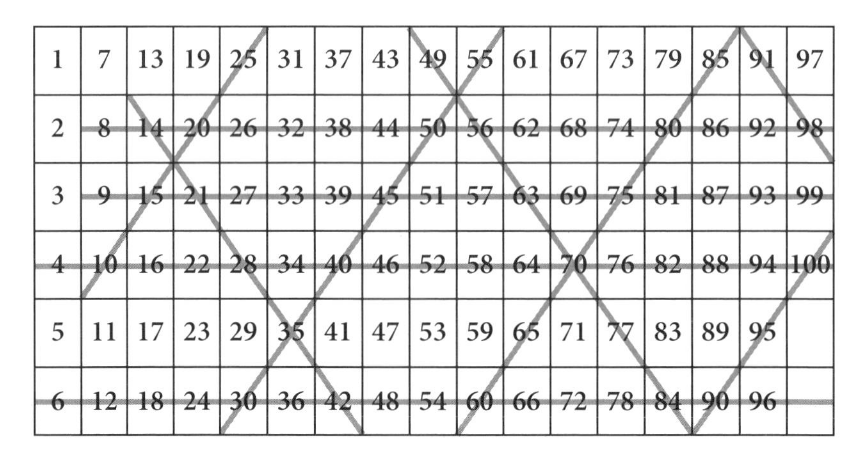

1	7	13	19	25	31	37	43	49	55	61	67	73	79	85	91	97
2	8	14	20	26	32	38	44	50	56	62	68	74	80	86	92	98
3	9	15	21	27	33	39	45	51	57	63	69	75	81	87	93	99
4	10	16	22	28	34	40	46	52	58	64	70	76	82	88	94	100
5	11	17	23	29	35	41	47	53	59	65	71	77	83	89	95	
6	12	18	24	30	36	42	48	54	60	66	72	78	84	90	96	

O crivo de Eratóstenes.

depois de 3 captura os múltiplos ímpares de 3. Dois conjuntos de linhas diagonais capturam os múltiplos de 7 e de 5. Não são necessárias outras linhas, uma vez que, quando você faz o crivo dos primos subindo até um número arbitrário *n*, você só precisa olhar os múltiplos de números primos até $\sqrt{n}$.[1] Neste caso, $n = 100$, assim você pode parar quando chega a 10.

A grade é de fácil percepção e esclarecedora, pois mostra instantaneamente que todos os números primos têm de estar na primeira ou na quinta fileira horizontal, o que quer dizer que todos os números primos têm de ter 1 a mais ou 1 a menos do que um múltiplo de 6. No entanto, o mais importante é notar que a razão para termos um crivo é que os números primos não aparecem em uma ordem previsível. Se continuarmos a grade ao infinito, eles parecerão estar aleatoriamente espalhados na primeira e na quinta fileiras. Uma das primeiras e mais profundas surpresas da matemática é que os números primos, definidos com tanta facilidade, tenham uma distribuição tão caprichosa.

Em 1963, Stanislaw Ulam, de 54 anos, distraiu-se no meio de uma conferência e passou a rabiscar numa folha de papel. Desenhou uma grade de linhas horizontais e verticais e numerou as intersecções, como você pode fazer, iniciando com 1 no meio da grade e avançando numa espiral. Ele devia estar mesmo entediado, pois começou a circular os números primos. Todos sabem que os primos não seguem um padrão óbvio, então o que poderia ele estar esperando ver? Mas Ulam notou algo novo e surpreendente. Os primos apresentavam uma tendência de estar sobre linhas diagonais, como ilustrado na página seguinte, num formato hoje conhecido como "espiral de Ulam". Quando ele programou um computador para que continuasse a espiral de 1 a 65 mil, também ilustrada a seguir, as linhas diagonais ainda estavam lá, assim como algumas sombras de ordem horizontal e vertical. A espiral de Ulam oferece uma hipnotizante sugestão de uma música que subjaz ao ruído aleatório.

Ulam foi um dos matemáticos poloneses que, na década de 1930, contribuíram para o *Livro Escocês* em Lwów. Em 1935, John von Neumann, um matemático húngaro no Instituto de Estudos Avançados em Princeton, convidou-o a ir para os Estados Unidos. Ele mudou-se em definitivo para lá em

100	99	98	97	96	95	94	93	92	91
65	64	63	62	61	60	59	58	57	90
66	37	36	35	34	33	32	31	56	89
67	38	17	16	15	14	13	30	55	88
68	39	18	5	4	3	12	29	54	87
69	40	19	6	1	2	11	28	53	86
70	41	20	7	8	9	10	27	52	85
71	42	21	22	23	24	25	26	51	84
72	43	44	45	46	47	48	49	50	83
73	74	75	76	77	78	79	80	81	82

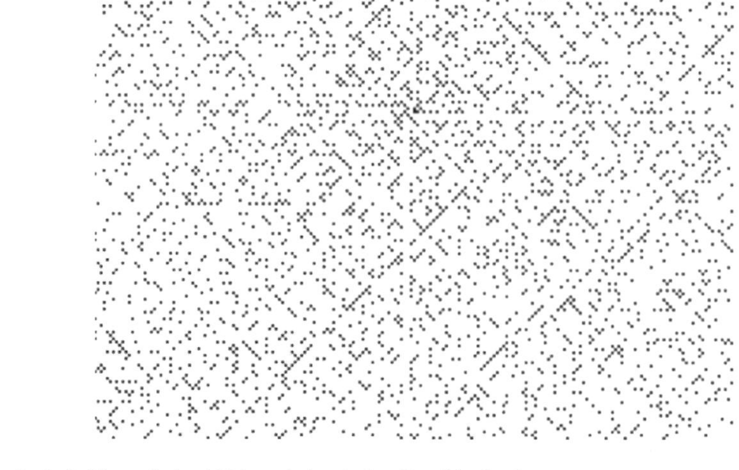

Espirais de Ulam, de 1 a 100 (no alto) e de 1 a 65 mil (acima).

1939, e quatro anos depois Von Neumann fez a Ulam, então na Universidade de Wisconsin, uma proposta das mais curiosas: juntar-se a ele num projeto não identificado no estado de Novo México. Ulam tomou emprestado um guia do Novo México na biblioteca da universidade e viu que os que o tinham tomado emprestado antes eram colegas que haviam desaparecido sem explicação. Depois de descobrir suas especialidades, deu-se conta do que estavam propondo a ele.

E assim Ulam juntou-se ao Projeto Manhattan em Los Alamos, onde foi um colaborador-chave no desenvolvimento de armas termonucleares, e onde também delineou uma nova matemática. Ele constatou que, quando o comportamento de um sistema físico era complicado demais para que fosse previsto, poderia ter uma boa noção do resultado se fizesse um computador processar uma grande quantidade de adivinhações aleatórias, e refinasse os resultados usando técnicas estatísticas. A expressão "método de Monte Carlo" foi cunhada durante uma viagem de automóvel, quando Ulam explicava a técnica a Von Neumann. Para descobrir a probabilidade de, digamos, a bolinha de uma roleta parar no preto, um apostador não precisa resolver nenhuma equação, basta quantificar o número de vezes que a bolinha para no preto depois de centenas de jogadas aleatórias. Os métodos de Monte Carlo são hoje cruciais em muitas áreas da ciência. Durante suas horas de folga em Los Alamos, Ulam relaxava inventando jogos de paciência baseados em padrões numa grade. Dependendo das regras que geravam os padrões, podia-se fazê-los crescer e mudar de maneiras interessantes.

Ulam e Von Neumann eram grandes amigos, emigrados da classe média alta da Europa Oriental, com raízes judaicas, ligados por circunstâncias políticas e seus formidáveis intelectos. Von Neumann, diz-se com frequência, é o matemático mais influente do mundo moderno: é um dos pais do computador, da bomba nuclear, e também da teoria dos jogos, a matemática da tomada de decisões. Sua personalidade era compatível com suas realizações. Em Princeton, era famoso por largar as maiores festas, das quais subitamente escapulia, para estudar, porque gostava de trabalhar ao som do ruído de festas.

Von Neumann ficava fascinado e ao mesmo tempo assustado com as consequências do uso das máquinas que estava construindo. Nos anos que se seguiram à Segunda Guerra Mundial, a ficção científica e os filmes de

Hollywood retratavam um futuro no qual os robôs tomavam conta do mundo. Von Neumann queria saber como uma máquina poderia reproduzir a si mesma. Ele realizou um elaborado experimento envolvendo um robô que flutuava num lago com um olho e um braço mecânico para pegar componentes e construir uma nova versão de si mesmo, mas o experimento empacou devido a complicações mecânicas. Ulam sugeriu-lhe que, para manter o foco unicamente nos aspectos lógicos da replicação, ele não poderia considerar nada real, como uma máquina, mas em vez disso devia considerar um padrão em uma grade, exatamente como os padrões dos jogos de paciência com que tinha brincado em Los Alamos. Como resultado dessa conversa, os dois homens vieram com um novo conceito matemático, o do "autômato celular", um tabuleiro quadriculado contendo células, no qual o comportamento de cada célula depende apenas do estado das células vizinhas, e vai se atualizando automaticamente no decorrer do tempo. Von Neumann projetou um autômato celular no qual cada célula apresentava um entre 29 estados possíveis, e formulou a teoria para um modelo de 200 mil células que se autorreplicariam. Autômatos celulares foram objeto de um interesse acadêmico menor até uma década depois, quando chamaram a atenção de um matemático britânico que tinha uma mente ainda mais brincalhona que a de Ulam.

Durante a década de 1960, a sala comum de matemática na Universidade de Cambridge parecia um clube de recreação. Professores e estudantes estavam sempre disputando jogos de tabuleiro e inventando novos. As ideias eram tantas que um professor graduado até mantinha um arquivo, Jogos sem Nomes, que tinha um companheiro, os Nomes sem Jogos.[2] Nesse meio medrava John Conway, de Liverpool, um viciado em gamão e estrela em ascensão da matemática. Uma das invenções de Conway era um autômato celular numa grade de quadrados, que ele chamou de Jogo da Vida. O termo "jogo", no entanto, era enganoso. Não havia vencedores, perdedores, ou mesmo jogadores. O Jogo da Vida era um universo bidimensional governado por quatro leis, ou regras. O objetivo consistia em dispor uma configuração de partida, o formato inicial, e observar como se desenvolvia.

Na vida, uma célula está viva ou morta, e obedece às seguintes regras:

NASCIMENTO:	toda célula morta que tiver *exatamente três* vizinhas vivas torna-se viva.
SOBREVIVÊNCIA:	toda célula viva que tiver *duas ou três* vizinhas vivas continua viva.
MORTE POR SOLIDÃO:	toda célula viva com *zero ou uma* vizinha viva morre.
MORTE POR SUPERPOPULAÇÃO:	toda célula viva com *quatro ou mais* vizinhas vivas morre.

Os detalhes: cada célula tem oito vizinhas, que são as quatro células lateralmente adjacentes e as quatro que a tocam diagonalmente em seus cantos. As leis devem ser aplicadas ao mesmo tempo em todas as células e cada aplicação implica uma nova geração.

É isso. Não há nada além nesse Jogo da Vida.

Conway decidira por essas regras de nascimento, morte e sobrevivência de modo que, a partir do padrão inicial, não se morresse depressa nem se crescesse depressa demais, e em vez disso o comportamento fosse o mais interessante possível. Imagine uma célula viva, por si só. Ela morre de solidão após uma geração. Da mesma forma, um padrão que consiste em duas células vizinhas também morre num tique-taque do relógio. Mas, quando começamos a considerar formatos configurados por três células vivas, os organismos são resilientes o bastante para sobreviver, ao menos por algum tempo. A ilustração a seguir mostra o que acontece ao formato de um V invertido composto de três células vivas. (As células vivas são as pretas, e as mortas, as brancas.) As duas células na base têm, cada uma, apenas uma vizinha viva, e assim elas morrem quando se aplicam as regras. A célula viva no topo tem duas vizinhas vivas, e assim ela sobrevive, e a célula morta no meio tem três vizinhas vivas, e assim ela ganha vida. Depois de uma geração, portanto, o padrão em V torna-se uma coluna com duas células vivas, e depois de mais uma ele morre.

A sina de outras quatro tríades é ilustrada em seguida. (Cada nova geração está esboçada abaixo da anterior. Na realidade, é claro, cada nova geração ocupa as mesmas células da anterior.) Na segunda geração, duas expi-

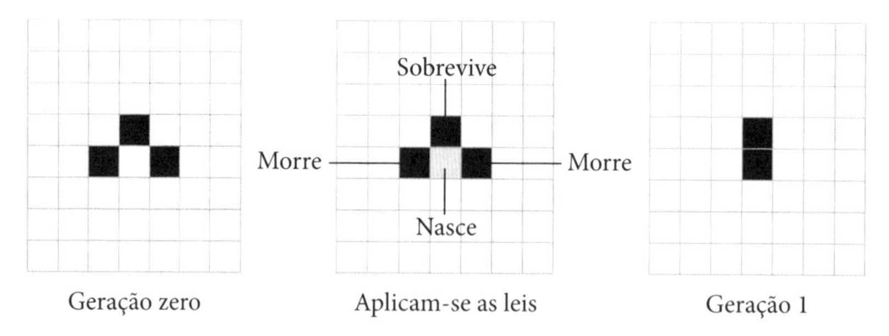

Como o formato em V invertido evolui.

raram. O formato de um quadrado composto de quatro células, que Conway chamou de "bloco", no entanto, sobrevive, e permanece imutável em todas as gerações subsequentes. A linha de três células vivas alterna-se entre as posições horizontal e vertical, e é conhecida como "pisca-pisca", ou "oscilador". Padrões que não mudam, como o do bloco, ou que oscilam entre padrões fixos, como o pisca-pisca, são chamados de "formas estáveis".

Temos um relance da magia iminente quando consideramos como se comportam na Vida os cinco tetrominós, um arranjo do jogo para computador Tetris, formado por quatro células vivas, todas conectadas de forma adja-

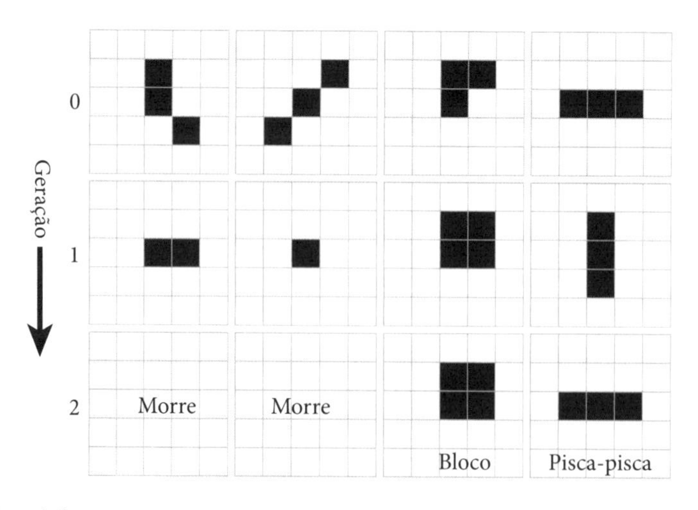

A sina das tríades.

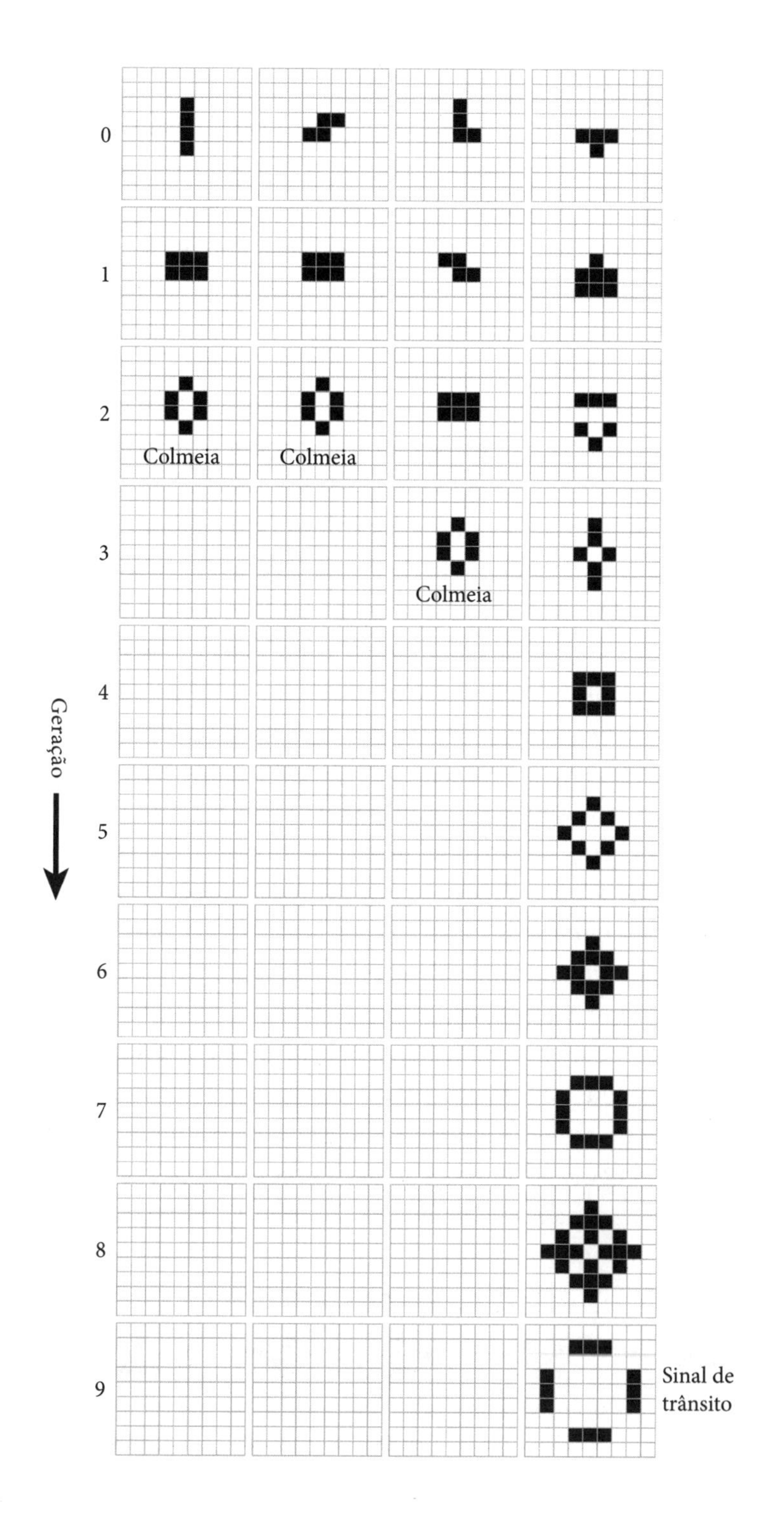

As sinas dos tetrominós.

cente. O bloco, como vimos, é inerte. Os outros quatro estão ilustrados na página anterior. Após duas gerações, o "I" e o "S" tornam-se a forma estável chamada "colmeia", e o "L" torna-se "colmeia" depois de três gerações. Por outro lado, o "T" tem uma explosão de energia, evolvendo no decurso de oito gerações para um formato final de quatro pisca-piscas, o "sinal de trânsito".

O divertido no Jogo da Vida é sua imprevisibilidade. Não há como saber o que acontecerá até mesmo com formas simples sem acompanhá-las através das gerações. Conway e seus colegas faziam esse acompanhamento manualmente. Células vivas eram fichas colocadas no tabuleiro do jogo oriental Go, uma grade quadrada de 19 × 19. Quando o padrão requeria mais espaço, outros tabuleiros eram colocados no chão. Novas formas estáveis foram encontradas, e receberam nomes como "pão", "navio", "bote" e "serpente". Às vezes um formato inicial se extinguia, ou transfigurava-se rapidamente numa das formas estáveis familiares. E às vezes, para empolgação de todos, ele irrompia para a vida. Por exemplo, o R-pentomino, , é formado por apenas cinco células vivas, mas se mantém em desenvolvimento durante dezenas de gerações até que, na 69ª, tem lugar um acontecimento notável. Esse formato deu origem a outro, composto de cinco células, que parecia deslizar pelo tabuleiro.

O novo formato ficou conhecido como escorregador, e seu comportamento é ilustrado abaixo. Depois de duas gerações ele se inverte, e depois de mais duas gerações se inverte de volta, de maneira tal que está uma célula mais abaixo e uma mais ao lado em relação à sua posição inicial. O escorregador vai continuar a se deslocar uma célula para baixo e outra para o lado a cada quatro gerações. Continuará a se mover na mesma direção diagonal *ad infinitum*, enquanto nada estiver em seu caminho. Conway, o taxonomis-

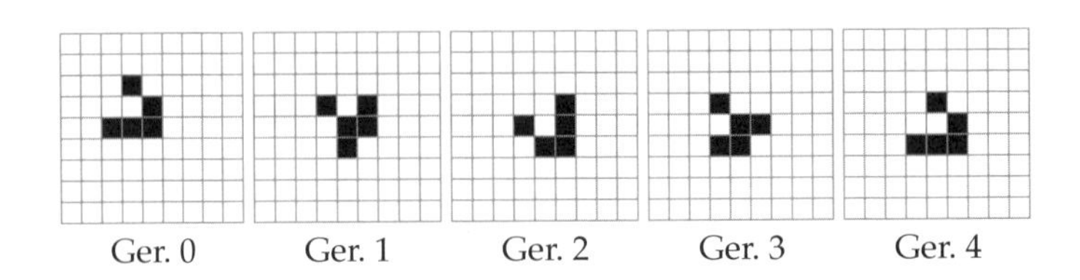

O escorregador.

ta-chefe, designou como novas espécies de vida padrões como o do escorregador, que se movem em linhas retas. Ele os chamou de "naves espaciais".

Em 1970, o jornalista Martin Gardner escreveu sobre o Jogo da Vida em sua longeva coluna na *Scientific American*, o que ajudou a tornar o divertimento matemático de Conway uma das primeiras manias internacionais em jogos de computador.[3] Acompanhar histórias de Vida usando um tabuleiro de Go exigia um grande dispêndio de tempo e era um processo sujeito a erros. Com computadores, não só os padrões poderiam ser monitorados por muito mais tempo, mas também, à medida que as telas iam piscando ao longo das gerações, parecia que estavam vivas.[4] Uma grade com células vivas espalhadas provia um caldo de configurações voláteis em constante transmutação. O R-pentomino, por exemplo, efervescia e espumava durante incríveis 1103 gerações, deixando como detrito um navio, um bote, um pão, quatro colmeias, quatro pisca-piscas, seis escorregadores e oito blocos. A Vida era fácil de programar, uma vez que só havia quatro regras, no entanto produzia comportamentos complexos até então inéditos em computadores. Projetar padrões e ver como se desenvolviam tornou-se prática tão viciante que Gardner estimou que na década de 1970 isso custara à indústria dos Estados Unidos milhões de dólares em tempo de computação desperdiçado. Um de seus leitores lhe contou ter instalado um interruptor secreto debaixo de sua escrivaninha no escritório para mudar a tela do computador para o Jogo da Vida quando seus colegas deixavam a sala.

No MIT, o Jogo da Vida tornou-se um *modo* de vida.[5] Uma estrita fraternidade de gênios anárquicos e gozadores adotou a missão de explorar esse universo de brinquedo mais profundamente do que qualquer outra pessoa ou grupo. Eles foram os primeiros hackers de computadores, os *techno-geeks* originais. (O termo "hack" foi usado pela primeira vez no clube do MIT para modelismo de ferrovias, para descrever uma alteração implementada apenas por prazer, e então passou a significar qualquer fragmento de programa fora da linha principal. Só anos depois ganhou a atual conotação de uma invasão digital.) A atitude comunitária e antiautoral dos hackers influenciou a emergente cultura americana da informática, dando o tom para inovadores que viriam depois, como Steve Jobs e Bill Gates. "A ideia era simplesmente coletar vida selvagem e domesticá-la", disse Bill Gosper, rei dos hackers, hoje tutor de matemática em Los Altos, Califórnia. Gosper podia passar a noite inteira jogando com a Vida na sala de computadores do MIT, e isso tornou-se sua rotina durante quase dois anos.

Conway lançou um desafio nas páginas da *Scientific American*, oferecendo um prêmio de cinquenta dólares. Haveria um padrão que continuasse a crescer e cujo número total de células vivas aumentasse sem limite? Gosper encontrou um, e embolsou o dinheiro. A "arma escorregadora" é um padrão de 36 células vivas que pulsam para dentro e para fora, como um coração a bater, e fazem nascer um escorregador a cada trinta gerações. Os escorregadores vão se lançando numa linha diagonal, um após outro, como uma infindável rajada de balas atiradas de uma arma. A descoberta da arma escorregadora mudou o estudo da Vida, que passou da zoologia para a física. Gosper e companhia não eram mais historiadores naturais, inspecionando passivamente a flora e a fauna. A graça agora estava na balística, no delinear de padrões que contivessem armas escorregadoras atirando em outros formatos. Podia-se atirar com dois escorregadores, um atirando no outro, de tal maneira que um aniquilava o outro, sem deixar destroços, como se tivessem, num passe de mágica, desaparecido no éter. "Estávamos tentando descobrir como construir coisas despedaçando escorregadores, lançando um contra outro de todos os modos possíveis e vendo o que acontecia", contou Gosper. "E então, o que são todas essas coisas que você pode fazer lançando escorregadores para despedaçar coisas que você fez despedaçando escorregadores?" Ao fazer isso, Gosper descobriu um novo formato estável de sete células chamado "comedor". Quando um escorregador voa sobre um comedor, o escorregador desaparece na colisão, mas o comedor se reconfigura para voltar a ser o que era antes, dando a impressão de que o comedor ingeriu o escorregador. O comedor também devora outras formas estáveis posicionadas perto dele, sempre se autorreparando depois da interação inicial.

O comedor foi a primeira indicação de que o Jogo da Vida poderia ter uma aplicação no mundo real, por exemplo, no projeto de objetos que possam reparar a si mesmos. Não que Gosper estivesse de alguma forma interessado nisso. Para ele, a arma escorregadora e o comedor permitiram que o Jogo da Vida entrasse numa nova fase, na engenharia de *grands projets*, nos quais se poderiam montar padrões gigantescos feitos de centenas de escorregadores circulando entre componentes, com comedores estrategicamente posicionados para limpar detritos indesejáveis. Um de seus primeiros triunfos foi o "criador", um padrão que cria escorregadores. Começa criando uns cinquenta deles, e acelera a produção tão rapidamente que por volta da geração 6500 o número de escorregadores excede o de gerações.

À medida que o acervo de conhecimentos crescia, os entusiastas do Jogo da Vida arquitetaram padrões ainda mais incríveis. Um de meus favoritos é o que simula o crivo de Eratóstenes, o antigo mecanismo para identificar números primos. O crivo da Vida é feito predominantemente de armas, escorregadores e comedores.[6] Sua configuração inicial contém 5169 células vivas. O componente principal é uma arma que atira um padrão formado por nove células — chamado "nave espacial leve" — horizontalmente a intervalos regulares. As naves espaciais são alvos de um bombardeio de escorregadores, e as únicas que sobrevivem são a segunda, a terceira, a quinta, a sétima, a undécima e assim por diante, ou seja, em outras palavras, aquelas cujas posições são números primos. (Uma explicação detalhada de como isso funciona, com ilustrações, encontra-se no Apêndice Oito.)

Gosto do crivo da Vida porque ele transforma o mais antigo algoritmo da matemática num tiroteio intergaláctico entre esquadrilhas de escorregadores e naves espaciais. É como assistir a uma épica cena de batalha de ficção científica, ou talvez à evolução de uma colônia de formigas particularmente talentosas em matemática. Lembre-se, uma vez tendo construído o padrão original, você nunca mais vai intervir nele de novo. O padrão poderia, em tese, continuar para sempre, eliminando naves espaciais, menos as que estão nas posições dos números primos, *ad infinitum*.

"A engenhosidade é assombrosa", disse Gosper, referindo-se aos melhores padrões. "As pessoas que tentam [criar padrões] dão-se conta rapidamente do quanto isso é difícil, e quando veem que deu certo ficam admiradíssimas. Você tem de ser um maníaco quase insano para se concentrar o suficiente." Desde então, 1700 outros padrões impressionantes foram criados, inclusive um que vai calcular o valor de pi, inventado por um adolescente britânico, Adam P. Goucher. O que resta ainda para se conquistar? "A Vida é um inexaurível suprimento de questões e de problemas", respondeu Gosper.

O Jogo da Vida desafia nossas ideias preconcebidas de como o mundo funciona, porque mostra como um simples conjunto de regras de aplicação local pode criar um comportamento geral incrivelmente complexo. Quando você vê um sistema tão lindamente integrado como o crivo de Eratóstenes, é espantoso pensar que cada célula só está prestando atenção nas oito que são suas vizinhas.

O Jogo da Vida demonstra também como escalas diferentes representam realidades diferentes. O crivo de Eratóstenes é uma peça de engenharia baseada na física das armas escorregadoras. Ele usa a tecnologia de colisões e de naves espaciais. Mas, em nível granular, não existe essa coisa de "colisão" ou "nave espacial". Há somente quadrados estacionários que estão ou vivos ou mortos.

Quando padrões mais complicados foram sendo delineados, a questão passou a ser: qual é o limite do que um padrão da Vida pode fazer? Notavelmente, a resposta é: tudo que seu PC, seu tablet ou smartphone podem fazer. Se uma tarefa pode ser realizada por seu computador, então também poderá ser realizada por um padrão na Vida.

Conway demonstrou a verdade dessa declaração mostrando que é possível construir um "computador da Vida", ou seja, uma configuração inicial de células vivas que emulam um circuito interno de computador. Quanto a isso, você vai ter de aceitar minha palavra (ou ler um livro sobre computação), mas saiba que o circuito de um computador em seu nível mais básico é constituído pelos seguintes elementos: fiação, portas lógicas e registro de memória. Um relógio envia pulsos eletrônicos em torno do circuito, que expressam números binários. Um pulso é 1 e a ausência de pulso é 0. Conway teve o insight de que os escorregadores poderiam representar pulsos percorrendo um cabo. A presença de um escorregador é 1, e a ausência de um escorregador é 0. Um fluxo de escorregadores pode portanto representar qualquer número, que consiste de 0s e 1s, conforme ilustrado abaixo. Como os escorregadores movem-se em diagonal, girei a grade num ângulo de 45 graus.

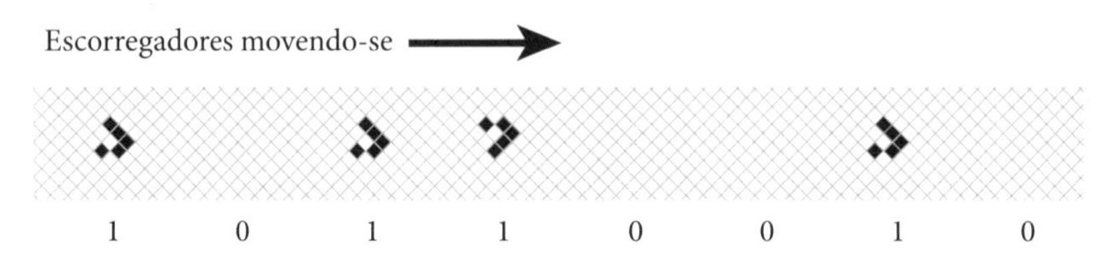

Fluxo de escorregadores.

Conway construiu o tipo mais simples de porta lógica, chamado porta NOT.[7] Uma porta lógica é um componente que tem uma entrada (input) e uma saída (output). Alguns cabos entram, alguns cabos saem. A porta NOT só tem um cabo de entrada, e só um cabo de saída, que tem o sinal inverso ao da entrada: ele muda 1 para 0, e 0 para 1. Uma porta NOT na Vida, portanto, deve mudar a presença de um escorregador no fluxo de entrada para a ausência do escorregador no fluxo de saída, e vice-versa. Conway percebeu que uma arma escorregadora estrategicamente posicionada poderia desempenhar essa função, como ilustrado a seguir. O fluxo de entrada move-se horizontalmente da esquerda para a direita. A arma escorregadora está atirando escorregadores verticalmente para baixo. Se houver um escorregador no fluxo de entrada ele será eliminado por um escorregador atirado pela arma. Mas, se não houver escorregador no fluxo de entrada, um escorregador atirado pela arma vai passar direto, por não encontrar nada com que colidir. O fluxo de saída, portanto, contém um 1 se houver um 0 na entrada, e contém um 0 se houver um 1 na entrada. É uma porta NOT. A saída está em ângulo reto com a entrada, mas isso não importa, uma vez que podemos mudar a direção do fluxo mais tarde, se for necessário.

Todas as portas lógicas são combinações de três tipos básicos: portas NOT, AND e OR. Conway construiu padrões feitos de armas e comedores que emulavam portas AND e OR também. Ele demonstrou que se podia fazer os fluxos de escorregadores mudarem de direção, emulando assim o encurvamento dos cabos. Mostrou como se pode fazer os fluxos de escorregadores ficarem mais finos, de modo que dois fluxos possam se cruzar sem medo de colisões, emulando com isso o cruzamento de cabos. E mostrou como se pode fazer com blocos um registro de memória. Cada bloco armazena um número, que depende de sua distância de um determinado ponto. Escorregadores que colidem com o bloco o movem para mais perto ou mais longe desse ponto, e assim mudam o seu valor. Isto completou sua demonstração: ao mostrar ser possível construir na Vida cabos, portas lógicas e um registro de memória, ele tinha demonstrado ser teoricamente possível — com uma grade grande o suficiente — que esse passatempo matemático emulasse qualquer computador no mundo.

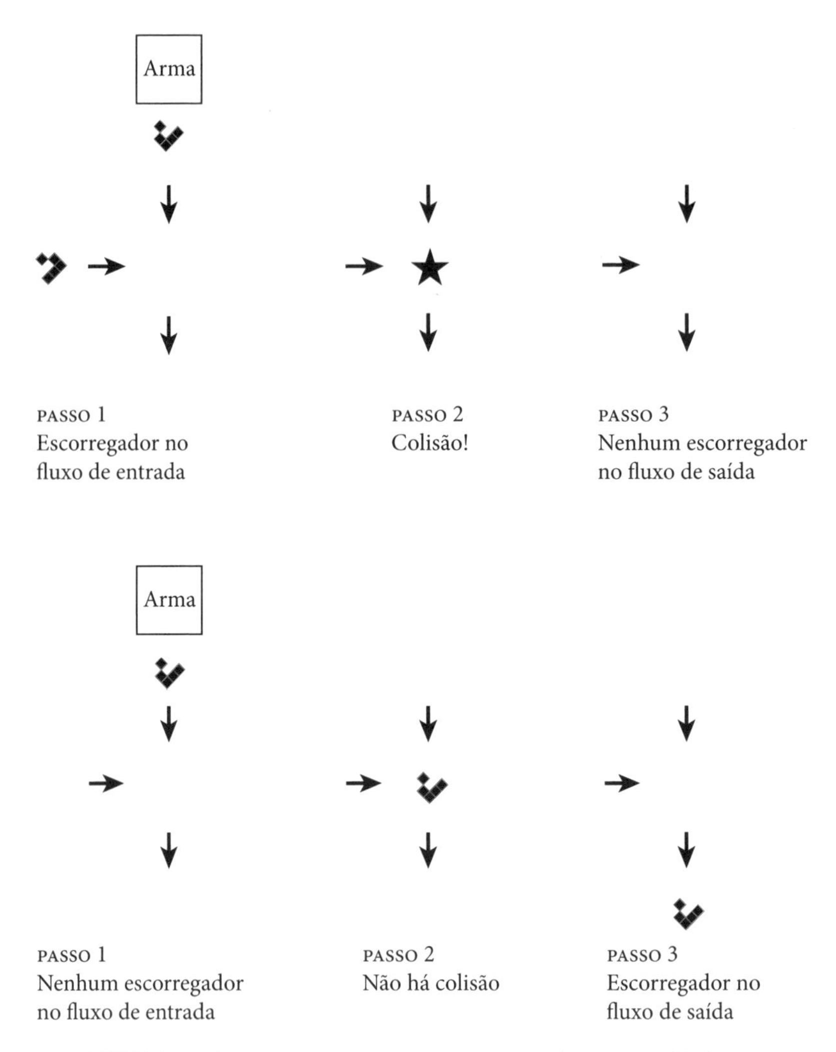

Uma porta NOT é formada por uma arma que atira escorregadores perpendicularmente a um fluxo de entrada.

John Conway perdeu interesse na Vida depois de ter trabalhado na demonstração acima. (Em 1986 ele mudou-se para Princeton para assumir a cátedra de matemática de John von Neumann.) Mas muitos entusiastas tinham adquirido um vício incurável, que só iria se aprofundar. A comunidade internacional dos "vidófilos" conta com cerca de cem membros, e inclui Paul Chapman, que na virada do século decidiu que era tempo de construir o computador da Vida. “Há uma diferença entre saber que uma coisa pode ser feita e fazê-la”, ele disse.

Como muitos que compartilham sua paixão, Paul não é um acadêmico. Ele estudou matemática em Cambridge na década de 1970 — assistindo às aulas de Conway — e depois se tornou um consultor de TI. Vive hoje no centro de Londres, perto do restaurante onde nos encontramos. Insistiu que nos encontrássemos do lado de fora, apesar da inclemência do clima, porque se opõe à proibição de fumar em lugares fechados. Ele enrolava seus próprios cigarros enquanto conversávamos. “O motivo de eu gostar tanto da Vida é que você está sempre sendo surpreendido por ela”, ele disse. “Onde quer que você busque maneiras melhores de fazer algo, encontra dezenas de caminhos.”

Assim como um computador tem um hardware e um software, um padrão da Vida que emule um computador também terá “hardware” e “software”. O primeiro emula a fiação da máquina e o segundo, o programa que vai processar. Paul não empregou o circuito proposto por Conway, feito de armas, escorregadores e comedores, mas uma tecnologia nova e mais eficiente, construída em torno de um formato de sete células, chamado Herschel. Seu computador da Vida continha vários milhões de células vivas e um programa que o instruía a calcular 1 + 2. “Somar 2 + 3 iria longe demais”, disse ele. O padrão começava com uma nave espacial batendo numa forma estável, o que deslanchava um sinal enviado para colidir com vários componentes, os quais desencadeavam mais sinais, e à medida que os sinais abriam caminho através da maquinaria todo o padrão parecia um gigantesco jogo de bagatela. Finalmente, um bloco no registro de saída exibiu o número 3. “Fiquei empolgadíssimo”, contou ele. “Se posso somar um e dois, sei então que esta mesma máquina pode calcular o milionésimo dígito de pi, executar o Windows ou, se lhe forem dados os parâmetros corretos, emular o ciclo de vida de uma estrela!”

É claro que o computador da Vida de Paul não tem como ser usado na prática para fazer nenhuma dessas coisas. Mas ele devolveu a Vida a suas origens. John von Neumann concebera a ideia do autômato celular para investigar a autorreplicação. O modelo de Paul abriu a eletrizante possibilidade de autorreplicar criaturas na Vida.

Superficialmente, os padrões que evolvem numa grade da Vida parecem vivos porque assumem formas e se contorcem de maneira orgânica à medida que são movidos através das gerações. Contudo, para que algo esteja propriamente vivo, tem de ser capaz de replicar a si mesmo. Mas o que é replicação? O escorregador se replica, por exemplo, de maneira trivial. É um formato de cinco células que assume formato idêntico a cada quatro gerações, tendo se movido a cada vez um quadrado para baixo e um para o lado. O que Von Neumann se perguntava era como um computador poderia *construir* uma cópia idêntica de si mesmo, e para responder a isso precisava resolver um quebra-cabeça matemático, uma vez que há um paradoxo lógico contido na mecânica da autorreplicação.

Vimos que computadores consistem de hardware e software. Vamos chamar o hardware de o "construtor". E chamemos o programa com que alimentamos o construtor e que o instrui a construir uma cópia de si mesmo de a "planta". Nossa esperança é que, quando alimentarmos o construtor com a planta, ele irá construir um novo construtor juntamente com uma nova planta, replicando assim os dois elementos originais. Mas aí há um problema: *será que a planta contém instruções de como construir uma nova planta?* Se contém, então as instruções também têm de conter instruções de como construir uma nova planta, que deve por sua vez conter instruções de como construir instruções de como construir uma nova planta, e assim por diante, em um ciclo sem fim. Temos uma regressão infinita dentro da planta, o que não é permitido, uma vez que a planta tem de ser finita. Por outro lado, se a planta não contiver nenhuma informação sobre si mesma, então a máquina não é totalmente autorreplicante, já que a nova máquina não terá a planta. Antes que Von Neumann pudesse pensar na engenharia, ele tinha de resolver a questão da matemática.

Von Neumann constatou que, para que uma máquina se autorreplicasse, ele tinha de introduzir um novo componente que duplicasse a planta, o "copiador de planta". Assim, quando o construtor lê a planta, constrói uma nova máquina que é perfeita em todos os aspectos exceto um — falta-lhe uma planta. A etapa final consiste em o copiador duplicar a planta e enviar a cópia para a nova máquina. Portanto, a máquina de autorreplicação de Von Neumann usa a planta de dois modos diferentes: o construtor a *lê* como um conjunto de instruções, e o copiador a *duplica*. Somente tratando a planta uma vez como um código e outra como um objeto foi possível eliminar a charada infernal da regressão infinita.

O modelo que Von Neumann projetou para seu autômato celular original continha um construtor, um copiador e uma planta. Ele demonstrou em teoria que o autômato se autorreplicaria, mas não na prática, pois os computadores não eram poderosos o bastante na época. Seu trabalho, no entanto, influenciou uma geração de cientistas da computação, filósofos e também biólogos, que nos anos 1950 estudavam a reprodução das células vivas. Quando resolveram isso, durante essa década e a seguinte, descobriram que Von Neumann estava certo! Ele antecipara corretamente a estrutura geral da reprodução orgânica. Cada célula tem sua própria planta, o DNA, que contém instruções codificadas para a construção de novas células. Mas o DNA não contém uma definição de si mesmo — o DNA que aparece numa célula nova vem como resultado da replicação. (A dupla hélice se divide em duas, e enzimas recriam duas cópias idênticas à original.) Assim como a planta na máquina de Von Neumann é lida de duas maneiras diferentes pela máquina, também o DNA comporta-se de dois modos diferentes na reprodução da célula viva.

Paul Chapman tentou projetar um formato de autorreplicação, mas não conseguiu imaginar um meio de duplicar a planta. No entanto, em 2010, o programador canadense Andrew Wade descobriu a Gemini. "Quando a vi pela primeira vez, fiquei perplexo!", contou Paul. "Gemini é o formato mais importante dos últimos quarenta anos. E ninguém sabia quem era Andrew Wade! Ele anunciou isso apenas num boletim qualquer!"

Gemini é o primeiro formato autorreplicante no Jogo da Vida. Tem a forma de um haltere imensamente comprido e fino, como desenhado a seguir. Em cada extremidade há construtores idênticos, daí o nome, e entre eles — estendendo-se através de uma grade de 4 milhões × 4 milhões de células — está a planta, feita de escorregadores. A engenhosa ideia de Wade foi de *não* duplicar a planta, mas, em vez disso, fazê-la insinuar-se entre os construtores. Quando a planta chega a um dos construtores, ela o instrui a construir uma nova versão de si mesma 5120 células mais para cima e 1024 células à frente, e então se autodestruir. A planta é então enviada de volta na direção oposta, onde, alguns milhões de células mais tarde, alcança o outro construtor, ins-

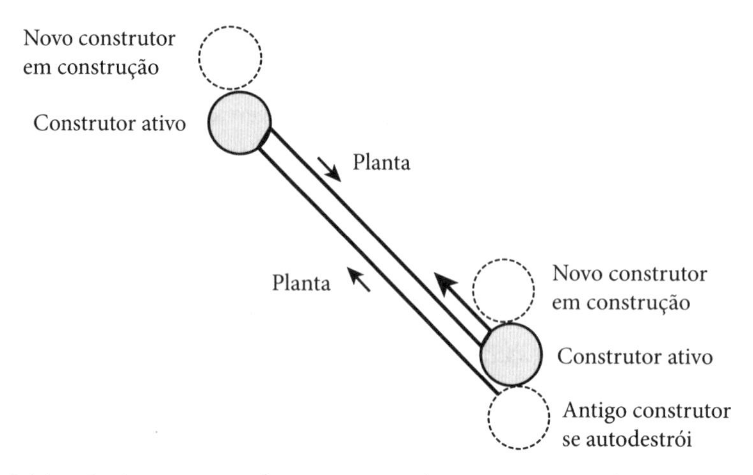

Gemini é a primeira nave espacial cujo movimento baseia-se na autorreplicação.

truindo-o a também construir uma nova versão de si mesma 5120 células para cima e 1024 células à frente, e então se autodestruir. O ciclo se repete a cada 33,7 milhões de gerações, quando então todo o padrão moveu-se para uma posição diferente, 5120 células para cima e 1024 para a frente. Como Gemini se move, o padrão é considerado uma nave espacial, mas ela não se move piscando e pulsando como o escorregador, e sim num processo de autorreplicação. "O que Andrew Wade fez de brilhante foi eliminar a etapa da cópia [da planta], e só fazer com que [a planta] apareça, como que de surpresa, no momento exato para dar suas instruções."

Gemini representou também outra importante inovação: é a primeira nave espacial que se move obliquamente, ou seja, nem na horizontal, nem na vertical, nem num ângulo de 45 graus com a grade.

Paul mostrou-me um pedaço de papel com um dos construtores de Gemini. Ele mencionou, orgulhosamente, que fora baseado em seu computador da Vida. A imagem parecia uma mancha geométrica, Vs invertidos ordenados e cercados por pequenos pontos. Perguntei se tinha uma figura de Gemini em sua totalidade. Ele respondeu que seria impossível, pois nessa escala ela seria fina a ponto de ser invisível. Quase todo o modelo é formado pelo fluxo de escorregadores. Talvez, contra toda intuição, a planta ocupe muito, muito mais espaço do que o construtor. Von Neumann constatou esse desequilíbrio também: o construtor em seu autômato cabe num arranjo de 97 × 170, mas a planta tem 145 315 células de comprimento. Grandes formatos consistem na maior parte em espaços vazios. "Talvez o motivo de haver tanto espaço no Jogo da Vida seja o mesmo motivo pelo qual existe tanto espaço em nosso mundo", disse Paul. "Átomos precisam de espaço para fazer o que fazem."

Gemini aumentou as expectativas quanto à próxima etapa da exploração da Vida, sobretudo a possibilidade de um padrão que se autorreplicasse com variação.[8] Se um padrão produz cópias que apresentam poucas diferenças, o que se segue é a seleção natural de Darwin. Em 1982, John Conway especulava que, numa grade da Vida suficientemente grande e num estado inicial aleatório, era provável que, "depois de muito tempo, surgiriam animais inteligentes, autorreplicantes". Três décadas depois, essa sua conjectura ainda causa empolgação na comunidade da Vida. Alguns dos trabalhos mais promissores estão sendo feitos por Nick Gotts, um analista de sistemas complexos em Aberdeen, na Escócia, que está encontrando novos padrões quando povoa aleatoriamente grades da Vida com células vivas. Ele chama seu projeto de "Vida esparsa", uma vez que a proporção de células vivas em relação às mortas tem de ser baixa, do contrário haveria demasiadas interações sem controle. "Em alguns dos padrões com que trabalhei, parece que há algo condizente com a seleção natural", disse ele. "Há padrões que modulam o surgimento de outros tipos similares de padrão. Estou convencido de que, se meu programa for deixado em execução por tempo suficiente, a seleção natural vai aparecer."

Autômatos celulares mais básicos do que o Jogo da Vida podem produzir um comportamento igualmente complexo. Consideremos autômatos em *uma* dimensão: uma fileira de células nas quais cada célula tem apenas duas vizinhas. Cada célula pode estar ou viva ou morta.

Considere a seguinte regra:

> Se ambas as vizinhas de uma célula têm o mesmo estado, então a célula está morta na geração seguinte. Caso contrário, está viva na geração seguinte.

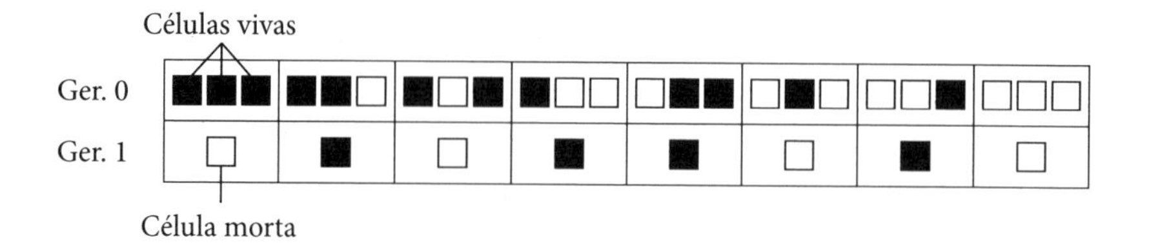

A regra está ilustrada acima: a figura mostra as oito possíveis combinações de uma célula e suas duas vizinhas. Abaixo de cada combinação, tem-se o estado da célula após uma geração. A primeira combinação tem uma célula viva cercada por duas vizinhas vivas. Ela estará morta depois de um *tique*. Na segunda combinação, a célula tem uma célula viva à esquerda e uma célula morta à direita. Ela sobrevive depois de um *tique*. E assim por diante. Quando as duas vizinhas têm a mesma cor, a célula abaixo é branca. Quando as duas vizinhas têm cores diferentes, a célula abaixo é preta.

Uma maneira de pensar sobre essa regra é considerar um grupo de pessoas que estão na fila do ônibus toda manhã na mesma ordem. Cada uma tem dois vizinhos, um de cada lado. Criemos uma regra que diga respeito a chapéus: se seus dois vizinhos estão usando chapéu, então o uso de chapéu é comum demais, e você não usará chapéu no dia seguinte. Se, no entanto, só um vizinho estiver usando chapéu, usar chapéu não é tão deselegante nem ultrapassado, e no dia seguinte você vai usar um. O autômato celular provê um modelo para uma flutuação diária no uso de chapéu.

Para ilustrar o comportamento de um autômato celular unidimensional, desenhamos uma fileira com uma única célula viva (geração 0), e então aplicamos a regra em cada célula para gerar uma nova fileira sob aquela (geração 1). Aplicamos a regra em cada célula nesta fileira para obter uma nova fileira (geração 2) e assim por diante. A imagem a seguir mostra o que acontece. (Note que o vértice do triângulo é a célula viva na primeira fileira, e cada fileira abaixo dela é uma nova geração, diferentemente dos diagramas do Jogo da Vida, nos quais a grade inteira é a mesma geração. Omiti a grade para que o padrão fique mais evidente.) O resultado é o belo zigurate matemático conhecido como triângulo de Sierpinski, uma estrutura fractal de triângulos encaixados.

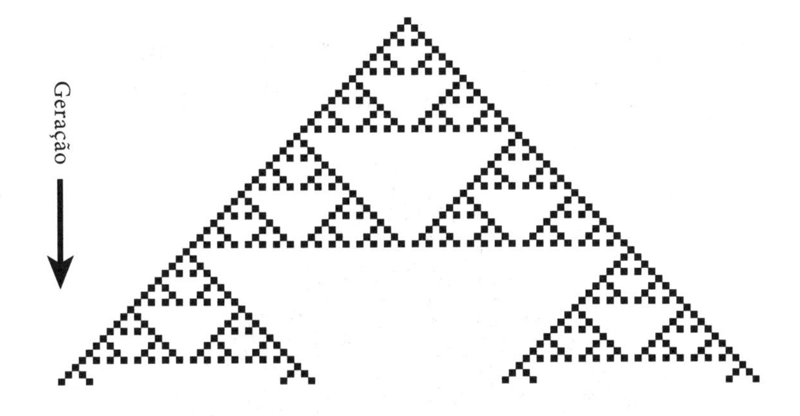

Como existem oito combinações possíveis de uma célula com suas vizinhas, e dois estados (morta e viva) possíveis para cada uma, há então $2^8 = 256$ "regras genéticas" possíveis para um autômato celular unidimensional. Elas são numeradas de 1 a 256. A exibida acima, conhecida como Regra 90, produz padrões ordenados. Outras, como a Regra 30, são mais esquisitas. A regra e o padrão que ela produz a partir de uma única célula viva estão ilustrados na página 304. O formato contém uma mistura de áreas regulares e áreas de aparência orgânica. A crosta serrilhada no declive da esquerda exibe uma ordem. À medida que nos movemos para a direita, no entanto, vemos uma face rochosa e desordenadamente marcada, formada por triângulos de tamanhos irregulares.

Stephen Wolfram tem o padrão da Regra 30 estampado em seu cartão de visitas. Quando o conheci, ele tirou um da carteira e o estendeu a mim. Estávamos sentados no escritório de sua companhia, Wolfram Research, em Champaign, Illinois. Wolfram tem a aparência que se espera de um menino prodígio da matemática quando chega à meia-idade: um rosto redondo e pálido com tufos de cabelo em torno da cabeça, formando uma coroa professoral. Quando falava, com frequência fixava os olhos numa distância média, os olhos, atrás dos óculos, oscilando rapidamente como um display eletrônico a indicar que seu cérebro estava em funcionamento. Wolfram começou jovem, publicando seu primeiro trabalho científico ainda quando estava na escola, em Eton, na década de 1970. Com vinte e poucos anos estava no Instituto de Estudos Avançados em Princeton. Tendo se convertido

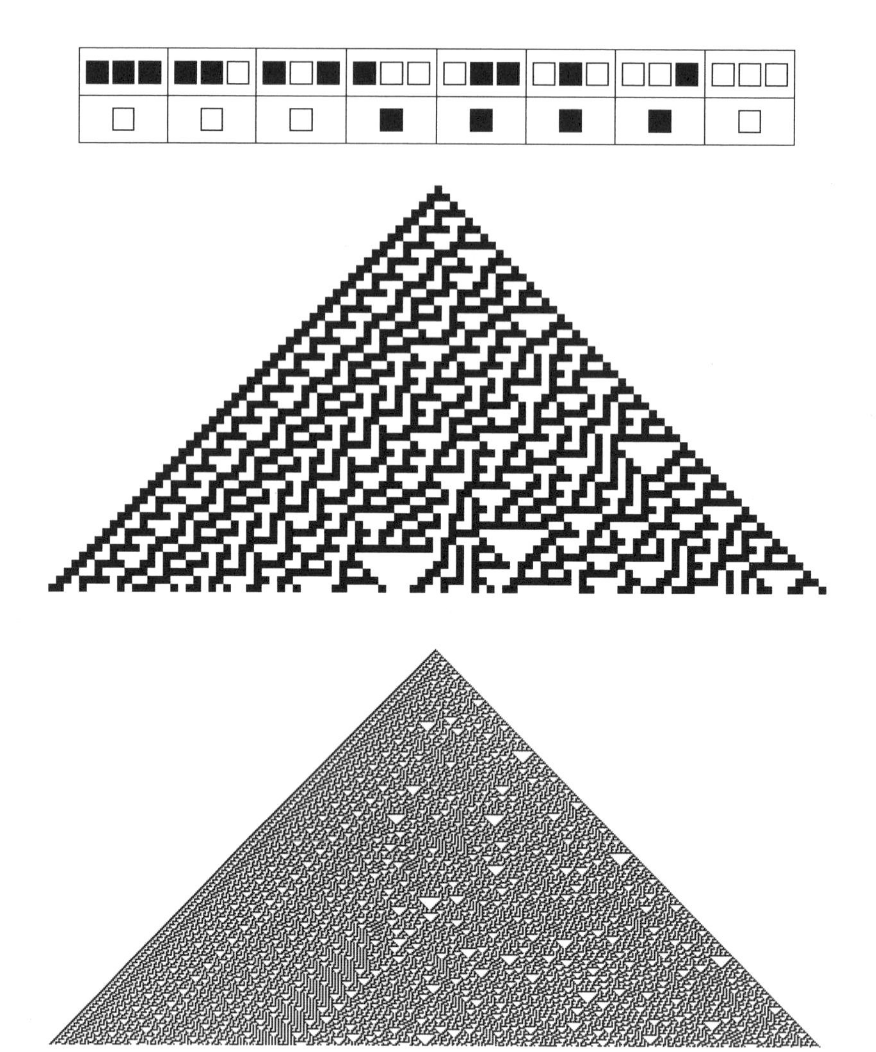

Regra 30: suas leis genéticas, sua evolução após cinquenta gerações e sua evolução após mais de duzentas gerações.

cedo à computação, formulou uma linguagem de computador que se tornou a base de *Mathematica*, um software para desenhar curvas e resolver equações que hoje é amplamente usado no ensino e na indústria. Desde 1987 ele dirige a Wolfram Research, o que, graças ao sucesso de *Mathematica*, permitiu-lhe conduzir sua própria pesquisa, independentemente de qualquer universidade.

Wolfram foi o primeiro a estudar em profundidade o autômato celular unidimensional, na década de 1980, e a numeração das regras de 1 a 256 originou-se desse trabalho. Quando ele viu a Regra 30, foi como um raio que atingisse sua intuição científica. "[A Regra 30] é a coisa mais surpreendente que já vi na ciência", disse. Wolfram ficou espantado com o fato de que uma regra tão simples pudesse produzir um padrão que parecia tão complicado. Ele olhou com bastante atenção para a coluna que estava diretamente abaixo da célula viva inicial na primeira fileira. Se uma célula viva é 1 e uma célula morta é 0, a sequência dos estados das células coluna abaixo era 1, 1, 0, 1, 1, 1, 0, 0, 1, 1, 0, 0, 0, 1, 0... Não havia nisso um padrão. Para seu espanto, a sequência se mostrou, por testes estatísticos padrão, perfeitamente aleatória. A Regra 30 é definida de modo determinístico, mas o padrão em sua coluna central é imprevisível a ponto de não ser distinguível de uma sucessão de cara ou coroa. (Wolfram patenteou a Regra 30 como um gerador de números aleatórios, e isso é usado em *Mathematica*.)

Wolfram também ficou cativado pela Regra 110. Ela produzia uma grade que era de novo uma mistura de padrões regulares e aparentemente aleatórios — numa complexidade suficiente, ele pensou, para que fosse capaz de emular o circuito de um computador, do mesmo modo como o Jogo da Vida. Em 2004, Matthew Cook provou que sua suposição era correta. É portanto teoricamente possível que uma simples fileira de células possa realizar qualquer coisa que um computador pode fazer, usando apenas um conjunto de regras que determina se uma célula está viva ou morta, com base no estado das duas células vizinhas. Da mesma forma, uma simples fileira de pessoas pode realizar qualquer coisa que um computador pode fazer, usando apenas um conjunto de regras que determina se devem ou não devem usar chapéu.

Os autômatos celulares são modelos matemáticos discretos nos quais regras locais fixas geram comportamentos surpreendentemente complexos numa escala maior. Wolfram é o principal agitador da bandeira de que eles não são apenas coisas engraçadas com que se pode brincar, mas também explicam a complexidade do mundo natural. Suas opiniões são "resumidas" em *A New Kind of Science* [Um novo tipo de ciência], um livro com 1280 páginas que ele publicou por conta própria em 2002.[9] Ele alega que o insight que se tem ao contemplar a Regra 30, por exemplo, revela um novo paradigma cien-

A concha de um caracol marinho "tecido de ouro", ou Conus textile.

tífico. Considere a concha em forma de cone do caracol "tecido de ouro", ou *Conus textile*, um caracol marinho venenoso, ilustrado acima. Na visão-padrão do evolucionismo, esse desenho é resultado da seleção natural. Mas veja a figura da Regra 30! "É isso que eu considero espantoso", afirmou Wolfram. "Você só tem de pegar essas coisas simples [regras de autômato celular] aleatoriamente e vai obter algo parecido [com o desenho da concha]."

Wolfram vai além. Ele acredita que o universo, num nível fundamental, é um autômato celular. Em outras palavras, ele acha que a estrutura do universo é análoga à grade no Jogo da Vida — mas é uma grade que existe além do espaço e do tempo — de tal forma que você, que está lendo este livro, é a $n^{\text{-ésima}}$ geração de uma configuração inicial de células que evoluíram segundo um pequeno conjunto de regras locais. Ele impôs a si mesmo a missão de descobrir essas regras. "Se for constatado que elas são equivalentes a três linhas de código e que nós não fomos procurar essas linhas neste século, isso será muito constrangedor", disse ele.

Wolfram não é o único acadêmico a acreditar que o universo pode ser um autômato celular, mas foi ele quem despendeu mais tempo e dinheiro tentando demonstrar isso. Ele vem testando sistematicamente conjuntos de regras para verificar os tipos de universo que elas produzem. "Por algum tempo eu podia fazer essa afirmação pitoresca, de que eu tinha em meu porão um computador que procurava o universo."

Ele descreveu sua estratégia. "Você olha atrás desses conjuntos de regras diferentes e muito, muito simples, e alguns deles, obviamente, não vão levar a nada. Como se o universo morresse depois de um ou dois passos. Ou como se o universo se expandisse para sempre de modo que nenhum pedaço dele jamais se comunica com nenhum outro. Tudo quanto é tipo de patologia. E assim você vai descartando esses universos, então quando já está no milésimo universo começa a encontrar alguns que não pode descartar facilmente." Ele acrescentou que tinha encontrado universos que não eram obviamente *não* o nosso universo, mas que devido às distrações e aos desafios concernentes à administração de uma companhia tecnológica ele se afastara de outros projetos. Mas no futuro pretende retornar à caça do universo. "Espero ter um dia um cartão de visitas com regras do universo gravadas no verso." Ele riu. "*Isso* seria um bom negócio."

Seja ou não o universo um autômato celular, o conceito está sendo cada vez mais usado na ciência para modelar uma variedade de fenômenos, tais como o fluxo do trânsito, a dispersão de algas num lago e o crescimento de cidades: uma célula pode ser um trecho de estrada, uma porção de um lago ou um quarteirão numa rua. Outra aplicação, que teve como pioneiro Craig Lent, da Universidade de Notre Dame, é o desenvolvimento do "autômato celular do ponto quântico", na qual minúsculos "pontos quânticos" mudam suas cargas elétricas em função da configuração de pontos vizinhos. Lent espera que essa tecnologia em escala nano substituirá no fim o transístor, uma vez que um transístor feito de pontos será menor e dissipará muito menos calor do que um com a fiação tradicional. Se a tecnologia do ponto quântico for bem-sucedida, o autômato celular poderá ser onipresente em todos os equipamentos eletrônicos.

John von Neumann e Stanislaw Ulam conceberam o autômato celular para resolver um problema inspirado numa situação do mundo real: do que precisaria um computador para construir uma cópia idêntica de si mesmo? A perspectiva de um futuro com máquinas autorreplicantes é de arrepiar. John Conway, no entanto, pegou essa ideia e a transformou numa fantástica e envolvente recreação matemática. Os autômatos foram reinventados subsequentemente, e encontraram usos sem conexão com a autorreplicação. Trata-se de um processo familiar: matemáticos são acalentados por problemas existentes no mundo, ficam brincando com conceitos por divertimento, e às vezes — talvez anos, talvez séculos ou talvez milênios mais tarde — são encontradas novas aplicações. Somente com novos insights matemáticos a tecnologia pode progredir, e pode a ciência incrementar sua capacidade de explicar o mundo que nos cerca. No início deste livro eu disse que a matemática é uma piada. Gostaria de reformular esse comentário. A matemática é, e sempre foi, um jogo.

É *o* jogo da vida.

Glossário

ÂNGULO RETO: um quarto de volta completa, ou 90º.

AUTÔMATO CELULAR: modelo matemático que consiste em células discretas que mudam de estado a cada unidade de tempo, dependendo do estado das células vizinhas.

AUTOSSIMILARIDADE: propriedade que tem um objeto de ser exatamente o mesmo, ou aproximadamente o mesmo, de uma parte menor de si mesmo.

AXIOMA: uma declaração que se assume ser verdadeira, e da qual deduzem-se outras declarações.

CÁLCULO: termo guarda-chuva para cálculo diferencial e integral, que são as ferramentas matemáticas necessárias para analisar quantidades que variam uma em relação à outra.

CICLOIDE: caminho percorrido por um ponto numa roda que gira e avança numa linha reta.

CONJUNTO: um grupo de coisas.

CONSTANTE: número fixo, tipicamente usado em oposição a variável, que pode assumir muitos valores. Ver também *constante matemática.*

CONSTANTE DO CÍRCULO: outro nome para pi, a circunferência de um círculo dividida por seu diâmetro.

CONSTANTE EXPONENCIAL: o número que começa com 2,718 que tem o símbolo *e*.

CONSTANTE MATEMÁTICA: número fixo que surge naturalmente na matemática, como pi ou *e*.

CONTINUIDADE: o campo que trata de conceitos matemáticos que são contínuos, como linhas e áreas.

CONTÍNUO: geralmente, uma curva contínua é uma curva que não se interrompe, como uma linha desenhada por um lápis através de uma página. A definição estrita utiliza o conceito de limite, que é detalhado e avançado demais para se explicar aqui.

COORDENADAS CARTESIANAS: mapa do plano no qual cada ponto é determinado por uma posição horizontal e uma vertical. Comumente o plano cartesiano é desenhado com dois eixos perpendiculares que se interceptam no ponto (0, 0).

COORDENADAS POLARES: mapa do plano que localiza cada ponto por sua distância a um ponto fixo, o polo, e pelo ângulo dessa distância com uma direção fixa.

CORDA: linha entre dois pontos de um círculo.

CRESCIMENTO/DECRÉSCIMO EXPONENCIAL: quando a taxa de crescimento/decréscimo de uma quantidade se dá numa proporção fixa do montante total.

CURVATURA: medida do quanto uma curva desvia-se de uma linha reta.

DEMONSTRAÇÃO: a cadeia de raciocínio usada para estabelecer que a declaração de um teorema é verdadeira.

DERIVADA: fórmula que representa o gradiente de uma curva, ou, igualmente, a taxa de mudança de uma quantidade variável.

DIFERENCIAÇÃO: processo de transformar uma curva em sua derivada.

e: constante exponencial, que começa com 2,718.

EQUAÇÃO DIFERENCIAL: uma equação que inclui outras derivadas ou integrais.

EQUAÇÃO POLINOMIAL: equação que contém constantes e variáveis e que só usa as operações de adição, subtração, multiplicação e expoentes inteiros. Todas as equações que se estudam na escola são polinomiais.

ESCALA LOG-LOG: gráfico no qual ambos os eixos são escalas logarítmicas.

EXCENTRICIDADE: medida de o quanto uma seção cônica se desvia de um círculo.

EXPOENTE: ver *potência*.

FATORIAL: mutiplicação de um número inteiro por todos os números inteiros menores que ele. Por exemplo, o fatorial de 5, escrito como 5!, é $5 \times 4 \times 3 \times 2 \times 1 = 120$.

FOCO: ponto significativo usado na construção geométrica de seções cônicas.

FORMATO: a geometria exterior de um objeto independentemente de quão grande é ou de onde está.

FRAÇÃO COMUM: fração escrita com um numerador e um denominador, como $\frac{1}{2}$ ou $\frac{457}{3}$.

FRACTAL: objeto que contém elementos similares a ele mesmo.

GRADIENTE: medida matemática de inclinação, ou a taxa de mudança da distância vertical em relação à distância horizontal.

HARMONÓGRAFO: máquina de desenhar na qual um estilete se move num movimento harmônico simples em pelo menos duas direções não paralelas.

HIPOTENUSA: o lado oposto ao ângulo reto num triângulo retângulo.

HIPÓTESE: teorema não demonstrado que se assume ser verdadeiro.

i: símbolo de $\sqrt{-1}$.

INTEGRAÇÃO: processo de transformar uma curva em sua integral.

INTEGRAL: fórmula que representa a área demarcada por uma curva, ou igualmente a taxa de acumulação de uma quantidade variável.

LEI DE BENFORD: fenômeno pelo qual, em muitos conjuntos de dados que ocorrem naturalmente, a probabilidade de que um dado numérico comece com 1 é de cerca de 30,1%, a probabilidade de que comece com 2 é de cerca de 17,6%, e assim por diante.

LEI DE ESCALA: equação na qual uma variável é um tamanho e a outra varia com o tamanho.

LEI DE POTÊNCIA: duas variáveis seguem uma lei exponencial se uma variável é proporcional ou inversamente proporcional ao expoente da outra.

LEI DISTRIBUTIVA: uma lei básica da aritmética, que declara que para os números a, b e c, então $(a + b)\,c = ac + bc$.

LIMITE: se uma sequência de valores se aproxima cada vez mais de um determinado valor, de modo que a sequência se torne tão próxima desse valor quanto você quer que ela seja, então esse valor fixo é o "limite" da sequência.

LINHA DE NÚMEROS: interpretação geométrica de números ordenados ao longo de uma linha contínua que se estende a menos infinito à esquerda e a mais infinito à direita, com zero no meio.

LOGARITMO: para uma definição matemática de logaritmo, e a escala logarítmica, ver o Apêndice Um.

LUGAR GEOMÉTRICO: uma curva feita de pontos que satisfazem determinada condição matemática.

MEDIATRIZ: linha que corta outra linha em seu ponto médio.

MOVIMENTO HARMÔNICO SIMPLES: oscilação que é senoidal ao longo do tempo.

NOMOGRAMA: diagrama que permite fazer cálculos traçando uma linha e verificando onde ela cruza uma escala.

NÚMERO COMPLEXO: número no formato $a + bi$, onde a e b são números reais e i é $\sqrt{-1}$.

NÚMERO IMAGINÁRIO: qualquer múltiplo de i.

NÚMERO INTEIRO: neste livro, assume-se que se refere a números positivos 1, 2, 3...

NÚMERO REAL: qualquer ponto numa linha de números que contenha números inteiros, frações comuns e os números como pi e *e*, que não podem ser escritos como frações comuns.

ONDA PERIÓDICA: onda que se repete a cada determinado período.

ONDA SENO: curva gerada pelo deslocamento vertical de um ponto que gira em torno de um círculo.

ORIGEM: o ponto (0, 0) num gráfico de coordenadas.

PI: valor numérico da circunferência de um círculo dividida por seu diâmetro, e que começa com 3,14.

PLANO COMPLEXO: interpretação geométrica dos números complexos, análoga às coordenadas cartesianas, na qual o eixo horizontal representa números reais e o eixo vertical representa números imaginários.

POLÍGONO: forma bidimensional com um contorno formado por linhas retas.

POTÊNCIA: quando se multiplica um número n por si mesmo a vezes, escreve-se n^a, e diz-se que a é a potência, ou expoente, de n.

ROLANTE: curva traçada por um ponto localizado sobre uma roda que gira e avança.

SEÇÃO CÔNICA: curva gerada pela intersecção de um plano com um cone. As seções cônicas são o círculo, a elipse, a parábola e a hipérbole.

SENO: razão trigonométrica obtida da divisão do lado oposto pela hipotenusa.

SENOIDE: curva com o formato de uma onda seno.

SÉRIE DE FOURIER: a soma de (um número possivelmente infinito de) senoides que, quando somadas, formam a onda em questão.

SIMILAR: termo que descreve dois objetos que têm o mesmo formato, mas não o mesmo tamanho.

TANGENTE: linha reta que toca uma curva num único ponto. Também, a razão trigonométrica que é a do lado oposto dividido pelo lado adjacente.

TEOREMA: declaração que não é evidente por si mesma, mas que pode ser demonstrada por raciocínio dedutivo.

TEOREMA FUNDAMENTAL DA ÁLGEBRA: teorema segundo o qual todas as equações polinomiais podem ser resolvidas e as soluções são sempre números complexos.

TEOREMA FUNDAMENTAL DA ARITMÉTICA: teorema segundo o qual todo número inteiro maior do que 1 é ou primo ou o produto de uma combinação única de números primos.

TEOREMA FUNDAMENTAL DO CÁLCULO: teorema segundo o qual a integração é a operação inversa da diferenciação, e vice-versa.

TEORIA DOS CONJUNTOS: ramo da matemática que trata das propriedades dos conjuntos, e como eles constituem uma base para a aritmética.

TRANSFORMADA DE FOURIER: processo de transformar uma onda periódica em sua série de Fourier, e também o nome que se dá a esta série.

TRANSFORMADA RÁPIDA DE FOURIER, OU (NA SIGLA EM INGLÊS) FFT: algoritmo que permite o cálculo rápido da série de Fourier.

TRIANGULAÇÃO: medição de distância com o uso de razões trigonométricas.

TRIÂNGULO EQUILÁTERO: triângulo no qual os três lados são iguais.

TRIGONOMETRIA: campo da matemática derivado do estudo das razões entre os lados de um triângulo retângulo.

VARIÁVEL: quantidade que podem assumir diversos valores.

VÉRTICE: um dos pontos de encontro dos lados de um triângulo, ou de qualquer outra forma feita de linhas retas.

APÊNDICES

Apêndice Um

Um logaritmo se define assim:

Se $a = 10^b$

então o logaritmo de *a* é *b*, o que se escreve:

$\log a = b$

Em outras palavras, o logaritmo de um número *a* é o número de vezes que você precisa multiplicar 10 por si mesmo para obter *a*. Eis alguns logaritmos simples:

$\log 10 = 1$ uma vez que $10 = 10^1$
$\log 100 = 2$ uma vez que $100 = 10^2$
$\log 1000 = 3$ um vez que $1000 = 10^3$

E aqui está uma tábua de logaritmos dos números entre 1 e 10:

log 1 = 0	log 6 = 0,778
log 2 = 0,301	log 7 = 0,845
log 3 = 0,477	log 8 = 0,903
log 4 = 0,602	log 9 = 0,954
log 5 = 0,699	log 10 = 1

Se marcarmos os logaritmos de 1 a 10 sobre uma linha nas posições que correspondem a seus valores, obtemos a "escala logarítmica" entre 0 e 1. Os logaritmos vão ficando mais aglomerados quanto mais essa linha avança:

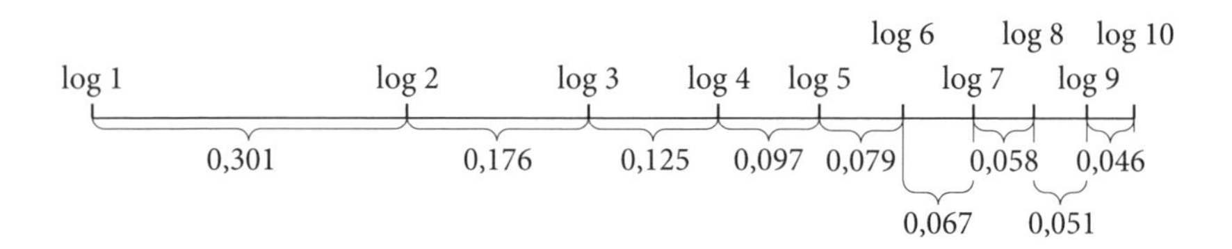

Marquei também as distâncias entre os logaritmos. Você vai reconhecê--las como as porcentagens da página 44. Em outras palavras, se eu escolher aleatoriamente um ponto sobre a linha entre 0 e 1, há 30,1% de probabilidade de que o ponto esteja no intervalo entre log 1 e log 2, há 17,6% de probabilidade de que caia no intervalo entre log 2 e log 3, e assim por diante.

Da mesma forma, o comprimento do primeiro intervalo mede log 2 – log 1, o segundo intervalo tem o comprimento log 3 – log 2 e o *d*º intervalo tem o comprimento de log $(d + 1)$ – log d, o que significa que as probabilidades de Benford podem ser expressas de maneira mais concisa como log $(d + 1)$ – log d para cada dígito d.

Apêndice Dois

Aqui vou mostrar que qualquer equação no formato $y = \frac{k}{x^a}$ sempre vai produzir uma linha reta com inclinação para a esquerda numa dupla escala logarítmica, e vice-versa, uma linha reta com inclinação para a esquerda numa dupla escala logarítmica sempre pode ser representada por uma equação no formato acima. Se os eixos denotam a classificação e a frequência, então uma linha reta com inclinação para a esquerda produz a equação da lei de Zipf: frequência $= \frac{k}{\text{classificação}^a}$.

Deve-se pressupor que temos alguma familiaridade com a geometria de coordenadas, como, por exemplo, com o conceito de gradiente, e também com algumas propriedades básicas dos logaritmos.Também aceitamos como verdadeira a seguinte declaração:

(1) Num gráfico de coordenadas onde x e y denotam os eixos horizontal e vertical, todas as linhas retas podem ser escritas na forma $y = mx + c$, onde mx é o gradiente da linha e c é o ponto no qual a linha cruza o eixo vertical.

Assim, começamos com:

$$y = \frac{k}{x^a}$$

Tomemos os logaritmos de ambos os termos da equação:

$$\log y = \log \left(\frac{k}{x^a}\right)$$

Usando as propriedades dos logaritmos podemos expandir isso para:

$$\log y = \log k - \log x^a$$

E mais uma vez:

$$\log y = \log k - a \log x$$

Se fizermos $\log y = Y$ e $\log x = X$, a equação fica assim:

$$Y = -aX + \log k$$

De nossa premissa (1) acima, sabemos que num gráfico onde X e Y denotam os eixos horizontal e vertical, essa é uma linha reta com gradiente $-a$ que cruza o eixo vertical em $\log k$.

Como $X = \log x$ e $Y = \log y$, o gráfico deve estar mostrando uma dupla escala logarítmica, e, uma vez que o gradiente é negativo, sabemos que a linha deve estar inclinada para a esquerda.

Similarmente, imagine que temos uma linha reta inclinada para a esquerda num gráfico com uma dupla escala logarítmica. De (1) temos que a linha pode ser escrita desta maneira:

$$\log y = -a \log x + c$$

(Uma vez que a linha inclina-se para a esquerda, podemos determinar que o gradiente é negativo.)

Se fizermos $c = \log k$, temos a equação:

$$\log y = -a \log x + \log k$$

ou

$$\log y = \log k - a \log x$$

Usando as propriedades dos logaritmos, podemos rearrumar isso para:

$$\log y = \log k - \log x^a$$

E novamente para:

$$\log y = \log \left(\frac{k}{x^a}\right)$$

O que significa que:

$$y = \frac{k}{x^a}$$

E aí temos nossa demonstração.

Como corolário, a equação $y = kx^a$ produz uma linha reta com inclinação para a direita numa dupla escala logarítmica, e qualquer linha reta com inclinação para a direita numa dupla escala logarítmica pode ser representada por essa equação.

Apêndice Três

ALTURA DE UMA MONTANHA

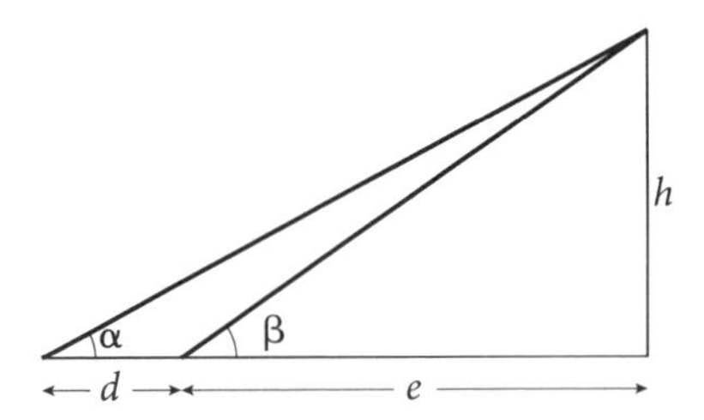

A ilustração mostra os triângulos da página 86. Nosso objetivo é calcular a altura da montanha, h, conhecendo apenas α, β e d. Seja e a distância de Q ao ponto diretamente embaixo do cume.

Sabemos que $\tan \alpha = \frac{h}{(d+e)}$, e que $\tan \beta = \frac{h}{e}$. Vamos rearrumar essas equações:

$$h = (d + e) \tan \alpha$$
$$h = e \tan \beta$$

Assim:

$$(d + e) \tan \alpha = e \tan \beta$$

que pode ser reorganizada como:

$$e = \frac{d \tan \alpha}{\tan \beta - \tan \alpha}$$

A equação original $\tan \beta = \frac{h}{e}$ pode ser reorganizada para:

$$h = e \tan \beta$$

Daí pode-se dizer que:

$$h = \frac{d \tan \alpha \tan \beta}{\tan \beta - \tan \alpha}$$

em que se descreve a altura usando apenas termos com α, β e *d*.

RAIO DA TERRA

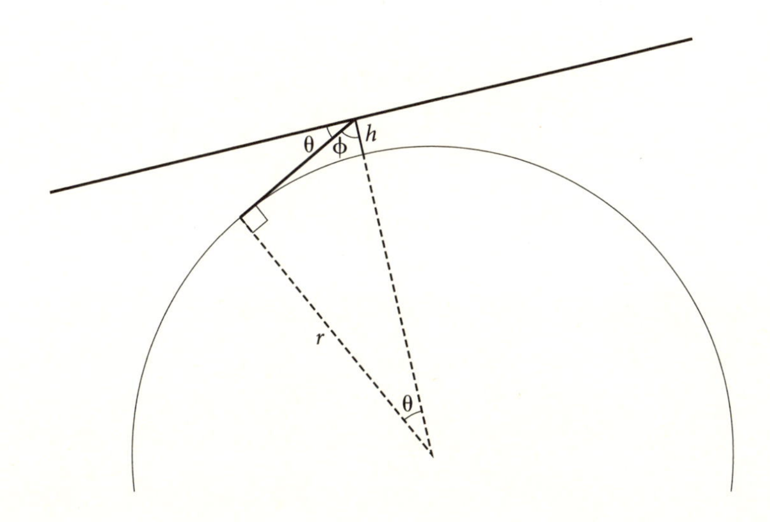

A ilustração mostra o triângulo da página 87. Conhecemos θ, o ângulo entre a horizontal e o horizonte, e *h*, a altura da montanha. Nosso objetivo é calcular o raio da Terra, *r*.

O primeiro passo é mostrar que o ângulo no centro da Terra é θ. Isso deve ser verdade porque o ângulo ϕ tem de ser $90 - \theta$. Como a soma dos ângulos de um triângulo tem de ser 180, o ângulo no centro tem de ser θ.

Sabemos que $\cos\theta = \frac{r}{(r+h)}$

Assim:

$$(r + h)\cos\theta = r$$

$$r\cos\theta + h\cos\theta = r$$

Reorganizando:

$$r - r\cos\theta = h\cos\theta$$

$$r(1 - \cos\theta) = h\cos\theta$$

Assim:

$$r = \frac{h\cos\theta}{1 - \cos\theta}$$

Apêndice Quatro

A MÁQUINA DE MULTIPLICAR

PROPOSIÇÃO: Para multiplicar $a \times b$, desenhe uma linha na parábola $y = x^2$ a partir do ponto em que $x = -a$ até o ponto onde $x = b$, como ilustrado. A linha reta entre esses pontos cruza o eixo de y em $a \times b$.

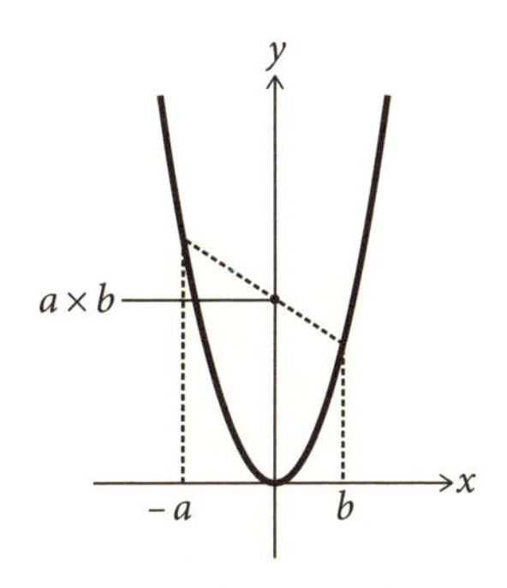

DEMONSTRAÇÃO: Terei de assumir uma disposição da matemática, segundo a qual uma linha reta que passa por um ponto com coordenadas (p, q) admite a equação $y - q = (x - p)m$, onde m é o gradiente.

A linha no diagrama vai do ponto com coordenadas $(-a, a^2)$ ao ponto (b, b^2).

O gradiente da linha, que é a distância vertical dividida pela distância horizontal que ela cobre, é $\frac{(b^2 - a^2)}{(b+a)}$, o que pode ser escrito $\frac{(b+a)(b-a)}{(b+a)}$, que pode ser reduzido a $(b - a)$.

Assim, a equação da linha é:

$$y - a^2 = (x + a)\,(b - a)$$

que pode se rearranjar para:

$$y - a^2 = xb - xa + ab - a^2$$

Os termos $-a^2$ se anulam, deixando:

$$y = xb - xa + ab$$

Quando a linha cruza o eixo vertical, $x = 0$, e portanto:

$$y = ab$$

Em outras palavras, a linha cruza o eixo em ab, que é $a \times b$.

Apêndice Cinco

Quando uma quantia S vai crescendo por composição a uma taxa r, então após t períodos de composição, o valor da quantia é igual a:

$$S\,(1 + r)^t$$

A quantia vai dobrar quando $(1 + r)^t = 2$. Resolvemos essa equação usando os logaritmos naturais, que são logaritmos na base e, e que se escreve ln, em ambos os termos da equação:

$$\ln(1 + r)^t = \ln 2$$

que se reduz a:

$$t \ln (1 + r) = \ln 2$$

Assim:

$$t = \frac{\ln 2}{\ln (1+r)}$$

Quando r é pequeno, $\ln (1 + r) \approx r$, e assim podemos reescrever a equação como:

$$t \approx \frac{\ln 2}{r}$$

que é o mesmo que:

$$t \approx \frac{0,69}{r}$$

Se r é a taxa quando expressa como fração, seja R a taxa expressa como percentagem. Temos de multiplicar numerador e denominador por 100:

$$t \approx \frac{69}{\mathrm{R}}$$

Assim, o número de períodos de composição t tomado para que uma quantidade dobre é 69 dividido pela taxa de crescimento percentual R.

Como 72 é um número mais fácil de dividir do que 69, o número mais comumente usado na regra é 72, embora 69 fosse mais preciso.

Apêndice Seis

O maior quadrado sombreado tem área $\frac{1}{4}$. O segundo maior quadrado sombreado tem um quarto da área do maior, e assim tem área $\frac{1}{16}$. O terceiro maior quadrado tem um quarto da área do segundo, e assim por diante. A área total sombreada é:

$$\frac{1}{4}+\frac{1}{4^2}+\frac{1}{4^3}+\dots$$

Mas, para cada quadrado sombreado, existem exatamente dois quadrados não sombreados de igual tamanho. Assim, os quadrados sombreados devem somar $\frac{1}{3}$ do quadrado total.

Assim:

$$\frac{1}{3}=\frac{1}{4}+\frac{1}{4^2}+\frac{1}{4^3}+\dots$$

Apêndice Sete

Como dividir um bolo equitativamente entre três pessoas:

Vamos chamar as três pessoas de Hugo, Stefan e Stanislaw, em homenagem aos três mais relevantes contribuidores para o *Livro Escocês*.

PASSO 1: Deixemos que Hugo seja o primeiro a cortar. Seu objetivo é cortar uma porção que corresponda a $\frac{1}{3}$ do bolo.

PASSO 2: Hugo corta e passa a fatia para Stefan, que deve julgar se, em sua opinião, a fatia corresponde a $\frac{1}{3}$ do bolo. Se achar que é grande demais, ele a apara.

PASSO 3: A fatia é passada a Stanislaw, que pode decidir se a aceita ou não. Se Stanislaw a aceitar, Hugo e Stefan vão dividir entre si a parte maior que restou do bolo mais as aparas de Stefan, se ele aparou a fatia. Um deles divide tudo em dois, o outro escolhe qual é a sua parte.

PASSO 4: Se Stanislaw não aceita, há duas possibilidades, dependendo de Stefan ter ou não aparado a fatia que Hugo lhe passou.

(i) Se Stefan aparou a fatia, então ele é obrigado a ficar com ela (sem as aparas). Os outros dividem então o restante, como no passo 3.
(ii) Se Stefan não aparou a fatia, então Hugo fica com ela. Os outros dois então dividem o resto.

Apesar de esse método soar como lógico, ele é potencialmente confuso.

Apêndice Oito

A ilustração (i) a seguir mostra o crivo de Eratóstenes na geração 0. A ilustração (ii) o mostra na geração 650, quando se chegou com segurança aos números (primos) 2, 3, 5, 7 e 11, e a ilustração (iii) é uma visão mais detalhada do corredor que percorrem os tiros do escorregador em (ii).

O procedimento é o seguinte: o padrão destacado em (ii) — marcado Arma A — dispara naves espaciais que se movem da esquerda para a direita, cada uma representando um número ímpar. Elas deixarão a estrutura principal se conseguirem evitar ser atingidas pelas armas alinhadas imediatamente acima delas.

Olhemos com mais atenção essas armas. Indo da direita para a esquerda, que é a ordem em que foram criadas, a primeira, Arma B, dispara um escorregador diagonalmente para baixo e para a esquerda a cada três intervalos. Essa arma vai eliminar todas as naves espaciais que representam números divisíveis por três. A segunda, Arma C, dispara um escorregador a cada cinco intervalos, eliminando todas as naves espaciais que representam números divisíveis por cinco. A próxima arma vai eliminar todas as naves espaciais que representam números divisíveis por sete, e assim por diante. Generalizando: quando a Arma A produz uma nave espacial que representa a posição *n*, o corredor se expande para a esquerda, para abrir espaço a uma arma que dispare escorregadores a um intervalo *n*. O efeito combinado é que apenas as naves espaciais em posições correspondentes a números primos vão conseguir passar. Se a posição *n* de uma nave espacial não corresponder a um número primo, então *n* tem pelo menos 2 divisores, e a arma que dispara escorregadores a um intervalo que corresponde ao menor divisor de *n* vai eliminá-la.

O motivo de projetar a Arma A para que dispare naves espaciais apenas em posições numeradas com números ímpares, e não números ímpares e pares, é manter o processo o mais simples possível. Acima de 2, todos os primos são ímpares, e assim não é necessário construir naves espaciais para os números pares, só para que sejam destruídas. A nave espacial inicial na posição 2 é apresentada com um brinde no começo do fluxo.

(*i*) *Geração 0.*

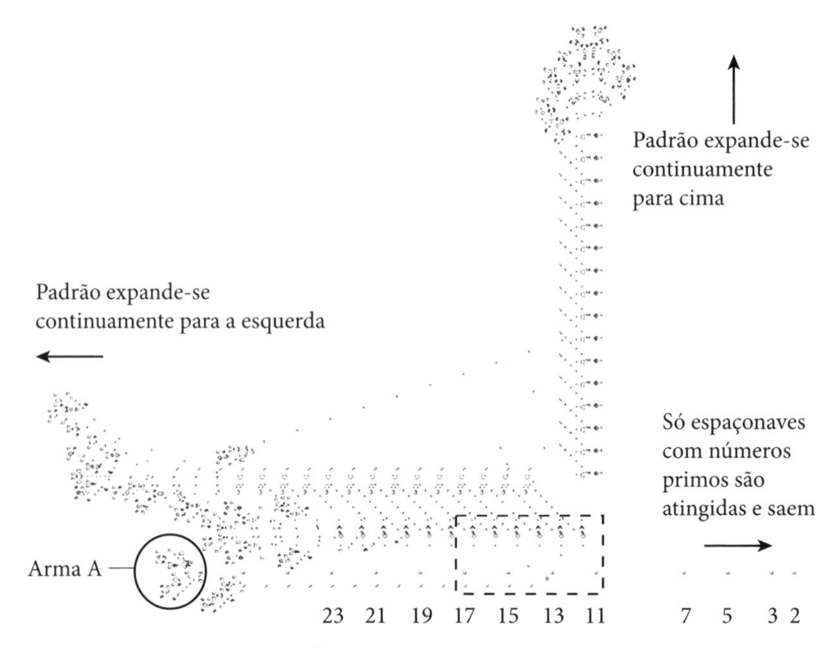

(*ii*) *Geração 650.*

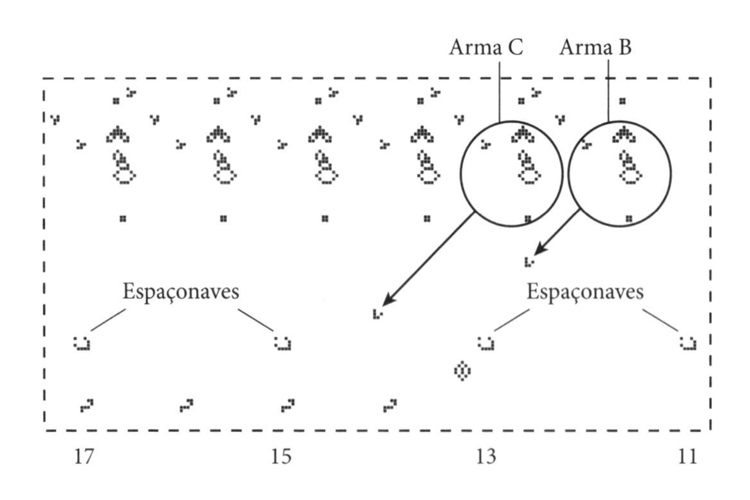

(*iii*) *Detalhe da geração 650.*

Hipóteses, esclarecimentos, referências e notas

1. TODO NÚMERO CONTA UMA HISTÓRIA [pp. 13-39]

1. Todo número inteiro se divide em números primos de uma só maneira. Por exemplo, 2763 decompõe-se em 3 × 3 × 307, e essa combinação de números primos é a única cujo resultado é 2763 quando se multiplicam esses números uns pelos outros. A declaração de que todo número pode se decompor numa única combinação de divisores primos é também conhecida como Teorema Fundamental da Aritmética.

2. O mais celebrado desempenho de uma pessoa com "síndrome de savant" (termo usado para descrever alguém com transtorno do espectro autista que tem talentos prodigiosos) também envolve números primos. Em *O homem que confundiu sua mulher com um chapéu* (São Paulo: Companhia das Letras, 1997), Oliver Sacks conta a história dos gêmeos americanos John e Michael, que jogavam um jogo no qual eles pensavam em números de seis dígitos. Escreve que eles ruminavam e saboreavam os números "como dois experimentados provadores de vinho". Quando Sacks verifica os números, ele constata que são todos primos, então aumenta a aposta sugerindo números de oito dígitos. Isso inspira os gêmeos a ir buscar primos cada vez maiores, inclusive, uma hora depois, um que contém vinte dígitos, embora a essa altura Sacks não tenha como checar se são mesmo primos. John e Michael, os "gêmeos dos primos", não devem ser confundidos com os "primos gêmeos", que são números primos que, tais como 29 e 31, têm entre si uma diferença de duas unidades.

Allan W. Snyder, da Universidade de Sydney, acredita que todos os seres humanos têm o mecanismo mental necessário para fazer cálculos desse tipo, mas que esse mecanismo não pode ser acessado normalmente devido ao modo como o cérebro faz suas conexões. Em experimentos, Snyder demonstrou que o raciocínio matemático das pessoas pode melhorar se seu cérebro for estimulado por pequenas correntes elétricas, uma técnica chamada "corrente de estimulação direta transcraniana". Sua teoria é que a corrente inibe temporariamente a atividade neural, libertando o savant que existe em todos nós. Apesar de a pesquisa de Snyder ser controversa, resultados semelhantes estão sendo encontrados em outras universidades.

3. Georges Ifrah, *The Universal History of Numbers*, John Wiley & Sons, 2000. [Ed. bras.: *História universal dos algarismos*. Rio de Janeiro: Nova Fronteira, 1997.]

4. Vincent F. Hopper, *Medieval Number Symbolism*. Mineola, NY: Columbia University Press, 1938.

5. Assim como o termo "ímpar", a matemática também forneceu outra palavra muito usada com o sentido de "estranho": "excêntrico". Originalmente, significava um círculo em volta da Terra cujo centro não era a Terra.

6. A palavra em inglês para ímpar, "odd", vem do escandinavo "oddr", "lança". Do formato da lança vem o islandês antigo "oddi", triângulo, ou uma língua de terra. (Oddi também é o nome da escola de igreja no sul da Islândia onde Snorri Sturluson, o maior poeta e historiador do país, viveu no século XII, que é agora um destino turístico.) O triângulo leva ao sentido de "ímpar" com um membro de um grupo de três que não tem par, e daí para um membro não par de qualquer grupo. (Fonte: *Oxford English Dictionary* e blog de Anatoly Liberman, Oxford University Press: <blog.oup.com/category/language-words/oxford_etymologist/>.)

7. Yutaka Nishiyama, "Odd and Even Number Cultures", *Mathematics for Scientists*, 2005.

8. Idem, "Why ¥2.000 Notes Are Unpopular", *Osaka Keidai Ronshu*, v. 62, n. 5, 2012.

9. Lee C. Simmons e Robert M. Schindler, "Cultural Superstitions and the Price Endings Used in Chinese Advertising", *Journal of International Marketing*, 2003.

10. Terence M. Hines, "An Odd Effect: Lengthened Reaction Times for Judgements about Odd Digits", *Memory & Cognition*, 1990.

11. James E. B. Wilkie e Galen V. Bodenhausen, "Are Numbers Gendered?", *Journal of Experimental Psychology: General*, 2012.

12. Uma pesquisa subsequente por James E. B. Wilkie, ainda não publicada, demonstra que as mulheres tendem a perceber associações numéricas com mais intensidade do que os homens.

13. Hopper, op. cit.

14. Dan King e Chris Janiszewski, "The Sources and Consequences of the Fluent Processing of Numbers", *Journal of Marketing Research*, 2011.

15. Manoj Thomas, Daniel H. Simon e Vrinda Kadiyali, "The Price Precision Effect: Evidence from Laboratory and Market Data", *Marketing Science*, 2010.

16. Nicolas Guéguen et al., "Nice-Ending Prices and Consumers' Behavior: A Field Study in a Restaurant", *International Journal of Hospitality Management*, 2009.

17. William Poundstone, *Priceless*. Londres: Oneworld, 2010.

18. Sybil S. Yang, Sheryl E. Kimes e Mauro M. Sessarego, "$ or Dollars: Effects of Menu-Price Formats on Restaurant Checks", *Cornell Hospitality Report*, 2009.

19. Em restaurantes, o exemplo mais comum de uma coluna de números induzindo uma aquisição com base no preço em vez de no produto é a tendência que têm os consumidores de comprar a garrafa de vinho que é a segunda mais barata da lista. Comprar a mais barata pareceria miserável demais, especialmente quando se trata de um encontro romântico. Em muitos casos os restaurantes vendem mais a garrafa que é a segunda mais barata.

20. Birte Englich, Thomas Mussweiler e Fritz Strack, "Playing Dice with Criminal Sentences: The Influence of Irrelevant Anchors on Experts' Judicial Decision Making", *Personality and Social Psychology Bulletin*, 2006.

21. Minha pesquisa na internet — favouritenumber.net — ganhou vida em 2011. Quando se clicava a partir da página de título, havia um texto de introdução seguido de duas frases: "Meu número favorito é..." e "Meus motivos são...". Os participantes podiam responder com palavras ou com dígitos. Os resultados nessas páginas têm por base as primeiras 33 516 respostas, das quais 3491 foram nulas ou inválidas. Quando a edição original deste livro foi para a gráfica, o número total de participantes já ultrapassara os 42 mil.

22. Eviatar Zerubavel, *The Seven Day Circle*. Nova York: Free Press, 1985.

23. Ifrah, op. cit.

24. Michael Kubovy e Joseph Psotka, "The Predominance of Seven and the Apparent Spontaneity of Numerical Choices", *Journal of Experimental Psychology: Human Perception and Performance*, 1976.

25. Há entre 1 e 50 apenas oito opções de números ímpares de dois dígitos nos quais ambos os dígitos são diferentes, e o número 15 é mencionado, portanto é improvável que seja sugerido pelo participante. Em *The Psychology of Psychic* (Buffalo, NY: Prometheus, 1980), os autores David Marks e Richard Kammann tentaram isso numa turma de estudantes de psicologia, e mais de um terço deles escolheu 37. Os resultados foram: 37 (35%), 35 (23%), 17 (10%), 39 (10%), 19 (9%), 31 (5%), 13 (5%), outros (3%).

26. Dan King e Chris Janiszewski, "The Sources and Consequences of the Fluent Processing of Numbers", *Journal of Marketing Research*, 2011.

27. Marisca Milikowski, "Knowledge of Numbers: A Study of the Psychological Representation of the Numbers 1-100". Tese de doutorado, Universidade de Amsterdam, 1995.

2. A CAUDA LONGA DA LEI [pp. 41-71]

1. *Domesday Book: A Complete Translation*. Londres: Penguin Classics, 2003.

2. Simon Newcomb, "Note on the Frequency of Use of the Different Digits in Natural Numbers", *American Journal of Mathematics*, 1881.

3. Frank Benford, "The Law of Anomalous Numbers", *Proceedings of the American Philosophical Society*, 1938.

4.

Número	1	2	3	4	5	6	7	8	9
Benford	30,1	17,6	12,5	9,7	7,9	6,7	5,8	5,1	4,6
Condados	30,2	18,8	12,2	9,9	7,1	6,3	5,7	4,8	5,0
Receitas	30,2	17,7	12,5	9,8	7,9	6,7	5,7	5,1	4,5

Os dados de população são da American Community Survey 2007-11. Os dados financeiros consistem em cerca de 1,4 milhão de dados pontuais, extraídos do Compustat por Jialang Wang.

5. Scott de Marchi e James T. Hamilton, "Assessing the Accuracy of Self-Reported Data: An Evaluation of the Toxics Release Inventory", *Journal of Risk and Uncertainty*, 2006; Wal-

ter R. Mebane Jr., "Fraud in the 2009 Presidential Election in Iran", *Chance*, 2010; Malcolm Sambridge et al., "Benford's Law in the Natural Sciences", *Geophysical Research Letters*, 2010.

6. Miles L. Hanley, *Word Index to James Joyce's Ulysses*. Madison, WI: University of Wisconsin Press, 1953.

7. George Kingsley Zipf, *Human Behavior and the Principle of Least Effort*. Cambridge, MA: Addison-Wesley, 1949.

8. O termo para uma palavra que aparece uma única vez num texto é "hapax legomenon", que soa como o nome de um personagem de uma história de Asterix, ou uma banda de death metal escandinava, e neste texto aparece uma única vez.

9. Richard Koch, *The 80/20 Principle*. Nova York: Crown Business, 1998.

10. Fredrik Liljeros et al., "The Web of Human Sexual Contacts", *Nature*, 2001.

11. N. Johnson et al., "From Old Wars to New Wars and Global Terrorism", arXiv: physics/0506213, 2005.

12. João Gama Oliveira e Albert László Barabási, "Human Dynamics: Darwin and Einstein Correspondence Patterns", *Nature*, 2005.

13. Takashi Iba et al., "Power-Law Distribution in Japanese Book Sales Market", *Fourth Joint Japan-America Mathematical Sociology Conference*, 2008.

14. Mark Buchanan, *Ubiquity*. Londres: Weidenfeld & Nicolson, 2000.

15. Albert-László Barabási, *Linked* (Cambridge, MA: Perseus, 2002); Albert-László Barabási, *Bursts* (Nova York: Penguin, 2010).

16. Michael P. H. Stumpf e Mason A. Porter, "Critical Truths about Power Laws", *Science*, 2012; Aaron Clauset, Cosma Rohila Shalizi e M. E. J. Newman, "Power-Law Distributions in Empirical Data", *SIAM Review*, 2009.

17. Em seu livro de 1638 *Discursos e demonstrações matemáticas acerca de duas novas ciências*, Galileu esboçou a seguinte imagem de dois ossos, um pequeno e fino e outro grande e grosso. Ele escreveu que, para um animal grande, o osso maior "realizaria a mesma função que o osso menor realiza para seu pequeno animal".

Nylabone, uma companhia especializada em acessórios para animais de estimação, vende um osso de náilon no formato do osso mais grosso mostrado abaixo. O "Galileu", como é chamado, é alegadamente o "osso para cachorro mais forte do mundo".

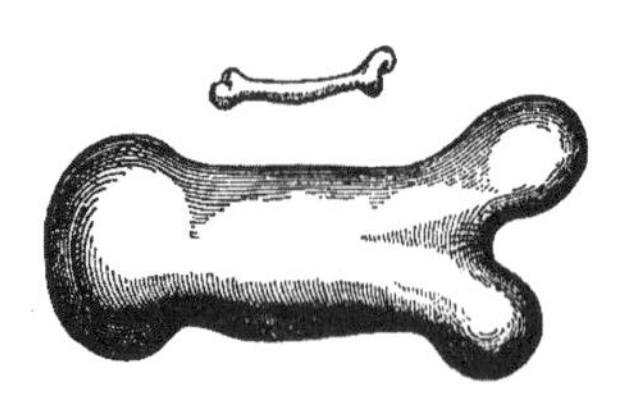

18. Melanie Mitchell, *Complexity: A Guided Tour*. Oxford: Oxford University Press, 2009.

19. Geoffrey B. West, James Brown e Brian J. Enquist, "A General Model for the Origin of Allometric Scaling Laws in Biology", *Science*, 1997.

20. Luís M. A. Bettencourt et al., "Growth, Innovation, Scaling and the Pace of Life in Cities", *PNAS*, 2007.

1. Rob tem conhecimento de 6177 pilares *trig* na Grã-Bretanha, entre os quais 45 que são só destroços e cem que foram derrubados. Muitos daqueles que ele ainda não encontrou estão nas ilhas. Ele avistou à distância dois pilares em áreas pertencentes ao Ministério da Defesa, inclusive um localizado na base de submarinos nucleares em Coulport, na Escócia, mas não lhe foi permitido aproximar-se deles. Somente quatro outros caçadores de *trigs* passaram de 3 mil pilares.

2. As praticabilidades da medição da pirâmide por Tales são discutidas em "Thales' Shadow", de Lothar Redlin, Ngo Viet e Saleem Watson (*Mathematical Magazine*, 2000). Os autores demonstram que o Sol só fica perpendicular à pirâmide duas vezes num dia durante a primavera e o verão: uma pela manhã e outra à tarde.

3. Pode ser que os egípcios tivessem mais conhecimentos de matemática do que os que lhes são atribuídos, mas não é possível saber com certeza, pois muito pouco sobreviveu.

4. Carl B. Boyer, *A History of Mathematics*. Nova York: John Wiley & Sons, 1968.

5. Os "outros dois lados" de um triângulo retângulo são chamados, historicamente, de "catetos" (de *catheti*, singular *cathetus*). Embora ainda seja usado em português, em espanhol e em alemão (*Kathete*), por exemplo, o termo é obsoleto em inglês.

6. Florian Cajori, *A History of Mathematical Notations*. Nova York: Dover, 1993.

7. Ifrah, op. cit.

8. O mais versátil sistema que usa apenas frações unitárias é o sistema binário, no qual as frações são construídas por meio de metades, metades de metades, metades de metades de metades, e assim por diante. Ou seja, $\frac{1}{2}$, $\frac{1}{4}$, $\frac{1}{8}$, $\frac{1}{16}$ ... Usando esse sistema, toda fração possível só é descrita em termos de frações unitárias. Em 1911, o egiptólogo Georg Müller escreveu que tinha descoberto em suas pesquisas uma notação antiga maravilhosamente pitoresca para as primeiras seis frações unitárias binárias. No Olho de Hórus, ilustrado a seguir, cada elemento representa uma quantidade: a córnea da esquerda era $\frac{1}{2}$, a íris, $\frac{1}{4}$, a sobrancelha, $\frac{1}{8}$ e assim por diante, outras partes representando $\frac{1}{16}$, $\frac{1}{32}$, $\frac{1}{64}$. As 63 combinações possíveis, diferentes de zero, de pedaços do Olho de Hórus podem ser usadas para expressar qualquer fração, de $\frac{1}{64}$ a $\frac{63}{64}$. Além de ser uma imagem sexy, o Olho tinha uma história sexy: é o símbolo místico do deus-falcão Hórus, cujo olho tinha sido despedaçado em seis fragmentos por seu tio, e depois recomposto. Infelizmente, após quase um século de aceitação, em

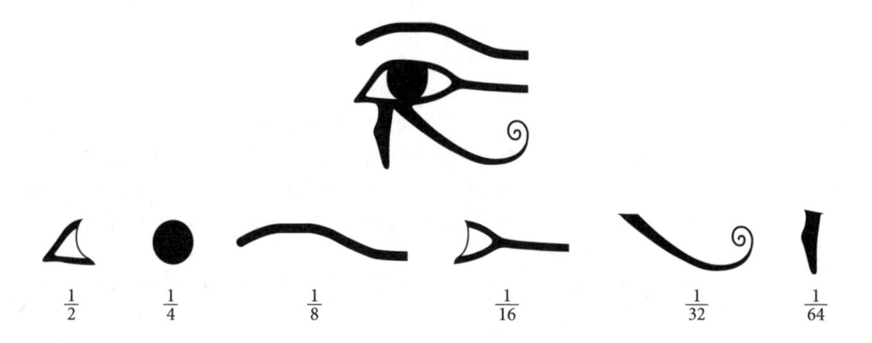

2002, o Olho de Hórus foi desmascarado por Jim Ritter — não há prova de que isso tenha de fato existido. Jim Ritter, "Closing the Eye of Horus: The Rise and Fall of 'Horus Eye-Fractions'", *Alter Orient und Altes Testaments* (v. 297: Under One Sky: Astronomy and Mathematics in the Ancient Near East, 2002).

9. O sistema grego completo era:

α	β	γ	δ	ε	ς	ζ	η	θ
1	2	3	4	5	6	7	8	9
ι	κ	λ	μ	ν	ξ	ο	π	ϙ
10	20	30	40	50	60	70	80	90
ρ	σ	τ	υ	φ	χ	ψ	ω	ϡ
100	200	300	400	500	600	700	800	900

10. Eli Maor, *Trigonometric Delights*. Princeton, NJ: Princeton University Press, 1998.

11. John Keay, *The Great Arc*. Nova York: HarperCollins, 2000.

4. CABEÇAS DE CONE [pp. 96-125]

1. Pressupondo que a bola não seja jogada com efeito.

2. Disponível em: <lds.org/locations/temple-square-salt-lake-city-tabernacle>.

3. Boyer, op. cit.

4. Além de seu sentido matemático, a palavra latina "parabola" também tem o sentido literal de "parábola", no sentido de "comparar". Parábola é uma história simples que é comparada com outra mais complicada. Desse significado veio o francês "parler" e muitas palavras em várias línguas, como "parlamento" e "parola".

5. Arthur Koestler, *The Sleepwalkers*, Hutchinson, 1959. [Ed. bras.: *Os sonâmbulos: História das ideias do homem sobre o universo*. São Paulo: Ibrasa, 1961.]

6. O motivo matemático pelo qual ciclos e epiciclos podem descrever qualquer órbita fechada e contínua é explicado em dois conceitos dos quais trato em outra passagem deste livro: os números complexos e a série de Fourier. Do mesmo modo que uma onda pode ser decomposta em senoides, um percurso num plano complexo pode ser decomposto em uma combinação de rotações circulares.

7. Santiago Ginnobili e Christián C. Carman, "Deferentes, Epiciclos y Adaptaciones", *Filosofia e História da Ciência no Cone Sul*, 2008.

8. Koestler, op. cit.

9. Norwood Russell Hanson, *Patterns of Discovery: An Inquiry into the Conceptual Foundations of Science*. Cambridge: Cambridge University Press, 1961. Hanson começou como trompetista antes de tornar-se piloto de combate durante a Segunda Guerra Mundial. Conhecido como "o professor voador", ele continuou a pilotar aviões em tempos de paz e era famoso por praticar acrobacias. Morreu aos 42 anos, quando seu avião caiu em meio a espesso nevoeiro, no estado de Nova York.

10. David Wootton, *Galileo, Watcher of the Skies*. New Haven: Yale University Press, 2010.

11. Stillman Drake e James MacLachlan, "Galileo's Discovery of the Parabolic Trajectory", *Scientific American*, 1975.

12. Descartes usou em geral eixos oblíquos, e assim o entendimento moderno de coordenadas "cartesianas" em eixos perpendiculares deve-se a outros, que deram mais clareza ao trabalho dele.

13. A. F. Möbius, "Geometrische Eigenschaften einer Factorentafel", *Journal für die reine und angewandte Mathematik*, 1841.

14. Rodolphe Soreau, *Nomographie; ou, Traité des abaques* (Paris: Chiron, 1921); Ron Doerfler, "The Lost Art of Nomography" (*The UMAP Journal*, 1929); H. A. Evesham, "Origins and Development or Nomography" (*Annals of the History or Computing*, 1986).

15. Martin Gardner, *Martin Gardner's Mathematical Games: The Entire Collection of His Scientific American Columns* (CD), 2005.

16. J. A. Bennet, *The Mathematical Science of Christopher Wren*. Cambridge: Cambridge University Press, 1982.

17. Programme for Intersections: Henry Moore and Stringed Surfaces. Exposição na Royal Society, 2012.

5. QUE VENHA A REVOLUÇÃO [pp. 127-53]

1. Bob Palais, "π Is Wrong!", *The Mathematical Intelligencer*, 2001.

2. Entre as figuras históricas que preferiram a relação $\frac{\text{circunferência}}{\text{raio}}$ estava Al-Kashi, de quem se diz que, na Samarcanda do século XV, calculou pi com catorze casas decimais, um resultado mais preciso do que qualquer outro antes dele. Na realidade, Al-Kashi não calculou pi, mas sim a relação $\frac{\text{circunferência}}{\text{raio}}$, com catorze decimais. Em 1968, Abraham de Moivre usou o símbolo $\frac{c}{r}$ para $\frac{\text{circunferência}}{\text{raio}}$, mas o símbolo não pegou.

3. Disponível em: <tauday.com>.

4. Eu iria até mesmo mais longe, afirmando que ele é quadruplamente inteligente. Também serve como homenagem a Terence Tao, o medalhista da Fields australiano, que é professor na UCLA.

5. John Martin, "The Helen of Geometry" (*The College Mathematics Journal*, 2010); E. A. Whitman, "Some Historical Notes on the Cycloid" (*American Mathematical Monthly*, 1943); Gardner, op. cit.

6. Huygens construiu alguns pêndulos com "bochechas" cicloidais, mas devido a problemas como o atrito na prática não funcionaram melhor do que um pêndulo simples, sem "bochecha". Sua solução foi empregar um pêndulo simples mas só lhe dar um ligeiro balanço, já que para pequenas amplitudes um peso levará aproximadamente o mesmo tempo para completar uma oscilação completa.

7. Sim, tenho outros enigmas matemáticos preferidos que, assim como este, envolvem moedas. Pegue seis moedas e as posicione como mostrado a seguir, à esquerda. O desafio é reposicioná-las no formato de um hexágono deslizando-as uma a uma. Uma moeda só pode ser deslizada para uma posição na qual toque duas outras moedas. Não é permitido levantar

a moeda da mesa, nem deslizá-la por cima de outra moeda, nem afastar outra moeda do caminho. Você consegue reposicionar as moedas fazendo apenas três deslizamentos?

Se você resolveu este, tente agora rearrumar moedas que formar um triângulo para que formem uma linha reta com sete deslizamentos, novamente seguindo a regra de que uma moeda só pode ser deslizada para uma posição na qual toque duas outras.

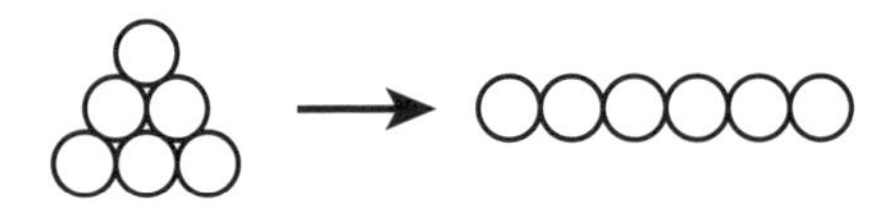

Da próxima vez em que estiver num bar e tiver algumas moedas, tente isso!

8. A senoide de Roberval aparece em seu desenho que mostra como achar a área demarcada por uma cicloide. É improvável que ele tivesse noção de que a curva tinha alguma coisa a ver com a razão trigonométrica seno.

9. Considerando que não haja perda de energia por atrito.

10. Robert J. Whitaker, "Harmonographs. I. Pendulum Design" (*American Journal of Physics*, 2001); Robert J. Whitaker, "Harmonographs. II. Circular Design" (*American Journal of Physics*, 2001).

11. Eli Maor, op. cit.

12. John Herivel, *Joseph Fourier: The Man and the Physicist*. Oxford: Clarendon Press, 1975.

13. I. B. Cohen, *The Triumph of Numbers*. Nova York: W. W. Norton & Company, 2005.

14. A série de Fourier é escrita como a seguinte fórmula:

$$k + a_1 \text{ sen } x + a_2 \text{ sen } 2x + a_3 \text{ sen } 3x + a_4 \text{ sen } 4x + \ldots$$
$$+ b_1 \cos x + b_2 \cos 2x + b_3 \cos 3x + b_4 \cos 4x + \ldots$$

em que k é uma constante, e os a's e b's são as amplitudes das senoides correspondentes.

6. TUDO SOBRE *e* [pp. 155-88]

1. Disponível em: <youtube.com/watch?v=F-QA2rkpBSY>.

2. Albert Bartlett morreu aos noventa anos de idade em 7 de setembro de 2013. Ele proferiu sua palestra 1742 vezes.

3. Gideon Keren, "Cultural Differences in the Misperception of Exponential Growth", *Perception & Psychophysics*, 1983.

4. Daniel Kahneman e Amos Tversky, "Availability: A Heuristic for Judging Frequency and Probability", *Cognitive Psychology*, 1973.

5. Eli Maor, *e: The Story of a Number*. Princeton, NJ: Princeton Univesity Press, 1994.

6. J. E. Hofmann, da biografia de Jakob Bernoulli no *Dictionary of Scientific Biography* (Nova York: Scribner, 1970).

7. William Dunham, *Journey through Genius*. Nova York: Penguin, 1991.

8. Santiago Huerta, "Structural Design in the Work of Gaudí", *Architectural Science Review*, 2006.

9. Ed Sandifer, "How Euler Did It", *MAA Online*, 2004.

10. Koestler, op. cit.

11. Gardner, op. cit.

12. Têm sido estudadas muitas variantes do problema, por exemplo, como as probabilidades mudam se o entrevistador puder reconvocar certas candidatas, ou como o ato de contratar uma das primeiras candidatas pode economizar custos. Darren Glass examinou o Problema da Secretária do ponto de vista da candidata no *The College Mathematics Journal*, 2012. Se o número de candidatas é pelo menos nove, então a posição mais favorável de entrevista é a última, mas não há margem para erro. "Ser a última entrevistada é a melhor probabilidade de ser contratada, mas ser a penúltima é a pior!", ele escreveu. "Estudantes que vão para o mercado de trabalho deviam empregar suas energias em melhorar seus currículos, e não armando estratégias para o timing de suas entrevistas."

13. Boris Berezovsky morreu aos 67 anos, em 29 de março de 2013.

14. Theodore Hill, "Knowing When to Stop", *American Scientist*, 2009.

7. A FORÇA POSITIVA DO PENSAMENTO NEGATIVO [pp. 190-224]

1. "'Cool Cash' Card Confusion", *Manchester Evening News*, 2007.

2. Ifrah, op. cit.

3. Não se deve confundir um número "absurdo" com um número "surdo", que é sinônimo de número irracional — isto é, um número que não pode ser expresso como uma razão entre dois números inteiros. Os gregos usavam o termo "alogos", significando "não razão", para os números irracionais. Mas a palavra também significa "que não fala", que os árabes traduziram para *assam*, ou "surdo". Os textos latinos empregam o termo "surdus", tradução direta do árabe, e assim os números irracionais se tornaram números "surdos".

4. Gardner, op. cit.

5. Alberto A. Martínez, *Negative Math: How Mathematical Rules Can Be Positively Bent*. Princeton, NJ: Princeton University Press, 2006.

6. William Frend, *The Principles of Algebra*. Londres: G. G. and J. Robinson, 1796. O livro aceitava sinais de menos, mas não permitia que quantidades desconhecidas — que poderiam denotar coisas reais — tomassem valores negativos.

Frend é mais conhecido como um reformador social e um radical. Ele foi banido de Cambridge depois de um célebre julgamento por ter denunciado a Igreja da Inglaterra. Entre os que o apoiavam estava Samuel Taylor Coleridge. A filha de Frend, Sofia (que casou com o eminente matemático Augustus de Morgan), escreveu que a "lucidez e retidão mental de seu pai podem ter sido a causa de sua heresia matemática, a rejeição do uso de quantidades negativas em operações algébricas", acrescentando que "é provável que com isso ele tenha se privado de um instrumento de trabalho, cujo uso poderia tê-lo levado a uma eminência maior nos escalões mais altos".

7. Paul J. Nahin, *An Imaginary Tale*. Princeton, NJ: Princeton University Press, 1998.

8. Euler foi a primeira pessoa a usar *i* para representar $\sqrt{-1}$, mas só empregou o símbolo uma vez, em memórias publicadas onze anos depois de sua morte. Foi apenas depois de Gauss ter adotado *i* em 1801 que outros começaram a usá-lo sistematicamente.

9. Outra solução para $x^2 = i$ é $-\frac{1}{\sqrt{2}}-\left(\frac{1}{\sqrt{2}}\right)i$, que é o negativo da solução no texto.

10. Ed Leibowitz, "The Accidental Ecoterrorist", *Los Angeles Magazine*, 2005.

11. James Thomson, que é mencionado no capítulo 8, cunhou o termo "radiano" em 1873, embora o conceito já existisse havia um século e meio.

12. A equação de onda de Schrödinger é:

$$i\hbar\frac{\partial}{\partial t}\Psi = \hat{H}\Psi$$

em que i é $\sqrt{-1}$, $\hbar$ é a constante de Planck reduzida, Ψ é a função onda no sistema quântico e $\hat{H}$ é o operador hamiltoniano.

13. Melanie Bayley, "Algebra in Wonderland", *The New York Times*, 2010.

14. John C. Baez e John Huerta, "The Strangest Numbers in String Theory", *Scientific American*, 2011.

15. Bertrand Russell, "The Study of Mathematics", *Mysticism and Logic: And Other Essays* (Nova York: Longman, 1919). Bertrand Russell foi o único matemático de nível internacional a ganhar o prêmio Nobel de literatura. Mas tanto Aleksandr Soljenítsin (que recebeu o Nobel de literatura em 1970) quanto J.M. Coetzee (que ganhou em 2003) têm a primeira graduação em matemática.

16. Dave Boll não publicou num periódico científico, mas num fórum sobre fractais: <groups.google.com/forum/?hl+en#!topic/sci.math/jHYDf-Tm0-8_>.

8. PROFESSOR CÁLCULO [pp. 226-55]

1. Em 2001, o governo norueguês instituiu o prêmio Abel, em homenagem ao matemático norueguês Niels Henrik Abel (1802-29). É de aproximadamente 1 milhão de dólares. Mesmo sendo semelhante ao Nobel em valor monetário e em seu escandinavismo, ainda não desfruta do mesmo prestígio da medalha Fields.

2. Disponível em: <gowers.wordpress.com>.

3. Plutarco, *Vida de Marcellus*, como citado no arquivo on-line "MacTutor History of Mathematics".

4. Carl B. Boyer, *The History of the Calculus and Its Conceptual Development* (Nova York: Dover, 1959). O grande triângulo é construído de tal modo que a tangente no vértice de baixo

do triângulo é paralela à linha original. Da mesma forma, toda vez que um novo triângulo é construído, o novo vértice é situado de tal maneira que a tangente a esse vértice é paralela ao lado oposto.

5. Ernst Sondheimer e Alan Rogerson, *Numbers and Infinity: A Historical Account of Mathematical Concepts*. Mineola, NY: Dover, 2006.

6. James Gleick, *Isaac Newton*, Harper Perennial, 2003. [Ed. bras.: *Isaac Newton: Uma biografia*. São Paulo: Companhia das Letras, 2004.]

7. Ian Stewart, *17 Equations that Changed the World* (Londres: Profile, 2012); Charles Seife, *Zero: The Biography of a Dangerous Idea* (Londres: Souvenir Press, 2000).

8. A. Rupert Hall, *Philosophers at War*. Cambridge: Cambridge University Press, 2002.

9. Augustus De Morgan, *A Budget of Paradoxes*. Londres: Longmans, Green and Co., 1872.

10. $f(t, x, v)$ é uma função de probabilidade de densidade que informa a probabilidade de partículas que tenham posição próxima a x, uma velocidade próxima a v num tempo t. O símbolo ∇ significa gradiente, mas se aplica a diversas variáveis. Cédric Villani, *Théorème vivant*. Paris: Bernard Grasset, 2012.

11. *The Railroad Gazette* (atualmente *Railway Age*), 1880, citado em Halsey G. Brown, "The History or the Derivation of the AREMA Spiral". Disponível em: <arema.org>.

12. A clotoide é uma curva na qual a curvatura é proporcional a seu comprimento. Escrita em termos algébricos, curvatura = ks, em que k é uma constante arbitrária e s é a distância ao longo da curva a partir de sua origem. O matemático belga Franki Dillen concebeu uma classe inteiramente nova de espirais em que a curvatura é um termo polinômico em s. (Um polinômio é uma expressão construída de variáveis, e potências de variáveis, que emprega apenas a soma, a subtração e a multiplicação.) Ele as chamou de "espirais polinômicas", e elas são muito bonitas. A "espiral de Picasso" era uma de suas favoritas.

Curvatura = $10(-45 + 51s - 18s^2 + 2s^3)$.

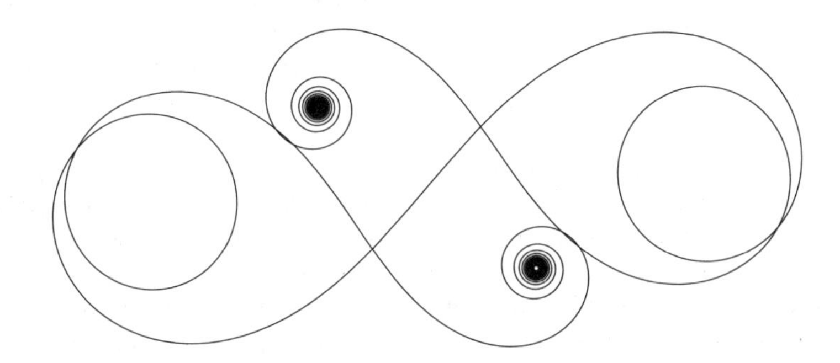

13. Joe Moran, *On Roads*. Londres: Profile, 2009.

14. Robert Cartmell, *The Incredible Scream Machine: A History of the Roller Coaster* (Fairview Park: Amusement Park Books, 1987); "Chemin de Fer Aérien" (*La Nature*, 1903).

Antes de os *loops* de M. Clavières serem abertos ao público, foram feitos três testes: o primeiro tendo macacos como passageiros, o segundo com lastros mais pesados do que um homem grande, e finalmente com um acrobata.

15. George Berkeley, *The Analyst: Or, a Discourse Addressed to an Infidel Mathematician*. Londres: J. Tonson, 1734.

9. O TÍTLO DESTE CAPÍTULO CONTÉM TRÊS EROS [pp. 257-79]

1. Steven G. Krantz, *The Proof is in the Pudding: The Changing Nature of Mathematical Proof*. Nova York: Springer, 2011.

2. Gardner, op. cit.

3. Lwów atualmente é Lviv, Ucrânia.

4. No momento em que escrevo, os melhores candidatos para os números não interessantes mais baixos são 224, que é o número mais baixo que não tem sua própria página na Wikipédia, e 14228, que é o número mais baixo a não aparecer na *Online Encyclopedia of Integer Sequences*. Mas, ao serem escritos aqui, é claro, os números agora são interessantes.

5. Se n é o número de pontos, então o número de regiões é a equação $\frac{1}{24}(n^4 - 6n^3 + 23n^2 - 18n + 24)$.

6. Para alguns filósofos da matemática, ainda que não para Frege, a declaração "a negação da negação da declaração A implica a declaração A" era profundamente controversa.

7. Douglas R. Hofstadter, *Metamagical Themas*. Nova York: Basic Books, 1996.

8. Martin Gardner, "Logical Paradoxes", *The Antioch Review*, 1963.

9. John Allen Paulos, *I Think, Therefore I Laugh: The Flip Side of Philosophy*. Nova York: Penguin, 2000.

10. Um dos principais objetivos da teoria dos conjuntos era demonstrar que a matemática era "completa", ou seja, se um teorema é verdadeiro, então ele é demonstrável dentro do sistema. Mas em 1931 o austríaco Kurt Gödel provou que não era esse o caso: em qualquer sistema poderoso o bastante para incluir a aritmética, haverá algumas declarações verdadeiras que não são demonstráveis nem refutáveis. O trabalho de Gödel teve grande impacto na filosofia da matemática, ao limitar o alcance da lógica como fundamento da matemática.

11. Nicolas Bourbaki, *Theory of Sets*. Paris: Hermann, 1968. É no mínimo curioso que Bourbaki não mencione Kurt Gödel (ver nota 10).

12. Poldávia, ou *Poldévie*, era um país de anedota, inventado em 1929 por um jornalista de direita francês, numa carta a membros esquerdistas do Parlamento, na qual lhes pedia que interviessem em prol de seu povo oprimido. Depois que Bourbaki adotou esse país como sua pátria, isso se tornou uma anedota em série no trabalho de diversos escritores franceses do período do pós-guerra. Segundo David Bellos, professor de francês em Princeton e pai do autor deste livro, é um "exemplo raro de humor matemático que se torna um tema literário".

13. Maurice Mashaal, *Bourbaki: A Secret Society of Mathematics*. Providence, RI: American Mathematical Society, 2006.

14. A. R. D. Mathias, "A Term of Length 4,523,659,424,929", *Synthese*, 2002.

15. Bob Moon, "Who Controls the Curriculum? The Story of 'New Maths' 1960-1980", *International Perspectives in Curriculum History*, 1987.

16. Atualmente existem mais de uma dúzia de assistentes de demonstração, dos quais os mais conhecidos são *Coq*, *HOL Light*, *Isabelle* e *Mizar*, que foi lançado na Polônia na década de 1970 e cujos usuários alegam ser o maior corpo coerente de demonstrações formalizadas.

17. Isto é, demonstrar tudo na matemática que seja demonstrável. (Veja nota prévia sobre Gödel.)

18. Krantz, op. cit.

10. COMPANHEIROS DE CÉLULA [pp. 281-308]

1. TEOREMA: Para fatorar até n você só precisa contar os primos até chegar em $\sqrt{n}$.
DEMONSTRAÇÃO: Imagine que você fatorou até $\sqrt{n}$, mas ainda há um número não primo m entre $\sqrt{n}$ e n. O número m é não primo, o que significa que deve ter fatores primos. Como peneiramos todos os primos menores que $\sqrt{n}$, os fatores primos de m têm de ser maiores do que $\sqrt{n}$. Mas a multiplicação de dois ou mais números maiores do que $\sqrt{n}$ é maior do que n, assim não pode haver um m menor do que n. CQD.

2. Um de seus nomes favoritos sem um jogo era *Don't Ring Us, We'll Ring You.*

3. Martin Gardner, *Martin Gardner's Mathematical Games: The Entire Collection of His Scientific Columns* (CD), 2005.

4. Para quem quiser jogar o Jogo da Vida, e eu o recomendo, o melhor software é Golly, que pode ser baixado em: <golly.sourceforge.net>.

5. Steven Levy, *Hackers*. Sebastopol, CA: O'Reilly Media, 2010.

6. O primeiro crivo de Eratóstenes foi projetado em 1991 por Dean Hickerson. O crivo aqui mencionado é uma versão aperfeiçoada, projetada por Jason Summers em 2005.

7. William Poundstone, *The Recursive Universe*. Oxford: Oxford University Press, 1985.

8. Quando este livro estava indo para a gráfica, o entusiasta americano do Jogo da Vida Dave Greene anunciou um novo e espantoso padrão de replicação que diminui o número de células vivas requerido para uma unidade construtora de Gemini, de 16 229 para apenas 256. Ele chamou esse padrão de replicador "Geminoide", porque usa algumas das tecnologias de Gemini. No entanto, diferentemente de Gemini, só tem uma unidade de construção, que sobrevive após a replicação, em vez das duas que são destruídas assim que serviram a seu propósito. O replicador geminoide de Dave dá origem a uma cópia idêntica, que dá origem a uma cópia idêntica, e assim por diante até o infinito, criando uma linha de descendentes que se espalham pela grade. Como o construtor é feito de um número tão pequeno de células vivas, ele torna mais fácil a construção de novos padrões. Dave espera que a tecnologia do geminoide leve a muitos tipos novos de objetos replicantes.

9. Stephen Wolfram, *A New Kind of Science*. Champaign, IL: Wolfram Media, 2002.

INTERNET

A matemática está muito bem servida na rede. Eu utilizei muito o Wolfram MathWorld, o MacTutor History of Mathematics e, inevitavelmente, a Wikipédia.

Agradecimentos

Na Bloombsbury, em Londres, meus agradecimentos a Bill Swainson, Alison Glossop, Laura Brooke, Helen Flood, Amanda Shipp, Greg Heinimann, David Mann, Richard Atkinson e sobretudo Xa Shaw Stewart, por conferir meticulosamente cada fração e cada expoente. Na Simon & Schuster, em Nova York: Ben Loehnen, Emily Loose e Brit Hvide, e na Doubleday, em Toronto: Tim Rostron.

Ben Sumner foi um tremendo editor, e Edmund Harriss, Yin-Fung Au, June Barrow-Green, Erica Jarnes e Gareth Roberts contribuíram com valiosos comentários sobre o texto. Obrigado também a Simon Lindo pelas ilustrações, The Surreal McCoy pelos cartuns e Susan Wightman, da Libanus Press, pelo projeto gráfico e diagramação do livro original.

Eu me baseei em entrevistas e troca de correspondência com muitas pessoas, e estou sinceramente grato pelo tempo que me concederam.

Capítulo 1: Jerry Newport, Greg Rowland, Manoj Thomas, Terence Hines, Jim Wilkie, Husam E. Sadig, Saffi Haines, Dan King, Tom Dearden, Jer Thorp, Francesca Stavrakopoulou, Francesca Rochberg, Richard Wiseman, David Marks, Sophie Scott, Stephen Macknik, Peter Lynn, Yutaka Nishiyama, Robert Schindler.

Capítulo 2: Will Rennie, Jialan Wang, Ted Hill, Erika Rogers, Darrell

Dorrell, Albert-László Barabási, David Hand, Walter Mebane, Christiane Fellbaum, Jure Leskovec, Geoffrey B. West, Pete Whitelock.

Capítulo 3: Michalis Sialaros, Apostolos Doxiadis, Mark Greaves, Robert Woodall, John Keay, Darran Shepherd.

Capítulo 4: Ramiro Serra, Ron Doerfler, Ian Dickerson, Silvia Pezzana, Art P. Frigo Jr.

Capítulo 5: Bob Whitaker, Ivan Moscovich, Tom Armstrong, Brett Crockett, John Whitney Jr., Karl Sims.

Capítulo 6: Andrew Smith, Roger Ridsdill Smith, Nikolai Malsch, Albert Bartlett, Tim Harford, Stan Wagon.

Capítulo 7: John Baez, David Tong, Dave Makin, Brian Pollock, Cliff Pickover, Daniel White, Orson Wang, Robert L. Devaney.

Capítulo 8: Peter Hopp, Bill Thacker, John Wardley, Werner Stengel, Cédric Villani, Franki Dillen, Hartosh Bal.

Capítulo 9: Alex Paseau, Jim Holt, Norman Megill, Lawrence Paulson, Nathaniel Johnston.

Capítulo 10: Tom Rokicki, Adam P. Goucher, Tim Hutton, Paul Chapman, Dave Green, Adam Rutherford, Stefanie Prather, Jean Buck, Stephen Wolfram, Bill Gosper, Andy Adamatzky, Nick Gotts, John Conway, Craig Lent, Doug Tougaw.

Considero-me uma pessoa extremamente afortunada por ser representado por Janklow & Nesbit. Agradeço a minha agente Rebecca Carter e suas colegas Rebecca Folland, Kirsty Gordon, Lynn Nesbit e Claire Paterson.

Os amigos e a família me prestaram generosa ajuda quando convocados, desde o apoio moral até esclarecimentos matemáticos quanto ao uso de um apartamento em Paris: Gavin Pretor-Pinney, Hugh Morison, Cliff Pickover, Graham Farmelo, James Grime, Colin Wright, Cordelia Jenkins, Francesca Segal, Roger Highfield e Simon Kuper. Obrigado a meus pais, David Bellos e Ilona Morison, por seu incessante estímulo e sua fé, e, mais que todos, à minha mulher, Natalie, por suas muitas contribuições para este livro e para a felicidade do autor.

Mencionei minha sobrinha no fim dos agradecimentos em *Alex no país dos números* como retribuição por ter-se saído bem, com grau A, em matemática. Ela agora tem seu nome citado por ter-se decidido a estudar matemática e psicologia na universidade. Avante, Zara!

Créditos das imagens

p. 22: Cortesia de Dan King.

p. 93: Science Museum/Science & Society Picture Library.

p. 113: © Iain Frazer/Shutterstock.com.

p. 117: Tirada de *Nomographie,* de Rodolphe Soreau, Chiron, 1921.

p. 121: © Kletr/ Shutterstock.com.

p. 136: © The British Library Board, 48.d.13.16, v. 2, página de rosto.

p. 137: © Alex Bellos.

p. 141: Tirada de *Sound*, por Alfred Marshall Mayer, Macmillan and Co., 1879.

p. 142: © Karl Sims, www.karlsims.com.

p. 144: Tiradas de *Sound* (3. ed.), por John Tyndall, Longmans, Green and Co., 1875.

p. 175: Fotografia de Natalie Bellos.

p. 177: © Stan Wagon.

pp. 218, 220-1; © Brian Pollock.

p. 254: De *L'llustration*, 1846.

p. 255: © Werner Stengel.

p. 306: © iStock.com/busypix.

CADERNO DE IMAGENS

1. © iStock.com/ dolgachov, conforme utilizado em *Are Numbers Gendered?*.

2 e 24. © Alex Bellos.

3. Bob Sacha/ Corbis.

4. © British Library/ Science Photo Library.

5. © Rob Woodall.

6. Laurents/ House & Garden © Condé Nast.

7, 8 e 24. © Getty Images.

9, 12 a 15. © Science Museum/ Science & Society Picture Library.

10. © iStock.com/ real444.

11. Paramount/ The Kodak Collection.

16. Fundació Institut Amatller d'Art Hispànic, Arxiu Mas.

17. © Foster + Partners.

18. © iStock.com/ lucylui.

19 a 21. © Daniel White.

22. Eric Le Roux/ Université Claude Bernard Lyon 1.

25. © Association Nicolas Bourbaki.

26. Fotografia tirada por Nicholas Metropolis, cortesia de Claire Ulam.

Índice remissivo

ESTA OBRA FOI COMPOSTA POR OSMANE GARCIA FILHO EM MINION E
IMPRESSA PELA GEOGRÁFICA EM OFSETE SOBRE PAPEL PÓLEN SOFT
DA SUZANO PAPEL E CELULOSE PARA A EDITORA SCHWARCZ
EM ABRIL DE 2015